第**10**版

編著　周師傅

丙級 技能檢定考照必勝

CHINESE
FOOD
COOKING

TENTH
EDITION

中餐
烹調

水花盤飾
示範影片

序言

Preface Chinese Food Cooking

　　近年來，隨著週休二日的實施，餐飲相關的行業也因而蓬勃發展，對於有興趣從事餐飲行業的民眾來說，通過中餐烹調丙級技術士檢定，可說是踏入餐飲業最基本的條件之一。本書提供讀者增進菜餚製作的能力及知識，並期許讀者能順利考取中餐烹調技術士檢定證照。（證照是穩賺不賠的投資）

本書的特點如下：

1. 提供勞動部勞動力發展署最新公布報考適用之技能檢定術科測試應檢試題，111 年為最新版本，內容分明、條例清楚，讓應考者對報名資格及方式有所認識。

2. 本書由具乙級證照的專業師傅、資歷超過 38 年，親自實作完成。

3. 針對最新改版的中餐丙級術科，二大套的菜餚，共 72 道菜術科實作，提供實作技巧方法及注意事項。

4. 每一小套菜（3 道菜），都有仔細的圖解說明、提示重點與烹調技巧。

5. 每一小套菜（3 道菜），針對其規定的水花片與盤飾，都有詳細的圖解過程及如何操作配菜、切割、調味。

6. 本書內容詳細，說明如何選購新鮮食材，與考場提供的各式醬料、調味料，方便在家操作練習，順利通過考試。

7. 本書內容附有詳細圖解說明應考器具，方便考生應考時，從容應考。

8. 內附學科考題，有利考生複習，可以順利通過中餐丙檢檢定考試。

9. 每週上課前，方便值日組學生分菜、配菜及調味料準備。

10. 另附免費下載水花、盤飾操作示範影片 QR Code，在家可無師自通切割水花片與排盤、裝飾。

11. 內附重點應考流程圖及速簡表，方便考前複習、加深印象。

12. 讓考照與廚藝進步、吃的藝術提升，是餐飲從業人員必備好書！

目錄

掃QRcode下載
水花盤飾示範影片

Contents　*Chinese Food Cooking*

Part **D**　術科試題組合菜單　107

試題 301-1 ～ 301-12

Part E 學科試題：題庫與解析　305

Memo

Chinese
Food Cooking

Chinese
Food Cooking

A

Part

術科測試
應檢人須知

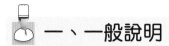 一、一般說明

（一）本試題共有二大題，每大題各十二個小題組，每小題組各三道菜之組合菜單（試題編號：07602-104301、07602-104302）。每位應檢人依抽籤結果編排之小題組進行測試，測試時間均為三小時十分鐘。技術士技能檢定中餐烹調（葷食）丙級術科測試以每日辦理二場次（上、下午各乙場）為原則。

（二）術科辦理單位於測試前 14 天，將術科測試應檢參考資料寄送給應檢人，應檢人亦可上勞動部勞動力發展署技能檢定中心網站下載測試參考資料。

（三）應檢人報到時應繳驗檢定通知單、准考證、身分證或其他法定身分證件，並穿著依規定服裝方可入場應檢。

（四）術科測試抽題辦法如下：

1. 抽大題：測試當日上午場由術科測試編號最小之應檢人代表自二大題中抽出一大題測試，下午場抽籤前應先公告上午場抽出大題結果，不用再抽大題，直接測試另一大題。若當日僅有 1 場次，術科辦理單位應在檢定測試前 3 天內（若遇市場休市、非術科辦理單位上班日時可提前一天）由單位負責人以電子抽籤方式抽出一大題，供準備材料及測試使用，抽題結果應由負責人簽名並彌封。

2. 抽測試題組：術科測試編號最小之應檢人代表自 12 個題組中抽出其對應之測試題組，其他應檢人依編號順序依序對應各測試題組；例如應檢人代表抽到 301-5 題組，下一個編號之應檢人測試 301-6 題組，其餘（含遲到及缺考）依此類推。

3. 術科測試編號最小者代表抽籤後，應於抽籤暨領用卡單簽名表上簽名，同時由監評長簽名確認。術科辦理單位應記載所有應檢人對應之測試題組，並經所有應檢人簽名確認，以供備查。

4. 如果測試崗位超過 12 崗且非 12 的倍數時，超過多少崗位就依序補多少題組，例如抽到 301 大題的 14 崗位測試場地，超過 2 崗位，術科辦理單位備料時除了原來的 301-1 至 301-12 的材料（共 12 組），尚須加上 301-1 及 301-2 的材料（共 2 組），亦即原 12 組材料加上超過崗位的 2 組，以應 14

名應檢人應試。抽籤時，仍由術科測試編號最小之應檢人代表自 12 個題組中抽出其對應之測試題組，其他應檢人依編號順序依序對應各測試題組。以 14 崗位，第 1 號應檢人抽到第 4 題組為例，對應情形依序如下：

題組	1	2	3	4	5	6	7	8	9	10	11	12	1	2
應檢人	12 號	13 號	14 號	1 號	2 號	3 號	4 號	5 號	6 號	7 號	8 號	9 號	10 號	11 號

（五）術科測試應檢人有下列情事之一者，予以扣考，不得繼續應檢，其已檢定之術科成績以不及格論：

1. 冒名頂替者。

2. 傳遞資料或信號者。

3. 協助他人或託他人代為實作者。

4. 互換工件或圖說者。

5. 隨身攜帶成品或規定以外之器材、配件、圖說、行動電話、呼叫器或其他電子通訊攝錄器材等。

6. 不繳交工件、圖說或依規定須繳回之試題者。

7. 故意損壞機具、設備者。

8. 未遵守本規則，不接受監評人員勸導，擾亂試場內外秩序者。

（六）應檢人有下列情事者不得進入考場（測試中發現時，亦應離場不得繼續測試）：

1. 制服不合規定。

2. 著工作服於檢定場區四處遊走者。

3. 有吸菸、喝酒、嚼檳榔、隨地吐痰等情形者。

4. 罹患感冒（飛沫或空氣傳染）未戴口罩者。

5. 工作衣帽未保持潔淨者（剁斬食材噴濺者除外）。

6. 除不可拆除之手鐲（應包紮妥當），有手錶，佩戴飾物者。

7. 蓄留指甲、塗抹指甲油、化妝等情事者。

8. 有打架、滋事、恐嚇、說髒話等情形者。

9. 有辱罵監評及工作人員之情形者。

 ## 二、應檢人自備工（用）具

（一）白色廚師工作服，含上衣、圍裙、帽，如「應檢人服裝參考圖」；未穿著者，不得進場應試。

（二）穿著規定之長褲、黑色工作皮鞋、內須著襪；不合規定者，不得進場應試。

（三）刀具：含片刀、剁刀（另可自備水果刀、果雕刀、剪刀、刮鱗器、削皮刀，但不得攜帶水花模具、槽刀、模型刀）。

（四）白色廚房紙巾 1 包（捲）以下。

（五）包裝飲用水 1~2 瓶（礦泉水、白開水）。

（六）衛生手套、乳膠手套、口罩。衛生手套參考材質種類可為乳膠手套、矽膠手套、塑膠手套（即俗稱手扒雞手套）等，並應予以適當包裝以保潔淨衛生，否則衛生將予以扣分。

（七）可攜帶計時器，但音量應不影響他人操作者。

考場器具總彙

白色砧板	紅色砧板
用於考試時的熟食切割砧板	用於考試時的生食切割砧板

鍋鏟
材質大多為不鏽鋼製，炒菜時翻炒的工具

夾盤器
拿取蒸煮的菜餚放入蒸鍋蒸煮，避免燙手

打蛋器
用於快速將蛋打散及混合麵糊使用

磨薑板
能夠均勻磨碎食材如薑泥、蒜泥等

骨刀
又稱剁刀、武刀、斬刀、厚刀，刀身厚且重量重，主要用在剁切帶骨的食材或堅硬的食材，如排骨、豬腳

片刀
重量輕且刀鋒銳利，適合切割薄片、細絲、未帶骨的食材

文武刀
重量比片刀還重，能切能剁，可剁雞、鴨、魚等，但不可剁豬排骨

剪刀
用來剪除蔬菜的根部，處理外型不方正或質地不固定的食材，如魚蝦等

魚鱗刀
刮除各式魚類魚鱗用的器具

果雕刀
蔬果雕刻用，分為長、短不同尺寸，刀尖鋒利，切割需小心

量杯
量杯容量為 240c.c.，一般用來測量水、乾性粉或是液體材料

炒菜鍋含蓋
分為單耳炒鍋及雙耳炒鍋，好處是導熱快，一般炒菜用

不鏽鋼筷
用來夾取煮熟的食物，排盤、整理菜餚用

飯匙
用於蒸熟的米飯拌合均勻，使米飯軟硬適中

量匙
適用測量調味粉材料，可分為 1T、1t、1/2t、1/4t

鐵湯匙
用於舀湯、舀取調味料、醬料用

大圓盤
盛裝不帶湯汁且份量較多的菜餚時，使用大盤

水盤
又稱羹盤，盛裝濃湯時使用

湯碗公
盛裝湯類使用，又可以放入熱炒菜餚

磁扣碗
用來裝入食材，經蒸煮後倒扣出菜餚的碗

深盤
盛裝較多湯汁的菜餚，如勾芡的燴菜

橢圓盤
盛裝魚類料理的盤子，又稱腰子盤

小圓盤
盛裝不帶湯汁的菜餚，也是使用最廣的盤子

小湯碗
用來盛裝白米飯、裝濃湯、清湯用

味碟
盛裝各式沾醬、淋醬及胡椒鹽用

蔬蘿
清洗食材放置其中，可快速滴乾水分

配菜盤
用來放生鮮菜餚及切好的菜餚配料

馬口碗
放置液體材料或做為配菜用的鋼碗

鋼盆
可拿來放置大量的食材，通常為不鏽鋼製品

湯鍋
用於煮湯或是大量的燴菜、滷菜使用，以不鏽鋼為主

廣口油桶
烹調油炸菜餚，可先盛裝，無需立即拿到公共調味區傾倒

蒸籠鍋
利用蒸氣來蒸熟食物，於底座加水後，方可蒸煮

白色正方毛巾

白色正方毛巾 2 條置放於調理區下層工作臺之配菜盤上，用於墊砧板、防止滑動及擦生食器具

黃色正方抹布

黃色正方抹布 2 條放置於披掛處或熟食區前緣，用於擦拭工作臺或墊握鍋把

白色長型毛巾

白色長型毛巾 1 條摺疊置放於熟食區一只瓷盤上，用於擦拭洗淨之熟食餐器具，及墊握熱燙之瓷碗盤

炒菜杓

材料為不鏽鋼，質地不宜太重、太大，適用於炒菜或舀湯用

漏杓

材料為不鏽鋼，適合油炸、汆燙撈取食物用

刨皮刀

用來刮除帶皮的各種蔬菜、水果表皮用

長竹筷

用來夾取鍋中的食材，常使用在炸的菜餚中

牙籤

用於挑除蝦子背上的腸泥、串插肉類固定用

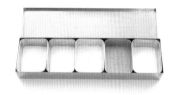

五格調味盒

考試時，每組的基本調味盒，內有鹽、糖、味精、胡椒粉、太白粉

酒精噴器

考試時，用來噴灑消毒用，一般用於熟食切割前

垃圾桶

考試時，用於丟入紙巾、塑膠袋及蛋殼等

廚餘桶

考試時，用於丟棄各種食材的果皮、蒂頭、莖等

考生自備

乳膠手套（白）
製作涼拌菜及擺盤飾時，戴上手套方便製作

乳膠手套（黃）
不可戴有顏色的手套來製作菜餚

塑膠手套
製作涼拌菜及擺盤飾時，戴上手套方便製作

廚房紙巾
墊握時毛巾太短，或擦拭如咖哩醬汁等不易洗淨之醬汁時，方得使用紙巾

礦泉水
應考時的菜餚、涼拌菜過冷時用，可避免燙熟菜餚變黃

口罩
應考時，若有感冒咳嗽、流鼻水，就必須戴上口罩避免傳染

 三、應檢人服裝參考圖（不合規定者，不得進場應試）

應檢人服裝說明：

服裝參考範例（女生）

服裝參考範例（男生）

1. 帽子

    (1) 帽型：帽子需將頭髮及髮根完全包住；髮長未超過食指、中指夾起之長度，可不附網，超過者須附網。

    (2) 顏色：白色。

2. 上衣

    (1) 衣型：廚師專用服裝（可戴顏色領巾）。

    (2) 顏色：白色（顏色滾邊、標誌可）。

3. 袖：長袖、短袖皆可。

4. 圍裙

    (1) 型式不拘，全身圍裙、下半身圍裙皆可。

    (2) 顏色：白色。

    (3) 長度：過膝。

5. 工作褲

    (1) 黑、深藍色系列、專業廚房素色小格子（千鳥格）之工作褲，長度至踝關節。

    (2) 不得穿緊身褲、運動褲及牛仔褲。

6. 鞋

    (1) 黑色工作皮鞋（踝關節下緣圓周以下全包）。

    (2) 內須著襪。

    (3) 建議具止滑功能。

備註：帽、衣、褲、圍裙等材質以棉或混紡為宜。

 四、測試時間配當表

每一檢定場，每日可排定測試場次為上、下午各乙場，時間配當表如下：

中餐烹調丙級檢定時間配當表		
時間	內容	備註
07：30~07：50	1. 監評前協調會議（含監評檢查機具設備） 2. 上午場應檢人報到、更衣	
07：50~08：30	1. 應檢人確認工作崗位、抽題及領用卡單簽名 2. 場地設備及供料、自備機具及材料等作業說明 3. 測試應注意事項說明 4. 應檢人試題疑義說明 5. 研讀材料清點卡、刀工作品規格卡，時間 10 分鐘 6. 應檢人檢查設備及材料（材料清點卡應於材料清點無誤後收回） 7. 其他事項	應檢人務必研讀卡片（烹調指引卡於中場休息時研讀）
08：30~10：00	上午場測試開始，清洗、切配、工作區域清理	90 分鐘
10：00~10：30	評分，應檢人離場休息（研讀烹調指引卡）	30 分鐘
10：30~11：40	菜餚製作及工作區域清理並完成檢查	70 分鐘
11：40~12：10	監評人員進行成品評審	
12：10~12：30	1. 下午場應檢人報到、更衣 2. 監評人員休息用膳時間	
12：30~13：10	1. 應檢人確認工作崗位、抽題及領用卡單簽名 2. 場地設備及供料、自備機具及材料等作業說明 3. 測試應注意事項說明 4. 應檢人試題疑義說明 5. 研讀材料清點卡、刀工作品規格卡，時間 10 分鐘 6. 應檢人檢查設備及材料（材料清點卡應於材料清點無誤後收回） 7. 其他事項	應檢人務必研讀卡片（烹調指引卡於中場休息時研讀）
13：10~14：40	下午場測試開始，清洗、切配、工作區域清理	90 分鐘
14：40~15：10	評分，應檢人離場休息（研讀烹調指引卡）	30 分鐘
15：10~16：20	菜餚製作及工作區域清理並完成檢查	70 分鐘
16：20~16：50	監評人員進行成品評審	

※ 應檢人盛裝成品所使用之餐具，由術科辦理單位服務人員負責清理。

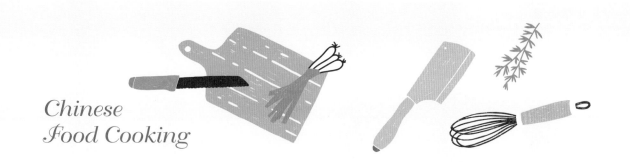

Chinese
Food Cooking

Part

術科測試
參考試題

 一、共通原則說明

（一）測試進行方式

　　測試分兩階段方式進行，第一階段應於 90 分鐘內完成刀工作品及擺飾規定，第一階段完成後由監評人員進行第一階段評分，應檢人休息 30 分鐘。第二階段應於刀工作品評分後，於 70 分鐘內完成試題菜餚烹調作業。除技術評審外，全程並有衛生項目評審。

　　第一、二階段及衛生項目分別評分，有任一項（含）以上不合格即屬術科不合格。

　　應檢人在測試前說明會時，於進入測試場前，必須研讀二種卡單（第一階段測試過程刀工作品規格卡與應檢人材料清點卡），時間 10 分鐘。於中場休息的時間可以再研讀第二階段測試過程烹調指引卡。測試過程中，二種卡單可隨時參考使用。

（二）材料使用說明

1. 離島地區魚類請依試題優先選用吳郭魚、鱸魚，如為冷凍食材須在測試前協助解凍，若前揭材料購買困難時，僅離島地區得以鯛類、斑類有帶魚鱗之魚種取代。

正確食材解凍　　　　　　　　　　　　　錯誤食材解凍

解凍時需連同塑膠袋一起放入　　　　不可直接將食材泡入水中

2. 各測試場公共材料區需備 12 個以上的雞蛋，供考生自由取為上漿用。

三段式打蛋法

敲破蛋殼，以雙手剝開蛋殼，打入中間的馬口碗檢視沒有碎蛋殼及壞蛋後，再倒入第三個馬口碗，再以同方式再打其他雞蛋

3. 所有題組的食材，取量切配之後，剩餘的食材，包含雞骨、雞皮、魚骨皆需繳交於回收區，不得浪費；受評刀工作品至少需有 3/4 符合規定尺寸，總量不得少於規定量。

鐵尺

用在測量食材刀工的長度、寬度與厚度

4. 合格廠商：應在臺灣有合法登記之營業許可者，至於該附檢驗證明者，各檢定承辦單位自應取得。

（三）洗滌階段注意事項

　　在進行器具及食材洗滌與刀工切割時不必開火，但遇難脹發（香菇、乾魷魚、乾木耳）或需先熟化（鹹蛋黃）或未汆燙切割不易的新鮮菇類（如杏鮑菇、洋蔥）者，得於洗器具前燒水或起蒸鍋以處理之，處理妥當後應即熄火，但為評分之整體考量，不得作其他菜餚之加熱前處理。

（四）第一階段刀工共同事項

1. 食材切配順序需依中餐烹調技術士技能檢定衛生評分標準之規定。

2. 菜餚材料刀工作品以配菜盤分類盛裝受評，同類作品可置同一容器，但需區分不可混合（蔥、薑、紅辣椒絲除外）。

3. 每一題組指定水花圖譜三式，選其中一種切割且形體類似具美感即可，另自選樣式一式，應檢人可由水花參考圖譜選出或自創具美感之水花樣式，於蔬果類切配時切割（可同類）。

4. 盤飾依每一題組指定盤飾（擇二），須依規定圖譜之所有指定材料，符拿指定盤飾。需與自選盤飾不同食材不同樣式，於蔬果類切配時直接生切擺飾於 10 吋瓷盤，置於熟食區檯面待評。

5. 除盤飾外，本題庫之烹調作品並無生食狀態者。

6. 限時 90 分鐘。

7. 測試階段自開始至刀工作品完成，作品完成後，應檢人須將規定受評作品依序整齊擺放於調理檯（準清潔區）靠走道端受評，部分無須受評之刀工作品則置於調理檯（準清潔區）之另一邊，刀工作品規格卡置於兩者中間，應檢人移至休息區。

8. 乾貨、特殊調味料或醬料、粉料、香料等若未發妥，應在第一階段完成後或二階段測試開始前令應檢人自行取量備妥，以免影響其權益。

9. 第一階段離場前需將水槽、檯面做第一次整潔處理，廚餘、垃圾分置廚餘、垃圾桶，始可離場休息。

10. 規定受評之刀工作品須全數完成方具第一階段刀工受評資格，未全數完成者，其評分表評為不合格，仍可進行第二階段測試。

11. 規定受評之刀工作品已全數完成，但其他配材料刀工（不評分者）未完成者，可於第二階段測試時繼續完成，並不影響刀工作品成績，惟需符合切配之衛生規定。

（五）第二階段烹調共同事項

1. 每組調味品至少需備齊足量之鹽、糖、味精、白胡椒粉、太白粉、醬油、料理料理米酒、白醋、香油、沙拉油。

2. 第二階段於應檢人就定位後，應就未發妥之乾貨、特殊調味料或醬料、粉料、香料等，令應檢人自行取量備妥，再統一開始第二階段之測試，繼續完成規定之 3 道菜餚烹調製作。應檢人於測試開始前未作上述已告知之準備工作者，於後續操作中無需另給時間。

3. 烹調完成後不需盤飾，直接取量（份量至少 6 人份，以規定容器合宜盛裝）整形而具賣相出菜，送至評分室，應檢人須將烹調指引圖卡及規定作品整齊擺放於各組評分檯，並完成善後作業。

4. 6 人份不一定為 6 個或 6 的倍數，是指足夠六個人食用的量。

5. 包含善後工作 70 分鐘內完成。

考試食材總彙

洋菜條
宜選購合格廠商、無雜質、無異味、在保存期間內者

乾魷魚肉
又稱為吊片，以肉厚、形狀完整、氣味清香者佳

麵筋泡
宜選購大小適中、顏色淡黃呈球狀者，避免選購破碎及有油腥味者

乾辣椒
宜選購外形完整呈深紅色、椒身無斑點蟲蛀、尾端無碎裂者

乾香菇
宜選購外形菇帽完整豐厚，勿歪斜、破裂，菇柄短，而有清香味者

玉米粒
罐頭外表完整，合格廠商生產，打開後玉米無碎粒、顏色略黃，在保存期限內

長糯米
長糯米米粒大而飽滿，無雜質、摻雜白米及碎米者

炸花生米
宜選購外形飽滿，大小一致，無油腥味，包裝完整，在保存期限內者

家鄉肉
宜選購外形完整帶皮、無異味，顏色勿太紅潤，在保存期限內者

皮蛋
宜選購合格廠商，外形完整無壓傷、破掉，無異味，在保存期限內者

鹹鴨蛋
宜選購合格廠商，外形完整無壓傷破裂、無異味，在保存期限內者佳

鹹鴨蛋黃
蛋黃飽滿、圓潤、富光澤，無雜質、異味，顏色為黃色者佳

乾木耳

宜選購外觀大而肉質豐厚、無雜質的乾製品，避免碰到水，而產生異味

鳳梨片

罐頭鳳梨片，宜選購罐頭完整無凹罐、沒有生鏽、保存期限內及合格廠商者佳

蝦米

宜選購蝦形完整，無蝦頭混雜，顏色略黃，無雜質、異味者

大黑豆乾

豆腐包裹去除水分，放入焦糖染色滷煮而成，宜選購外表不溼黏、味道清香者佳

板豆腐

宜選購外形不破裂、豆腐表面無溼黏、異味及酸敗者

盒裝豆腐

選購宜以外盒完整、勿壓到邊角，保存期限內與合格廠商者佳

榨菜

芥菜的地下莖，去除水分以鹽、辣椒等調味製成，宜選購外形圓粒飽滿者佳

酸菜

芥菜的嫩蕊，加鹽醃製加工而成，宜選購外形飽滿、避免顏色太黃及葉子乾爛者

桶筍

將竹筍煮熟加工後，裝入桶子發酵而成，宜選購外形飽滿、沒有異味、尾端無軟爛者

小黃瓜

選購外形粗細均勻、表面有凸粒者，蒂頭未脫落，顏色鮮綠者為佳

大黃瓜

選購時，宜以外形呈直條狀、蒂頭緊連，呈深綠色，瓜身有光澤、表皮有凸粒者為佳

冬瓜

選購時，應以瓜條勻稱無斑點，瓜肉厚實飽滿者為佳，每年的7~8月口感最好

青椒
宜選購外形飽滿、鮮綠，椒形完整，勿彎曲、變形，表皮富光澤者

紅甜椒
宜選購外表富光澤、亮麗，椒形飽滿完整，勿歪斜、無蟲蛀及軟爛者

黃甜椒
宜選購外表富亮麗光澤、椒形飽滿、勿歪斜、無蟲蛀及軟爛者

新鮮香菇
選購傘帽厚實、飽滿、勿歪斜，菇柄短且粗，無斑點，表面光澤新鮮、無異味者

杏鮑菇
外形完整，直條形，外表厚實飽滿，勿頭小尾大、變黃軟爛者

綠豆芽
選購粗短者為佳，自然潔白，要有根鬚，且根鬚不宜太短

四季豆
宜選購長短一致、新鮮脆嫩，外形勿彎曲、蟲蛀及太老者

豆薯
又稱洋地瓜，宜選購外皮粗糙、蒂頭完整，厚重沒有刮傷、蟲蛀者

紅蘿蔔
選購時，宜以外皮光滑、不龜裂，質地厚重、尾端不長鬚、蒂頭未變黑色者為佳

馬蹄肉
宜選購去皮後肉形完整、顏色乳白且味道無藥水味者

茄子
宜選購外形飽滿，蒂頭緊連，表皮無皺摺、蟲蛀，外皮光亮者佳

馬鈴薯
宜選購外形飽滿，表皮呈褐色，無彎曲、皺褶且無發芽者

洋蔥
宜選購表皮富光澤，紋路明顯，覆皮乾燥緊實、重量較重且無發芽者

老薑
宜選購帶有泥土、薑塊小而結實多，避免選購發芽、軟爛者

中薑
宜選購較大塊，完整、未發芽，表皮呈褐色，無軟爛者

紅蔥頭
宜選購外形飽滿，無蟲蛀、無發芽、無軟爛者

蒜頭
宜選購外觀飽滿，無蟲蛀、無發芽或長根莖者

紅辣椒
宜選購外形飽滿，蒂頭緊連，表皮無皺摺，外皮光亮者佳

青蔥
宜選購蔥白飽滿且無黃葉鬆垮者，蔥尾呈新鮮翠綠色為佳

西洋芹菜
宜選購葉片呈翠綠色、莖幹肥大寬厚、無蟲蛀，避免選購葉黃莖乾小及過老者

台灣芹菜
宜選購莖幹肥大飽滿，無蟲蛀，避免選購葉黃、蟲蛀及失去水分者

香菜
宜選購外表光澤呈鮮綠色、無蟲蛀，避免選購失去水分、軟爛、葉黃者

九層塔
宜選購葉形翠綠、漂亮而葉大，避免選購葉面有蟲蛀、雜質者

大白菜
宜選購厚重結實，外皮無蟲蛀、無斑點，顏色雪白、整顆完整者

黑豆鼓

以黃豆加工而成,味道甘甜,需選購合格廠商及保存期限內者

雞蛋

宜選購外殼粗糙,表面乾淨、無裂痕、顏色略暗,避免挑選顏色太白者

大里肌肉

選購色澤呈淡粉紅色、沒有異味、肉質結實、具彈性,避免購買來路不明冷凍品

豬絞肉

選購色澤呈淡粉紅色、沒有異味、肉質具彈性,避免購買來路不明冷凍品

豬小排

選購色澤呈淡粉紅色、肉質結實富彈性、沒有異味,避免購買來路不明冷凍品

仿雞腿

選購色澤淡紅色、沒有瘀血、沒有骨折、肉質結實且具彈性者佳

帶骨雞胸整付

選購色澤為淡粉紅色、沒有瘀血及皮膚病,肉質結實具彈性者佳

帶骨雞胸半付

肉的顏色較淺,內側有小里肌肉,是整隻雞最嫩的部位

加州鱸魚

宜選購外形完整,眼睛澄清透明、魚鰓鮮紅、魚肉硬挺、結實具彈性者佳

吳郭魚

宜選購外形完整,眼睛澄清透明,魚鰓鮮紅、魚肉硬挺、結實且具彈性者佳

草蝦

宜選購外殼未剝落、未斷頭,顏色勿太藍,肉質具彈性、結實者佳

花枝清肉

宜選購外形完整、無雜質破損,具光澤、無腥味,肉質結實具彈性者佳

考試菜餚調味料總彙

黑蔴油（胡蔴油）
以黑芝麻經過烘焙提煉後壓榨而成，避免選購來路不明產品

醬油膏
醬油在殺菌前加入糯米粉與調味料調製而成，口感濃稠甘甜

烏醋
以糯米發酵加入焦糖色素調製而成，酸中帶香

紅糟醬
用紹興酒和酒糟、紅麴、米經過發酵、釀製而成，宜選購在保存期限內者

醃冬瓜
以新鮮冬瓜加糖等調味料醃製而成，味道甘甜

甜酒釀
以糯米加麴菌等經過發酵、釀製而成

辣椒醬
以辣椒經過醃漬發酵而成，味道辣而香，可增加食慾

素蠔油
以香菇為主要材料，加鹽經過熬煮後發酵醃製，再加入調味料、糯米粉調製而成

辣椒油
辣椒用沙拉油油炸後，提煉而成的調味油

咖哩粉
以辣椒、薑黃、芫荽、茴香、小荳蔻、芥末等調味而成

香油
以白芝麻經過烘焙提煉後壓汁而成，避免選購來路不明產品

粗黑胡椒粒
由胡椒藤上未成熟的漿果，經過加熱乾燥後研磨而成

醬油

以傳統釀造方式釀造，味道甘醇、豆味香濃

梅林辣醬油

又稱辣醋醬油、英國黑醋，味道酸甜微辣，色澤呈黑褐色

椰漿

以椰子仁，經加工研磨調味而成，須合格廠商、在保存期限內

玉米粒

以新鮮玉米經切取加工調味熟成，須合格廠商及保存期限內

花椒粉

又稱川椒或山椒，椒皮外表紅褐色、有光澤，曬乾後呈黑色，再研磨而成

太白粉

以馬鈴薯製造的食用澱粉，常常使用在菜餚的勾芡

中筋麵粉

蛋白質含量平均在 11% 左右，介於高粉與低粉之間，常用於製作包子、饅頭等

地瓜粉

以番薯萃取之澱粉，呈細顆粒狀，適合用於酥炸的菜餚

泡打粉（或稱泡達粉）

又稱發粉，由小蘇打加上酸性材料所製成的化學膨大劑

白醋

以糯米發酵製作而成，適合燒煮、涼拌菜使用

番茄醬

以成熟的番茄去籽，加鹽、砂糖、澱粉調製而成

蠔油

用牡蠣煮汁加鹽熬煮發酵、醃製而成，廣東人特別喜愛使用

（六）試題總表

試題編號：07602-104301

題組	菜單內容	主要刀工	烹調法	主材料類別
301-1	青椒炒肉絲	絲	炒、爆炒	大里肌肉
	茄汁燴魚片	片	燴	鱸魚
	乾煸四季豆	末	煸	四季豆
301-2	燴三色肉片	片	燴	大里肌肉
	五柳溜魚條	條、絲	脆溜	鱸魚
	馬鈴薯炒雞絲	絲	炒、爆炒	馬鈴薯、雞胸肉
301-3	蛋白雞茸羹	茸	羹	雞胸肉
	菊花溜魚球	剞刀厚片	脆溜	鱸魚
	竹筍炒肉絲	絲	炒、爆炒	桶筍、大里肌肉
301-4	黑胡椒豬柳	條	滑溜	大里肌肉
	香酥花枝絲	絲	炸、拌炒	花枝（清肉）
	薑絲魚片湯	片	煮（湯）	鱸魚
301-5	香菇肉絲油飯	絲	蒸、熟拌	大里肌肉
	炸鮮魚條	條	軟炸	鱸魚
	燴三鮮	片	燴	大里肌肉、鮮蝦、花枝
301-6	糖醋瓦片魚	片	脆溜	鱸魚
	燜燒辣味茄條	條、末	燒	茄子
	炒三色肉丁	丁	炒、爆炒	大里肌肉
301-7	榨菜炒肉片	片	炒、爆炒	大里肌肉
	香酥杏鮑菇	片	炸、拌炒	杏鮑菇
	三色豆腐羹	指甲片	羹	盒豆腐
301-8	脆溜麻辣雞球	剞刀厚片	脆溜	雞胸肉
	銀芽炒雙絲	絲	炒、爆炒	綠豆芽
	素燴三色杏鮑菇	片	燴	杏鮑菇
301-9	五香炸肉條	條	軟炸	大里肌肉
	三色煎蛋	片	煎	雞蛋
	三色冬瓜捲	絲、片	蒸	冬瓜
301-10	涼拌豆乾雞絲	絲	涼拌	大豆乾、雞胸肉
	辣豉椒炒肉丁	丁	炒、爆炒	大里肌肉
	醬燒筍塊	滾刀塊	紅燒	桶筍
301-11	燴咖哩雞片	片	燴	雞胸肉
	酸菜炒肉絲	絲	炒、爆炒	酸菜、大里肌肉
	三絲淋蛋餃	絲	淋溜	雞蛋
301-12	雞肉麻油飯	塊	生米燜煮	仿雞腿
	玉米炒肉末	末、粒	炒	玉米
	紅燒茄段	段、片	紅燒	茄子

試題編號：07602-104302

題組	菜單內容	主要刀工	烹調法	主材料類別
302-1	西芹炒雞片	片	炒、爆炒	雞胸肉
	三絲淋蒸蛋	絲	蒸、羹	雞蛋
	紅燒杏菇塊	滾刀塊	紅燒	杏鮑菇
302-2	糖醋排骨	塊、片	溜	小排骨
	三色炒雞片	片	炒、爆炒	雞胸肉
	麻辣豆腐丁	丁、末	燒	板豆腐
302-3	三色炒雞絲	絲	炒、爆炒	雞胸肉
	火腿冬瓜夾	雙飛片、片	蒸	冬瓜
	鹹蛋黃炒杏菇條	條	炸、拌炒	杏鮑菇
302-4	鹹酥雞	塊	炸、拌炒	雞胸肉
	家常煎豆腐	片	煎	板豆腐
	木耳炒三絲	絲	炒、爆炒	木耳
302-5	三色雞絲羹	絲	羹	雞胸肉
	炒梳片鮮筍	片、梳子片	炒、爆炒	桶筍
	西芹拌豆乾絲	絲	涼拌	大豆乾
302-6	三絲魚捲	絲、雙飛片	蒸	鱸魚
	焦溜豆腐塊	塊	焦溜	板豆腐
	竹筍炒三絲	絲	炒、爆炒	桶筍
302-7	薑味麻油肉片	片	煮	大里肌肉
	醬燒煎鮮魚	絲	煎、燒	吳郭魚
	竹筍炒肉丁	丁	炒、爆炒	桶筍
302-8	豆薯炒豬肉鬆	鬆	炒	豆薯、大里肌肉
	麻辣溜雞丁	丁	滑溜	仿雞腿
	香菇素燴三色	片	燴	乾香菇
302-9	鹹蛋黃炒薯條	條	炸、拌炒	馬鈴薯
	燴素什錦	片	燴	桶筍
	脆溜荔枝肉	剞刀厚片	脆溜	大里肌肉
302-10	滑炒三椒雞柳	柳	炒、滑炒	雞胸肉
	酒釀魚片	片	滑溜	吳郭魚
	麻辣金銀蛋	塊	炒	皮蛋、熟鹹蛋
302-11	黑胡椒溜雞片	片	滑溜	雞胸肉
	蔥燒豆腐	片	紅燒	板豆腐
	三椒炒肉絲	絲	炒、爆炒	大里肌肉
302-12	馬鈴薯燒排骨	塊	燒	小排骨
	香菇蛋酥燜白菜	片、塊	燜煮	香菇、大白菜
	五彩杏菇丁	丁	炒、爆炒	杏鮑菇

二、參考烹調須知

（一）分為總烹調須知及題組烹調須知。

1. 總烹調須知：規範本職類術科測試試題之基礎說明、刀工尺寸標準、烹調法定義及食材處理手法釋義。除題組烹調須知另有規定外，所有考題依據皆應遵循總烹調須知。

2. 題組烹調須知：已分註於 24 組題庫內容中，規範題組每小組之刀工尺寸標準、水花片、盤飾、烹調法及烹調、調味規定。題組烹調須知未規定部分，應遵循總烹調須知。

（二）總烹調須知：

1. 菜餚刀工講究一致性，即同一道菜餚的刀工，尺寸大小厚薄粗細或許不一，但是形狀應為相似。菜餚的刀工無法齊一時，主材料為一種刀工或原形食材，配材料應為另一類相似而相互襯映之刀工。

2. 題組未受評的刀工作品，亦須按題意需求自行取量切配，以供烹調所需。切割規格不足者，可當回收品（需分類置於工作檯下層），結束後分類送至回收處，不隨意丟棄，避免浪費。

3. 受評的各種刀工作品，規定的數量可能比實際烹調需用量多，烹調時可依據實際需求適當地取量與配色，即烹調完成後，可能會有剩餘的刀工作品，請分類送至回收處。

4. 水花片指以（紅）蘿蔔或其他根莖、瓜果類食材切出簡易樣式的象形蔬菜片做為配菜用。以刀法簡易、俐落、切痕平整為宜，搭配菜餚形象、大小、厚薄度（0.3~0.4 公分）。

5. 水花切割一般是在切配過程中，依片或塊狀刀工菜餚的需求，以刀工作簡易線條的切割。本試題提供 35 種樣式圖譜供參照（詳後續水花片參考圖譜）。

6. 水花指定樣式，指應檢人須參照規格明細之水花片圖譜型式其中一種切割，或切割出具有美感之類似形狀。自選樣式，指應檢人可由水花片圖譜選出或自創具美感之水花樣式進行切割。每一個水花片大小、形狀應相似。每一題組皆須切出指定與自選二款水花各 6 片以上以受評，並適宜地取量（二款皆需取用）加入烹調，未依規定加水花烹調，亦為不符題意。

7. 水花的要求以象形、美感、平整、均衡（與菜餚搭配），依指定圖完成，可受公評並獲得普遍認同之美感。

8. 盤飾指以食材切割出大小一致樣式，擺設於瓷盤，增加菜餚美觀之刀工。以刀法簡易、俐落、切痕平整、盤面整齊、分布均勻（對稱、中隔、單邊美化、集中強化皆可）及整體美觀為宜。如測試之題組無紅辣椒，則盤飾可不加紅點。

9. 盤飾指定樣式指應檢人參照規格明細之盤飾圖譜型式切擺，每一題組皆須從指定盤飾三選二，切擺出二種樣式受評。

10. 盤飾的要求以美感、平整、均勻、整齊、對稱。但須可受公評並獲得普遍認同之美感。

 ## 三、測試題組內容簡介

　　本套試題分 301 大題及 302 大題，兩大題各再分 12 題組，分別為 301-1、301-2、301-3、301-4、301-5、301-6、301-7、301-8、301-9、301-10、301-11、301-12、302-1、302-2、302-3、302-4、302-5、302-6、302-7、302-8、302-9、302-10、302-11、302-12，每題組有三道菜，各題組詳細試題說明見「PART D　術科試題組合菜單」。

Memo

Chinese
Food Cooking

Chinese
Food Cooking

Part

術科測試評審
標準及評審表

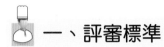 一、評審標準

（一）依據「技術士技能檢定作業及試題規則」第 39 條第 2 項規定：「依規定
　　　須穿著制服之職類，未依規定穿著者，不得進場應試。」

1. 職場專業服裝儀容正確與否，由公推具公正性之監評長擔任；遇有爭議，由
　　所有監評人員共同討論並判定之。

2. 相關規定請參考應檢人服裝參考圖。

（二）術科辦理單位應準備一份完整題庫及三種附錄卡單 2 份（查閱用），以供
　　　監評委員查閱。

（三）術科辦理單位應準備 15 公分長的不鏽鋼直尺 4 支，給予每位監評委員執
　　　行應檢人的刀工作品評審工作，並需於測試場內每一組的調理檯（準清
　　　潔區）上準備一支 15 公分長的不鏽鋼直尺，給予應檢人使用，術科辦理
　　　單位應隨時回收檢點潔淨之。

（四）刀工項評審場地在測試場內每一組的調理檯（準清潔區）實施，檯面上
　　　應有該組應檢人留下將繳回之第一階段測試過程刀工作品規格卡及其刀
　　　工作品，監評委員依刀工測試評分表評分。

（五）烹調項評審場地在評分室內實施，每一組皆備有該組應檢人留下將繳回
　　　之第二階段測試過程烹調指引卡，供監評委員對照，監評委員依烹調測
　　　試作品評分表評分。

（六）術科測試分刀工、烹調及衛生三項內容，三項各自獨立計分，刀工測試
　　　評分標準合計 100 分，不足 60 分者為不及格；烹調測試三道菜中，每道
　　　菜個別計分，各以 100 分為滿分，總分未達 180 分者為不及格；衛生項
　　　目評分標準合計 100 分，成績未達 60 分者為不及格。

（七）刀工作品、烹調作品或衛生成績，任一項未達及格標準，總成績以不及
　　　格計。

（八）棉質毛巾與抹布的使用：

1. 白色長型毛巾 1 條摺疊置放於熟食區一只瓷盤上（置上層或下一層），由術
　　科辦理單位備妥，使用前須保持潔淨，用於擦拭洗淨之熟食餐器具（含調味
　　用匙、筷）及墊握熱燙之瓷碗盤，可重覆使用，不得另置他處，不得使用紙
　　巾（墊握時毛巾太短或擦拭如咖哩汁等不易洗淨之醬汁時方得使用紙巾）。

2. 白色正方毛巾 2 條置放於調理區下層工作臺之配菜盤上（**應檢人得依使用時機移置上層**），由術科辦理單位備妥，使用前須保持潔淨，用於擦拭洗淨之刀具、砧板、鍋具、烹調用具（如炒杓、炒鏟、漏杓）墊砧板及洗淨之雙手，不得使用紙巾，不得隨意放置。

3. 黃色正方抹布 2 條放置於披掛處或烹調區前方處，用於擦拭工作臺或墊握鍋把，不得隨意放置（在洗餐器具流程後須以酒精消毒）。

（九）其他事項：其他未及備載之違規事項，依四位監評人員研商決議處理。

（十）其他未盡事宜，依技術士技能檢定作業及試題規則相關規定辦理。

（十一）測試規範皆已備載，與下表之衛生評審標準，應檢人應詳細研習以參與測試。

技術士技能檢定中餐烹調丙級葷食項衛生評分標準

項目	監評內容	扣分標準
一般規定	1. 除不可拆除之手鐲外，有手錶、化妝、佩戴飾物、蓄留指甲、塗抹指甲油等情事者。	41 分
	2. 手部有受傷，未經適當傷口包紮處理及不可拆除之手鐲，且未全程配戴衛生手套者（衛生手套長度須覆蓋手鐲，處理熟食應更新手套）。	41 分
	3. 衛生手套使用過程中，接觸他種物件，未更換手套再次接觸熟食者（衛生手套應有完整包覆，不可取出置於臺面待用）。	41 分
	4. 使用免洗餐具者。	20 分
	5. 測試中有吸菸、喝酒、嚼檳榔、隨地吐痰等情形者。	41 分
	6. 打噴嚏或擤鼻涕時，未轉身並以紙巾、手帕、或上臂衣袖覆蓋口鼻，或轉身掩口鼻，再將手洗淨消毒者。	41 分
	7. 以衣物拭汗者。	20 分
	8. 如廁時，著工作衣帽者（僅須脫去圍裙、廚帽）。	20 分
	9. 未依規定使用正方毛巾、抹布者。	20 分
驗收 (A)	1. 食材未經驗收數量及品質者。	20 分
	2. 生鮮食材有異味或鮮度不足之虞時，未發覺卻仍繼續烹調操作者。	30 分
洗滌 (B)	1. 洗滌餐器具時，未依下列先後處理順序者：瓷碗盤→配料碗盤盆→鍋具→烹調用具（菜鏟、炒杓、大漏杓、調味匙、筷）→刀具（即菜刀，其他刀具使用前消毒即可）→砧板→抹布。	20 分
	2. 餐器具未徹底洗淨或擦拭餐器具有汙染情事者。	41 分
	3. 餐器具洗畢，未以有效殺菌方法消毒刀具、砧板及抹布者（例如熱水沸煮、化學法，本題庫選用酒精消毒）。	30 分
	4. 洗滌食材，未依下列先後處理順序者：乾貨（如香菇、蝦米…）→加工食品類（素，如沙拉筍、酸菜…）→加工食品類（葷，如皮蛋、鹹蛋、生鹹鴨蛋、水發魷魚…）→蔬果類（如蒜頭、生薑…）→牛羊肉→豬肉→雞鴨肉→蛋類→水產類。	30 分
	5. 將非屬食物類或烹調用具、容器置於工作檯上者（如：洗潔劑、衣物等，另酒精噴壺應置於熟食區層架）。	20 分

項目	監評內容	扣分標準
洗滌 (B)	6. 食材未徹底洗淨者： 　(1) 內臟未清除乾淨者。 　(2) 鱗、鰓、腸泥殘留者。 　(3) 魚鰓或魚鱗完全未去除者。 　(4) 毛、根、皮、尾、老葉殘留者。 　(5) 其他異物者。	20 分 20 分 41 分 30 分 30 分
	7. 以鹽水洗滌海產類，致有腸炎弧菌滋生之虞者。	41 分
	8. 將垃圾袋置於水槽內或食材洗滌後垃圾遺留在水槽內者。	20 分
	9. 洗滌各類食材時，地上遺有前一類之食材殘渣或多量水漬者。	20 分
	10. 食材未徹底洗淨或洗滌工作未於三十分鐘內完成者。	20 分
	11. 洗滌期間進行烹調情事經警告一次再犯者（即洗滌期間不得開火，然洗滌後與切割中可做烹調及加熱前處理，試題如另有規定，從其規定）。	30 分
	12. 食材洗滌後未徹底將手洗淨者。	20 分
	13. 洗滌時使用過砧板（刀），切割前未將該砧板（刀）消毒處理者。	30 分
切割 (C)	1. 洗滌妥當之食物，未分類置於盛物盤或容器內者。	20 分
	2. 切割生食食材，未依下列先後順序處理者：乾貨（如香菇、蝦米…）→加工食品類（素，如沙拉筍、酸菜…）→加工食品類（葷，如皮蛋、鹹蛋、生鹹鴨蛋、水發魷魚…）→蔬果類（如蒜頭、生薑…）→牛羊肉→豬肉→雞鴨肉→蛋類→水產類。	30 分
	3. 切割按流程但因漏切某類食材欲更正時，向監評人員報告後，處理後續補救步驟（應將刀、砧板洗淨拭乾消毒後始更正切割）	15 分
	4. 切割妥當之食材未分類置於盛物盤或容器內者（汆燙熟後不同類可併放）。	20 分
	5. 每一類切割過程後及切割完成後未將砧板、刀及手徹底洗淨者。	20 分
	6. 蛋之處理程序未依下列順序處理者：洗滌好之蛋→用手持蛋→敲於乾淨配料碗外緣（可為裝蛋之容器）→剝開蛋殼→將蛋放入第二個配料碗內→檢視蛋有無腐壞，集中於第三配料碗內→烹調處理。	20 分

項目	監評內容	扣分標準
調理、加工、烹調（D）	1. 烹調用油達發煙點或著火，且發煙或燃燒情形持續進行者。	41 分
	2. 菜餚勾芡濃稠結塊、結糰或嚴重出油者。	30 分
	3. 除西生菜、涼拌菜、水果菜及盤飾外，食物未全熟，有外熟內生情形或生熟食混合者（涼拌菜另依題組說明規定行之）。	41 分
	4. 殺菁後之蔬果類，如需直接食用，欲加速冷卻時，未使用經減菌處理過之冷水冷卻者（需再經加熱食用者，可以自來水冷卻）。	41 分
	5. 切割生、熟食，刀具及砧板使用有交互汙染之虞者。 (1) 若砧板為一塊木質、一塊白色塑膠質，則木質者切生食、白色塑膠質者切熟食。 (2) 若砧板為二塊塑膠質，則白色者切熟食、紅色者切生食。	41 分 41 分
	6. 將砧板做為置物板或墊板用途，並有交互汙染之虞者。	41 分
	7. 菜餚成品未有良好防護或區隔措施致遭汙染者（如交叉汙染、噴濺生水）。	41 分
	8. 烹調後欲直接食用之熟食或減菌後之盤飾置於生食碗盤者（烹調後之熟食若要再烹調，可置於生食碗盤）。	41 分
	9. 未以專用潔淨布巾、擦拭用具、物品及手者（墊握時毛巾太短或擦拭如咖哩汁等不易洗淨之醬汁時，方得使用紙巾）。	30 分
	10. 烹調時有汙染之情事者 (1) 烹調用具置於臺面或熟食匙、筷未置於熟食器皿上。 (2) 盛盤菜餚或盛盤食材重疊放置、成品食物有異物者、以烹調用具就口品嚐、未以合乎衛生操作原則品嚐食物、食物掉落未處理等。	30 分 41 分
	11. 烹調時蒸籠燒乾者。	30 分
	12. 可利用之食材棄置於廚餘桶或垃圾筒者。	30 分
	13. 可回收利用之食材未分類放置者。	20 分
	14. 故意製造噪音者。	20 分

項目	監評內容	扣分標準
熟食切割 (E)	1. 未將熟食砧板、刀（洗餐器具時已處理者則免）及手徹底洗淨拭乾消毒，或未戴衛生手套切割熟食者。（熟食（將為熟食用途之生食及煮熟之食材）在切配過程中任一時段切割需注意食材之區隔（即生熟食不得接觸），或注意同一工作臺的時間區隔，且應符合衛生原則）	41 分
	2. 配戴衛生手套操作熟食而觸摸其他生食或器物，或將用過之衛生手套任意放置而又重複使用者。	41 分
盤飾及沾料 (F)	1. 成品菜餚盤飾少於二盤者（即至少要二盤）。	30 分
	2. 生鮮盤飾未減菌（飲用水洗滌或燙煮）或多於主菜。（減菌後之盤飾可接觸熟食）	30 分
	3. 以非食品或人工色素做為盤飾者。	30 分
	4. 以非白色廚房用紙巾或以衛生紙、文化用紙墊底或使用者。（廚房用紙巾應不含螢光劑且有完整包覆或應置於清潔之承接物上，不可取出置於臺面待用）。	20 分
	5. 配製高水活性、高蛋白質或低酸性之潛在危險性食物 (PHF, PotentiallyHazardousFoods) 的沾料且內置營養食物者（沾料之配製應以食品安全為優先考量，若食物屬於易滋生細菌者，欲與沾料混置，則應配製安全性之沾料覆蓋於其上，較具危險性之沾料須與食物分開盛裝）。	30 分
清理 (G)	1. 工作結束後，未徹底將工作檯、水槽、爐檯、器具、設備及工作區之環境清理乾淨者（即時間內未完成）。	41 分
	2. 拖把、廚餘桶、垃圾桶置於清洗食物之水槽內清洗者。	41 分
	3. 垃圾未攜至指定地點堆放者（如有垃圾分類規定，應依規定辦理）。	30 分
其他 (H)	1. 每做有汙染之虞之下一個動作前，未將手洗淨造成汙染食物之情事者。	30 分
	2. 操作過程，有交互汙染情事者。	41 分
	3. 瓦斯未關而漏氣，經警告一次再犯者。	41 分
	4. 其他不符合食品良好衛生規範準則規定之衛生安全事項者（監評人員應明確註明扣分原因）。	20 分

二、評審表

（一）刀工作品成績評審表

依試題不同，要求刀工繳交作品不同，請評審依試題說明進行評分，如有疑慮，請依試題說明為主。術科辦理單位請放大本評審表為 B4 大小，以利監評評分。

第一階段評分表：301-1 刀工作品成績評審表－範例

場次：＿＿＿爐臺編號：＿＿＿術科編號：＿＿＿准考證號碼：＿＿＿姓名：＿＿＿

繳交作品	尺寸描述	數量	備註	扣分標準	各單項不合格請述理由
紅蘿蔔水花片兩款	自選 1 款及指定 1 款，指定款須參考下列指定圖（形狀大小需可搭配菜餚）厚薄度（0.3~0.4 公分）	各 6 片以上		41	
配合材料擺出兩種盤飾	下列指定圖 3 選 2	各 1 盤		41	
冬菜末	直徑 0.3 以下碎末	切完		20	
薑末	直徑 0.3 以下碎末	10 克以上		20	
蒜末	直徑 0.3 以下碎末	10 克以上		20	
青椒絲	寬、高（厚）各為 0.2~0.4，長 4.0~6.0	切完		20	
薑絲	寬、高（厚）各為 0.3 以下，長 4.0~6.0	10 克以上		20	
紅辣椒絲	寬、高（厚）各為 0.3 以下，長 4.0~6.0	1 條切完		20	
蔥花	長、寬、高（厚）各為 0.2~0.4	15 克以上		20	
里肌肉絲	寬、高（厚）各為 0.2~0.4，長 4.0~6.0	100 克以上	去筋膜	20	
魚片	長 4.0~6.0、寬 2.0~4.0、高（厚）0.8~1.5	切完	頭尾勿丟棄，成品用	20	
綜合說明					
成績判定	□合格　□不合格	成績			
監評簽名					

水花及盤飾參考：依指定圖完成，可受公評並獲得普遍認同之美感。

	(1)	(2)	(3)
指定水花 （擇一）			
指定盤飾 （擇二） (1) 大黃瓜、小黃瓜、紅辣椒 (2) 小黃瓜、紅辣椒 (3) 大黃瓜	(1)	(2)	(3)

（二）技術士技能檢定中餐烹調丙級術科測試烹調作品成績評分表

應檢人姓名：　　　　　　　　　　應檢日期：＿＿＿＿年＿＿＿＿月＿＿＿＿日

准考證號碼：　　　　　　　　　　場次：

術科編號：　　　　　　　　　　　爐臺編號：

評分項目 / 菜餚名稱					
評分標準	取量	滿分分數	10	10	10
		實得分數			
	刀工	滿分分數	20	20	20
		實得分數			
	火侯	滿分分數	25	25	25
		實得分數			
	調味	滿分分數	20	20	20
		實得分數			
	觀感	滿分分數	25	25	25
		實得分數			
實得分數	小計				
	總分				

評審須知：

1. 請依據烹調作品評審標準、烹調指引卡與刀工作品規格卡評分。
2. 三道菜，每道菜個別計分，各以100分為滿分，總分未達180分者不及格。
3. 材料的選用與作法，必須切合題意。
4. 作法錯誤的菜餚可在刀工、火侯、調味、觀感扣分；取量可予計分。
5. 取量包含材料數量與取材種類（即配色之量）。
6. 刀工包括製備過程如抽腸泥、去外皮、根、內膜、種子、內臟、洗滌…。
7. 調味最忌不符題意要求或極鹹、極淡、極酸、極甜、極苦、極辣、極稠、極稀等。
8. 火侯包含不符題意要求或質地之未脫生、帶血、極不酥、極不脆，極為過火的火侯如極爛、極硬、極糊、焦化等，與食材色澤極為不佳。
9. 觀感包含刀工整體呈現、色澤、配色、排盤、整飾、醬汁多寡、稀、糊與賣相。
10. 未完成者、重做者與測試結束後發現舞弊者皆全不予計分。
11. 評分分級表

配方	很差	差	稍差	可	稍好	好	很好
滿分分數 10	3	4	5	6	7	8	9
滿分分數 20	6	8	10	12	14	16	18
滿分分數 25	8	10	12	15	18	20	22

不予計分原因：＿＿＿＿＿＿＿＿＿＿＿＿＿＿＿＿＿＿＿＿＿＿＿

技術監評人員簽名：＿＿＿＿＿＿＿＿＿、＿＿＿＿＿＿＿＿＿、＿＿＿＿＿＿＿＿＿

（三）技術士技能檢定中餐烹調丙級術科測試品評記錄表

日期：＿＿＿＿年＿＿＿＿月＿＿＿＿日＿＿＿＿＿＿考場：＿＿＿＿＿＿場次：＿＿＿＿＿

題組：	術科編號：	題組：	術科編號：	題組：	術科編號：	題組：	術科編號：
菜餚名稱	品評紀錄	菜餚名稱	品評紀錄	菜餚名稱	品評紀錄	菜餚名稱	品評紀錄
題組：	術科編號：	題組：	術科編號：	題組：	術科編號：	題組：	術科編號：
菜餚名稱	品評紀錄	菜餚名稱	品評紀錄	菜餚名稱	品評紀錄	菜餚名稱	品評紀錄
題組：	術科編號：	題組：	術科編號：	題組：	術科編號：	題組：	術科編號：
菜餚名稱	品評紀錄	菜餚名稱	品評紀錄	菜餚名稱	品評紀錄	菜餚名稱	品評紀錄

註：
1. 本表所評字句與烹調作品成績評審表的評分要一致。
2. 記錄內容應詳實具體，例如「稍差」須明確寫出事實，不得只寫「稍差」二字，其餘依此類推。
3. 此表格請檢定場自行影印成 A3 大小。

技術監評人員簽名：＿＿＿＿＿＿＿＿＿、＿＿＿＿＿＿＿＿＿、＿＿＿＿＿＿＿＿＿

（四）衛生成績評審表

中餐烹調丙級技術士技能檢定術科測試衛生成績評審表

應檢人姓名：　　　　　　　　　　　　應檢日期：　年　月　日

准考證號碼：　　　　　　　　　　　　檢定場：

衛生成績：　　　　　　　　　　　　　分場次及工作檯：

扣分原因：

一般	1 □ 2 □ 3 □ 4 □ 5 □ 6 □ 7 □ 8 □ 9 □
A	1 □ 2 □
B	1 □ 2 □ 3 □ 4 □ 5 □ 6(1) □ 6(2) □ 6(3) □ 6(4) □ 6(5) □ 7 □ 8 □ 9 □ 10 □ 11 □ 12 □ 13 □
C	1 □ 2 □ 3 □ 4 □ 5 □ 6 □
D	1 □ 2 □ 3 □ 4 □ 5 □ 6 □ 7 □ 8 □ 9 □ 10(1) □ 10(2) □ 11 □ 12 □ 13 □ 14 □
E	1 □ 2 □
F	1 □ 2 □ 3 □ 4 □ 5 □
G	1 □ 2 □ 3 □
H	1 □ 2 □ 3 □ 4 □

衛生監評人員簽名：_____

技術監評人員（依協調會責任分工者）簽名：_____

（請勿於測試結束前先行簽名）

（五）評審總表

中餐烹調丙級技術士技能檢定術科測試評審總表

應檢人姓名：　　　　　　　　　　　應檢日期：　年　月　日

准考證號碼：　　　　　　　　　　　檢定場：

　　　　　　　　　　　　　　　　　場次及工作檯：

評審總表		
項目	及格成績	實得成績
刀工作品成績	60 分	分
烹調作品成績	180 分	分
衛生成績	60 分	分
及格		
不及格		

1. 刀工項目評分標準 100 分，成績未達 60 分者，以不及格計。

2. 烹調作品：3 道菜，每道菜個別計分，各以 100 分為滿分，總成績未達 180 分者，以不及格計。

3. 衛生項目評分標準 100 分，成績未達 60 分者，以不及格計。

4. 刀工作品、烹調作品或衛生成績，任一項未達及格標準，總成績以不及格計。

5. 不予計分原因：＿＿＿＿＿＿＿＿＿＿＿＿＿＿＿＿＿＿＿＿＿＿＿＿＿＿＿＿＿＿＿

＿＿＿＿＿＿＿＿＿＿＿＿＿＿＿＿＿＿＿＿＿＿＿＿＿＿＿＿＿＿＿＿＿＿＿＿＿＿＿

監評長簽名：＿＿＿＿＿＿＿＿＿＿

監評人員簽名：＿＿＿＿＿＿＿＿＿＿

＿＿＿＿＿＿＿＿＿＿

＿＿＿＿＿＿＿＿＿＿

（六）刀具認識與拿握技巧

刀具的結構如下圖所示：

工欲善其事，必先利其器，中餐烹調重刀工、火候，首先要切出好的刀工，必先有利的刀子，而一盤菜餚，端上桌的第一眼，觀感很重要，要切出好的刀工，拿握手刀非常重要。

1. 手掌虎口打開，握住刀柄，虎口不可超過刀柄，大拇指緊貼刀柄前的刀面。

2. 食指彎曲，緊貼刀背及外側刀面，中指、無名指、小指緊握住刀柄。

3. 切記拿握刀具時，刀柄須保持乾燥，以免濕滑造成危險。

4. 一般切割食材，以推拉切為主，避免由上而下的壓切。

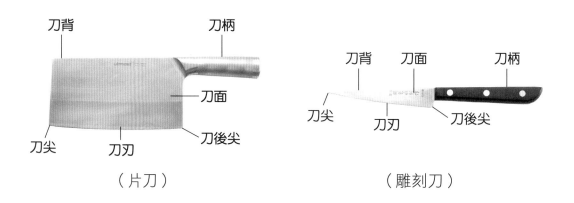

（片刀）　　　　　　　　（雕刻刀）

附錄1　刀工操作步驟

刀工	過程圖示
紅蘿蔔丁 完成圖	   **1** 取紅蘿蔔去皮一段，以片刀切成1公分厚塊狀　**2** 取厚塊以片刀切成1公分寬條狀　**3** 將切好條狀轉90度切成丁狀
 紅蘿蔔滾刀塊 完成圖	   **1** 取紅蘿蔔1條去皮，以片刀直切剖半一分為二　**2** 再以片刀對剖，切成四等分長條　**3** 左手握住食材每切一刀轉一面，至完全切完，大小以一口為主的滾刀塊
 紅蘿蔔條 完成圖	   **1** 將紅蘿蔔去皮，切取約5公分的塊狀　**2** 以片刀切出約0.5~0.8公分寬度的厚片狀　**3** 再將每片切成條狀，寬約0.5~0.8公分
 紅蘿蔔絲 完成圖	   **1** 將紅蘿蔔去皮後，切成5~7公分的段狀　**2** 以片刀順紋切割0.2~0.4公分薄片，將薄片排齊　**3** 將紅蘿蔔並排切割出0.3公分寬的紅蘿蔔絲

刀工	過程圖示		
 **紅蘿蔔粒** **完成圖**	 **1** 紅蘿蔔去皮後切成約 5 公分長段，再順紋切片約 0.2~0.4 公分厚	 **2** 將切割出的紅蘿蔔薄片排列整齊，順紋切割 0.2~0.4 公分寬的絲	 **3** 將切好的絲轉 90 度，以片刀切成粒狀
 **紅蘿蔔指甲片** **完成圖**	 **1** 取紅蘿蔔一段，以片刀切割 1 公分厚片	 **2** 將 1 公分厚片再切成寬 1 公分的條狀	 **3** 將粗條轉 90 度，切割 0.2 公分厚指甲片狀
 **茄段** **完成圖**	 **1** 取新鮮茄子，以片刀切去頭部	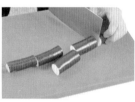 **2** 再以片刀將茄子切段約 5 公分長	 **3** 以片刀將每段茄子對剖切成茄段
 **茄條** **完成圖**	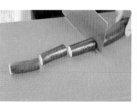 **1** 取茄子以片刀切除蒂頭，再切約 5 公分長的段	 **2** 取每段茄子，以片刀直切為二	 **3** 以片刀分別將茄子一切為四

刀工	過程圖示

香菇片
完成圖

1 以熱水泡軟香菇脹發,再以剪刀剪去蒂頭

2 以片刀斜 25 度切割脹發的香菇

3 以片刀斜切兩刀成三片

香菇丁
完成圖

1 以熱水泡軟香菇脹發,再以剪刀剪去蒂頭

2 以片刀將香菇切割條狀,寬約 1 公分

3 將切好的 1 公分條狀,轉 90 度切 1 公分丁狀

香菇絲
完成圖

1 以熱水泡軟香菇脹發,再以剪刀剪去蒂頭

2 以片刀橫切香菇,對剖切成片狀

3 合併香菇,以片刀切絲,寬度約 0.2 公分

魷魚絲
完成圖

  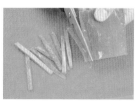

1 選取乾燥無異味的魷魚乾一段

2 以剪刀剪約 5~6 公分的長片狀,去除表皮薄膜

3 用剪刀小心剪成寬約 0.2 公分絲狀,亦可泡水後,再用片刀切

刀工	過程圖示		

 紅蔥頭片 完成圖	 **1** 紅蔥頭洗淨，以片刀切除頭尾	 **2** 以手將褐色皮膜去除，留桃紅色肉	 **3** 以片刀逆紋切割 0.2 公分厚的圓薄片
 馬鈴薯滾刀塊 完成圖	 **1** 將馬鈴薯以刮皮刀刮去表皮	 **2** 以片刀直切為 4 長條	 **3** 以片刀將馬鈴薯切出滾刀塊，每切一刀轉面一次
 馬鈴薯條 完成圖	 **1** 將馬鈴薯刮去外皮後，以片刀切除圓弧邊	 **2** 以片刀切厚約 0.5~0.8 公分、長約 5~7 公分的厚片狀	 **3** 以片刀將切好的厚片直刀切割為 0.5~0.8 公分寬的條狀
 馬鈴薯絲 完成圖	 **1** 將馬鈴薯刮去外皮後，以片刀切除圓弧邊	 **2** 以片刀切厚約 0.2 公分、長約 5~7 公分的片狀，排列整齊	 **3** 以片刀順紋切割 0.2 公分寬的絲狀

刀工	過程圖示		
 小黃瓜菱形片（大） 完成圖	**1** 小黃瓜以片刀切去頭尾	**2** 以片刀切約 2.5~3 公分的斜刀段	**3** 將小黃瓜切面向砧板，切割 0.3 公分厚的菱形片
 小黃瓜菱形丁（小） 完成圖	**1** 以片刀切除小黃瓜頭尾，再直切為四長條	**2** 以片刀、平刀將每條小黃瓜籽切除	**3** 將每條小黃瓜合併，以片刀斜刀切成菱形丁
 小黃瓜絲 完成圖	**1** 以片刀斜切小黃瓜為長 4~6 公分的圓片狀，每片厚約 0.3 公分	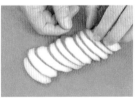**2** 將斜切片的小黃瓜排列整齊	**3** 以片刀直切 0.3 公分寬的絲狀
 鹹蛋塊 完成圖	**1** 取鹹蛋，以片刀先敲凹蛋殼，再一切為二	**2** 分別將鹹蛋以片刀一切為二後，再以鐵湯匙挖出鹹蛋	**3** 將所有鹹蛋挖出後，再以片刀一切為二，再切為四長塊

刀工	過程圖示		
 皮蛋塊 完成圖	 *1* 取鍋子加入清水，將皮蛋放入，待沸，煮 8 分鐘後撈出	 *2* 將皮蛋以中小火燙煮 8 分鐘後，撈出略沖冷水，搗破蛋殼，剝出皮蛋	 *3* 將燙過的皮蛋剝去外殼，再以片刀一切為二長塊，再切為四長塊
 西洋芹菱形片 完成圖	 *1* 取西洋芹以手剝除分岔的枝葉	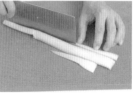 *2* 以片刀將刮去外皮的西洋芹，切除頭部的兩邊	 *3* 以片刀斜切 45 度呈菱形，間隔 2.5 公分
 西洋芹條 完成圖	 *1* 以刮皮刀去除西洋芹粗纖維	 *2* 將西洋芹切長約 5~6 公分的段	 *3* 以片刀分別將每段西洋芹順紋切割寬 0.5 公分的條狀
 西洋芹絲 完成圖	 *1* 將西洋芹刮除表皮纖維，以片刀切割長 5 公分段，再直切為二	 *2* 取每段西洋芹，以片刀由中間將厚度橫切為二	 *3* 以片刀直切每段西洋芹為寬 0.2 公分的絲

刀工	過程圖示
 榨菜絲 完成圖	 **1** 以片刀圓弧切割榨菜，除去外形凹凸不平整處　 **2** 以片刀圓弧切除凹凸不平後，將榨菜切成長四方塊，長度約 6 公分　 **3** 順紋直切片，每片厚度約 0.3 公分，排成骨牌狀，再以片刀切成寬約 0.3 公分的榨菜絲
 榨菜片 完成圖	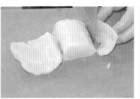 **1** 取榨菜，以片刀分別從左邊圓弧片切外形凹凸表皮，再切割右邊　 **2** 將榨菜外圍凹凸表皮切除後，平刀切除上方圓弧邊，呈長四方塊　 **3** 取榨菜長四方塊，順紋切割 0.2~0.4 公分的薄片狀，即成
 酸菜絲 完成圖	 **1** 取酸菜葉，以片刀略切除外圍葉子　 **2** 分別將酸菜排列整齊　 **3** 以片刀直切酸菜為寬 0.3 公分的絲狀
 大白菜片 完成圖	 **1** 以片刀將大白菜一切為二，再將菜心切除　 **2** 切除菜心後，以片刀將大白菜一切為四長條　 **3** 將大白菜一切四長條後，再以片刀橫切為八等分，即成

刀工	過程圖示

冬瓜片
完成圖

 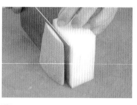 

1 取冬瓜以片刀由上而下直切，切除內面海綿體

2 取冬瓜，以片刀直切去除綠色外皮

3 以片刀再一次切除冬瓜內面薄膜

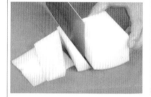  

4 將冬瓜修整成 12 公分長方塊狀

5 將冬瓜由內面以片刀平刀切成薄片狀

6 由冬瓜內面，以片刀平刀切片，每片薄 0.2 公分

冬瓜雙飛片
（蝴蝶片）
完成圖

1 以片刀切去冬瓜綠色外皮約 0.5 公分

2 以片刀將冬瓜修切成扇形塊

3 以片刀於中心切割出凹槽，深約 1 公分

  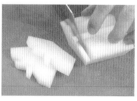

4 再斜切兩側去除餘肉，呈鋸齒狀

5 以片刀於冬瓜圓弧表面切出鋸齒狀（蝴蝶觸鬚狀）

6 以片刀切約 0.2~0.4 公分厚的並連不斷雙飛片狀（蝴蝶片狀）

刀工	過程圖示

洋蔥片
完成圖

 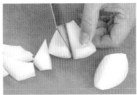 

1 取半顆洋蔥去皮後切半

2 取半塊洋蔥,剝除內面較小蔥肉,再以片刀一切為二

3 分別以片刀將洋蔥切割斜片狀,剝開每片即成

洋蔥絲
完成圖

1 取半顆洋蔥以片刀切除頭尾

2 切割頭尾後,剝除褐色表皮

3 以片刀斜刀切絲,再剝鬆

木耳菱形片
完成圖

1 取脹發的木耳,以片刀切去蒂頭,亦可以剪刀剪除

2 取木耳以片刀切長條狀,寬約2公分

3 以片刀斜切菱形片狀,間隔2公分

木耳絲
完成圖

1 取脹發的木耳,以片刀切去蒂頭,亦可以剪刀剪除

2 將脹發的木耳捲起

3 以片刀直刀切絲,間隔0.2公分

刀工	過程圖示		
 新鮮香菇片 完成圖	 **1** 取新鮮香菇，以剪刀剪除蒂頭	 **2** 以片刀將菇帽以斜45度切成厚1公分的厚片	 **3** 切片完成，續以斜刀45度將另一朵香菇切成香菇厚片
 杏鮑菇菱形片 完成圖	 **1** 選取新鮮完整、無壓傷的杏鮑菇1條	 **2** 將杏鮑菇以片刀切斜段，間隔2公分	 **3** 杏鮑菇切斜段後，切面朝上，改刀切0.5公分厚的菱形片
 杏鮑菇斜刀片 完成圖	 **1** 選取新鮮完整、無壓傷的杏鮑菇1條	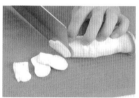 **2** 將杏鮑菇以片刀斜切厚約0.5公分、長約4~5公分的厚斜片	 **3** 依序切0.5公分厚片狀，至完全切完
 杏鮑菇滾刀塊 完成圖	 **1** 選取新鮮完整、無壓傷的杏鮑菇數條	 **2** 左手拿住杏鮑菇，右手拿片刀，每切一刀左手轉面，再切塊	 **3** 依序將杏鮑菇切成滾刀塊，全部切完

刀工	過程圖示

**杏鮑菇菱形丁
完成圖**

1 以片刀將杏鮑菇直切成 1 公分厚的長條片狀

2 每一長條片狀再以片刀切割成 1 公分長條

3 取杏鮑菇 2~3 條以片刀斜切 45 度、間隔 1 公分,切成菱形丁

**杏鮑菇條
完成圖**

1 將杏鮑菇以片刀切除蒂頭,再切成 5 公分長的段

2 以片刀順紋切割厚度約 1 公分以內的片狀

3 每兩片合併排列整齊後切條,全部切完

**豆腐三角塊
完成圖**

1 選購完整無破損的豆腐 3 塊

2 取豆腐斜切成三角形塊

3 將三角形塊立起,以片刀均等一切為二,完全切好

**板豆腐塊
完成圖**

 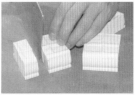 

1 選取完整無破損的豆腐 3 塊,以片刀取中心一切為二

2 將板豆腐以片刀取中心一切為二塊,再轉 90 度切兩刀,呈切六塊狀

3 將一切為二的板豆腐,轉 90 度再切兩刀,呈六塊狀,三塊完全切好

刀工	過程圖示

**板豆腐長方片
完成圖**

1 選取完整無破損的豆腐 3 塊

2 將板豆腐以片刀一切為二長塊

3 以片刀將二長塊再直切為四長方片

**板豆腐丁
完成圖**

1 板豆腐先用片刀於中心橫切為二

2 皮朝下，以片刀切割 1 公分寬條狀

3 將豆腐轉 45 度，切成約 1 公分的豆腐丁

**盒裝豆腐片
完成圖**

1 將豆腐從盒中取出，切割厚約 1 公分片狀，再一切為三

2 將三片厚片豆腐排列平放，以片刀斜 45 度、間隔 1.5 公分斜切

3 再以片刀反向切成厚度約 0.1~0.2 公分的豆腐片

**大黑豆乾長方片
完成圖**

1 選取完整、新鮮無破損的豆乾

2 以片刀取中心一切為二

3 切開的豆乾轉 90 度，以片刀切割成厚 0.2 公分的長方片

刀工	過程圖示		
 大黑豆乾菱形片 完成圖	 **1** 以片刀斜 45 度，切除豆乾頭尾	 **2** 片刀斜 45 度切割長 2 公分的菱形塊	 **3** 將豆乾菱形塊轉 90 度，推切出厚約 0.2 公分的菱形片
 大黑豆乾丁 完成圖	 **1** 以片刀切除邊皮，再切割約 1 公分寬的長條片狀	 **2** 將每長條再以片刀直切 1 公分粗的條狀	 **3** 改刀切成 0.5 公分大小的豆乾丁
 大黑豆乾絲 完成圖	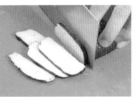 **1** 取豆乾以片刀推拉切割約 0.2~0.3 厚的公分片狀	 **2** 將 2 片豆乾片合併堆疊排列	 **3** 以片刀直切成約 0.2~0.3 公分寬的絲狀
 竹筍滾刀塊 完成圖	 **1** 竹筍以片刀先直刀切成二塊	 **2** 再取一半的竹筍長條，直切為二長條	 **3** 以片刀斜切竹筍，每塊長約 3 公分，每切一塊即轉一面再切割，大小以一口為宜

刀工	過程圖示		
 **竹筍菱形片** （指甲片） **完成圖**	 **1** 以片刀切割厚約1公分的筍片	 **2** 以片刀斜45度、間隔2公分切割成菱形塊	 **3** 將菱形塊轉90度，切割厚約0.3~0.5公分的菱形片
 **竹筍丁** **完成圖**	 **1** 以片刀切割厚約1公分的筍片	 **2** 將每片竹筍再切割成1公分寬的長條狀	 **3** 將長條狀的竹筍改刀切成1公分大小的竹筍丁
 **竹筍粒** **完成圖**	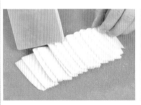 **1** 將竹筍以片刀切除尖端頭部，取肉長5~7公分順紋切割厚0.2~0.3公分片狀	 **2** 將竹筍片整齊排列後，再以片刀切割寬約0.2~0.3公分的絲狀	 **3** 轉90度，以片刀切成大小約0.3公分的竹筍粒
 **竹筍條** **完成圖**	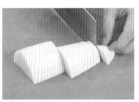 **1** 將竹筍以片刀直切長約5公分的塊狀	 **2** 以片刀將竹筍順紋切割成0.7公分厚的片狀	 **3** 兩片合併再改刀切成0.7公分寬的長條狀

刀工	過程圖示		
 竹筍絲 完成圖	 **1** 將竹筍以片刀切成 5~7 公分長的塊狀	 **2** 以片刀順紋切割 0.3 公分厚的薄片狀	 **3** 將薄片並排後，以片刀切寬 0.2~0.3 公分的絲狀
 竹筍骨牌片 完成圖	 **1** 竹筍以片刀切出長度約 4~5 公分的塊狀	 **2** 再以片刀切取 1.5 公分厚塊，圓弧邊切除	 **3** 以片刀順紋切出每片 0.3 公分厚的竹筍骨牌片，即成
 竹筍梳子片 完成圖	 **1** 以片刀切除竹筍圓弧邊，再切成 2~4 公分厚塊，長約 4~6 公分	 **2** 以片刀逆紋切割，間距約 0.5 公分，深度是竹筍厚度的 2/3	 **3** 將竹筍轉 90 度，以片刀直刀順紋切成厚約 0.2~0.4 公分的梳子片
 豆薯粒 完成圖	 **1** 取豆薯以刨刀刨除表皮，再切割 0.5 公分以內的薄片	 **2** 將豆薯片排列整齊，以片刀切割寬 0.5 公分內的絲狀	 **3** 將豆薯絲轉 90 度，再切割 0.5 公分內的粒狀

刀工	過程圖示		
 蔥段 完成圖	 **1** 選取新鮮翠綠的青蔥，以剪刀剪除頭部1公分，清洗乾淨	 **2** 將蔥去頭尾，取中間對切成二段	 **3** 將頭尾排列整齊，以片刀切割約3公分的蔥段
 蔥粗丁 完成圖	 **1** 選取新鮮翠綠的青蔥，以剪刀剪除頭部1公分，清洗乾淨	 **2** 將蔥去頭尾，取中間對切成二段	 **3** 將頭尾排列整齊，以片刀切約2公分的粗丁
 蔥花 完成圖	 **1** 選取新鮮翠綠的青蔥數支，以剪刀剪除頭部1公分	 **2** 將蔥去頭尾，取中間對切成二段，再合併切割	 **3** 將頭尾排列整齊，以片刀切約0.3公分大小的蔥花
 蔥綠絲 完成圖	 **1** 以片刀將蔥綠橫切長段，長約6公分	 **2** 用刀面略拍蔥段，方便切割	 **3** 左手小心握住蔥段，以片刀直刀順紋切割寬約0.2公分的蔥絲

刀工	過程圖示

薑絲
完成圖

1 以削皮器將薑皮完全刮除後洗淨

2 以片刀切除薑的圓弧邊，直切每片約 0.2 公分厚的薄片

3 排列整齊後，再以片刀直切寬約 0.2 公分的薑絲

薑末
完成圖

1 以片刀直切片狀，每片約 0.2 公分厚

2 排列整齊後，再以片刀直切 0.2 公分寬的絲狀

3 將切好的薑絲轉 90 度，再以片刀切約 0.2 公分大小的薑末

蒜片
完成圖

1 以剪刀去除蒜頭頭尾約 0.5 公分，泡入清水 3 分鐘

2 將泡水後的蒜頭剝皮，方便去除外膜表皮

3 以片刀逆紋切割小圓片狀，厚約 0.2 公分

蒜末
完成圖

1 以剪刀去除頭尾，可以略泡水，方便去除外膜表皮

2 以片刀逆紋切割小圓片狀

3 再以片刀將蒜片完全剁碎

刀工	過程圖示		
 辣椒菱形片（大） 完成圖	 **1** 以片刀去除蒂頭，取中心點，以片刀對剖為二	 **2** 以刀鋒斜 45 度去籽、去內側筋膜	 **3** 以片刀斜 45 度、間隔 2 公分切割成菱形片
 辣椒菱形片（小） 完成圖	 **1** 以片刀去除蒂頭，取中心點，以片刀對剖為二	 **2** 以刀鋒斜 45 度去籽、去內側筋膜	 **3** 以片刀斜 45 度、間隔 1 公分切割成菱形片
 辣椒絲 完成圖	 **1** 以片刀去除蒂頭，取中心點，以片刀對剖為二	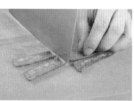 **2** 以片刀去除辣椒籽後，直切為二段	 **3** 以片刀將去籽辣椒直切為寬約 0.2 公分的絲狀
 辣椒末 完成圖	 **1** 以片刀去除蒂頭，取中心點，以片刀對剖為二	 **2** 去除辣椒籽後以平刀直切為二段，再以片刀直切寬約 0.2 公分的絲狀	 **3** 將切好的絲排列整齊後，轉 90 度，以片刀直切 0.2 公分的末

刀工	過程圖示		
 青椒菱形片（大） 完成圖	 **1** 將去籽洗淨的半個青椒，以片刀直切為二	 **2** 以片刀將一切為二的青椒再切成寬約 2 公分的長條狀	 **3** 取每一長條，以片刀斜 45 度、間隔 2 公分，切割菱形片
 青椒菱形丁片（小） 完成圖	 **1** 將青椒去籽、去膜，以片刀一切二，去除粗纖維	 **2** 以片刀將青椒切成長條狀，寬約 1 公分	 **3** 取每一長條片，以片刀斜 45 度、間隔 1 公分，切割菱形片
 青椒丁 完成圖	 **1** 將青椒洗淨，去除內膜，以片刀直刀切割 1 公分寬的條狀	 **2** 以片刀將青椒切割寬條後，尚有一些內膜，再片除	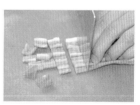 **3** 將青椒條排列整齊，再橫切 1 公分大小的丁狀
 青椒絲 完成圖	 **1** 將去籽洗淨的青椒對切為半，取長 5~6 公分的塊	 **2** 以片刀將塊狀直切為二，避免圓弧不好切絲	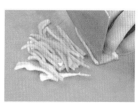 **3** 以片刀由內面直刀順紋切割寬約 0.4 公分內的絲狀

刀工	過程圖示

黃甜椒菱形片
完成圖

1 黃甜椒以片刀對切為二,再改刀切為四長條

2 以片刀橫切,去除內側白色筋膜

3 再以斜45度切成菱形片

黃甜椒絲
完成圖

  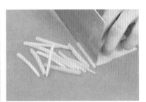

1 取半顆去籽黃甜椒,以片刀去除頭尾,取長5~7公分

2 以片刀橫切去除內側筋膜

3 以片刀順紋切成絲狀

紅甜椒菱形片
完成圖

1 紅甜椒以片刀一切為二,再切為四

2 以片刀橫切去除內側白色筋膜

3 以片刀斜45度切成菱形片

紅甜椒絲
完成圖

1 以片刀將紅甜椒去除頭尾,取長約5~7公分塊

2 以片刀橫切去除內側白色筋膜

3 以片刀順紋切成絲狀

刀工	過程圖示

1 將雞胸半付去皮後，以片刀由側邊切開雞肉，如圖

2 以片刀由側邊切開雞肉條，剝開雞肉，看到內面小里肌肉

3 將肉剝開後，順著外圍切出雞胸肉，小里肌及骨頭，歸還回收處

雞肉絲
完成圖

4 取半片雞胸肉，以片刀切除凸出的雞肉，再順紋切割片厚0.5公分的狀

5 以片刀斜20度，依序順紋切成0.5公分厚的片狀

6 將雞片攤平，以片刀順紋切割成寬約0.5公分的絲狀

1 將雞胸半付去皮後，以片刀由側邊切開雞肉，如圖

2 以片刀由側邊切開雞肉條，剝開雞肉，看到內面小里肌肉

3 將肉剝開後，順著外圍切出雞胸肉，小里肌及骨頭，歸還回收處

雞肉條（柳）
完成圖

4 雞胸肉去皮、去骨，切除邊緣不規則處

5 以片刀順紋直切成厚約0.7公分寬、長約5~7公分的片狀

6 再攤平雞片，改刀切成寬約0.7公分的雞肉條

刀工	過程圖示

1 取仿雞腿，以文武刀斜 20 度切割雞腿內側腿排，切除腿骨

2 以文武刀刀根處，小心的由內面 L 形骨頭處片開雞肉

3 將雞腿內側切開後，轉 180 度將前段雞肉片開

仿雞腿去骨切丁
完成圖

4 以文武刀由內面順著雞腿 L 形骨頭完全片開

5 將雞腿內側腿肉完全片切，L 形骨頭呈露出狀，以刀背弄斷關節

6 分別將雞腿 L 形骨頭以文武刀切除

7 將雞腿肉去皮，以片刀切除側邊油脂

8 將雞腿肉以片刀順紋切成長條狀，寬約 1.5 公分

9 再改刀切成約 1.5 公分的雞肉丁即可

雞肉片
完成圖

1 取半付雞胸去骨後，以片刀將側邊不規則處切除，取平整漂亮雞胸肉

2 取雞胸肉以片刀逆紋斜切 20 度，切割厚 0.5 公分、寬約 3 公分的片狀

3 切到雞胸肉尾端較薄處，需以斜刀更斜，片切片狀

刀工	過程圖示

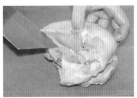

1 取雞胸以片刀去皮，由側邊順著邊緣切開

2 將雞胸肉順著側邊切開後，翻面再切割另一邊

3 分別將雞胸左右側切開後，再切開頭部的 V 字形骨頭

**雞肉剞刀厚片
完成圖**

4 以片刀將頭部 V 字形骨頭切開後，剝開雞胸肉

5 取雞胸肉，以片刀切除中心韌帶，呈兩片

6 分別以片刀將切開的雞胸肉平刀一切為二

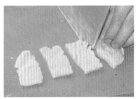

7 再將每片以片刀切割 0.5 公分交叉刀紋成小格子狀

8 再從中心點以片刀直切成二片

9 再以片刀一切為四塊長約 5 公分、厚約 0.8 公分的十字花刀片

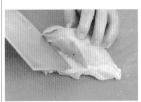

**帶骨雞塊
完成圖**

1 以文武刀於雞胸肉側邊，切開雞胸肉再剁斷骨頭

2 用文武刀切開雞胸肉，再剁斷骨頭呈粗條狀

3 將剁條的雞肉轉 90 度，再剁成 3×4 公分的塊狀

刀工	過程圖示		
 仿雞腿剁塊 完成圖	 **1** 帶骨雞腿以文武刀由前端直剁成長塊狀	 **2** 依序將雞腿間隔2~3公分剁成長塊狀	 **3** 轉90度將雞肉剁成約3×3公分的塊狀
 豬肉片 完成圖	 **1** 取大里肌肉以片刀去除白色筋膜	 **2** 以片刀將大里肌肉分切為三塊	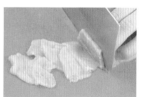 **3** 取一塊大里肌肉，以片刀逆紋切割厚約0.3公分的片狀
 豬肉條（柳） 完成圖	 **1** 取大里肌肉，以片刀去除白色筋膜	 **2** 以片刀先逆紋切成厚約0.7公分的厚片	 **3** 分別將大里肌肉片攤平，以片刀切割寬約0.7~0.8公分的條狀
 豬肉絲 完成圖	 **1** 取大里肌肉，先以片刀去除白色筋膜	 **2** 以片刀逆紋切成厚約0.2公分的大薄片，長約5~7公分	 **3** 分別將豬肉片並排，以片刀切割寬約0.2~0.3公分的絲狀

刀工	過程圖示		
 **豬肉丁** 完成圖	 **1** 取大里肌肉去除白色筋膜，以片刀逆紋切割厚約 1 公分的長厚片	 **2** 攤平肉片，以片刀切割寬約 1.5 公分的寬條狀	 **3** 將大里肌肉條轉 90 度，以片刀切成 1.5 公分的丁狀
 **豬肉剞刀厚片** 完成圖	 **1** 取大里肌肉，以片刀去除白色筋膜	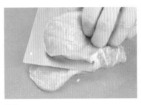 **2** 以片刀橫切大里肌肉為兩厚片，厚約 0.7~1 公分	 **3** 分別在大里肌肉片，以片刀切割深 2/3、寬 0.5 公分的條狀
	 **4** 再改刀切割交叉刀紋成小格子狀，如圖	 **5** 以片刀推拉切割，將大里肌肉直切為二	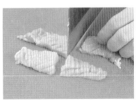 **6** 再以片刀對切成長約 6 公分、寬約 2 公分的十字花刀片
 **豬排骨塊** 完成圖	 **1** 選購新鮮桃色、無異味的排骨	 **2** 取豬排骨一塊，以剁刀先切開肉，再剁骨頭	 **3** 以剁刀剁成約 3×3 公分的排骨塊

刀工	過程圖示

1 先以剪刀剪除兩邊魚鰭及腹部魚鰭

2 以刮鱗刀由尾端往頭部刮除魚鱗

3 以刮鱗刀將魚身刮除魚鱗後,再以剪刀刮魚肚

4 以剪刀,續刮除魚頭側邊臉頰的小鱗片

5 將魚鱗完全去除乾淨後,以剪刀把肚子直刀剪開

6 將剪刀穿過魚鰓,注意勿剪斷魚鰭

吳郭魚剒刀法流程圖

  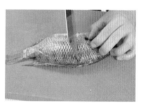

7 將剪刀穿過魚鰓,順時鐘轉 2 圈去除魚鰓

8 續去除內臟,小心不要把膽弄破,避免魚肉變苦

9 以片刀在距離魚頭 3 公分處,直刀切割至龍骨再將刀子壓平,順著龍骨往前切割約 3 公分

10 每一剒刀間隔 2 公分切割,切到尾巴,同第七步驟

11 以剒刀切剖一面後,翻面再以同刀法切割

12 剒刀法完成後,力求二面對稱,如圖所示

刀工	過程圖示

 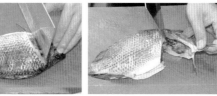 

1 以文武刀於吳郭魚魚頭及尾端上下鰭處,切割到骨頭處翻面再切割

2 用剪刀將魚頭小心剪斷

3 將魚頭剪除後,亦用剪刀將尾巴剪斷

吳郭魚瓦片
完成圖

4 取魚身,以文武刀由背部魚鰭旁片開魚肉,順著魚骨切到尾端處

5 將一半魚肉切開後,以剪刀剪斷魚肋骨

6 以剪刀取下另一半的魚腓肋

7 以文武刀,將兩片魚腓肋由魚肚旁片切肋骨

8 分別將兩片魚腓肋,以文武刀片切為二

9 續以文武刀片切魚肉片,完全切完

蝦片
成完圖

1 取蝦子除去蝦殼後洗淨

2 以牙籤由蝦背去除腸泥

3 蝦仁平放在砧板上,用片刀將蝦仁對剖為半

刀工	過程圖示

1 以剪刀將鱸魚的左右鰭及腹鰭剪除

2 以刮鱗刀仔細的由魚尾往頭部刮除魚鱗

3 以剪刀由魚的肛臍處剪開至頭的下方下巴處

4 以剪刀橫著穿透魚鰓，勿剪斷魚鰓

5 用手握住剪刀旋轉二圈半，將整個魚鰓完全去除

6 將魚內臟挖出，完全清洗乾淨

鱸魚瓦片
完成圖

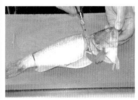 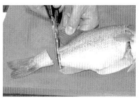 

7 以文武刀從魚鰭後方斜 45 度切割左右面到龍骨，再以剪刀剪斷頭部龍骨

8 再以文武刀切割魚尾前方約 3 公分左右邊，再剪斷魚尾

9 取魚身，以文武刀由背鰭上方片開魚肉，順著魚骨切到尾端

10 以文武刀，順著魚龍骨切割到魚尾下方的肉

11 將魚尾下方的肉切開後，再以剪刀剪開魚肋骨

12 將一面魚腓肋切開後，翻面續切開另一片魚肉

刀工	過程圖示		

鱸魚瓦片
完成圖（續）

13 將另一面魚腓肋切開後，再以剪刀剪斷肋骨

14 分別以文武刀將左右兩邊的魚腓肋切出

15 取魚腓肋，以文武刀圓弧片切內面魚肋骨

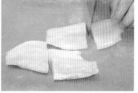

16 將另一面魚肋骨切除後，續切另一片魚肋骨

17 將魚腓肋橫切，一切為二

18 將魚腓肋橫切為二後，每片轉90度，斜25度切為厚0.5公分的片狀

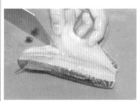

1 以文武刀，順著魚龍骨切割到魚尾下方的肉

2 將魚尾下方的肉切開後，再以剪刀剪開肋骨

3 將兩片魚腓肋切出後，由內面片除魚肋骨

鱸魚剞刀厚片
完成圖

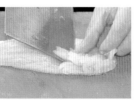

4 取魚腓肋，以文武刀直刀切割紋路，深至魚皮不斷，間隔0.5公分

5 直刀切割後，將魚肉轉90度，再斜25度、間隔1公分切割魚肉

6 分別將魚腓肋兩片切割紋路後，再將每片一切為三

刀工	過程圖示

**鱸魚雙飛片
完成圖**

1 分別以文武刀將去頭尾的鱸魚切取出左右魚腓肋

2 將兩片魚腓肋切出後再由內面圓弧切除肋骨

3 取一片魚腓肋，斜切去除前端魚肉，取長約 6~7 公分

4 以文武刀斜 25 度、間隔 0.5 公分，第一刀切割到魚皮不斷，第二刀切斷

5 以文武刀分別將魚腓肋切割第一刀不斷、第二刀斷的雙飛片

6 以文武刀分別將左右兩片魚腓肋，均勻斜切出雙飛片，共六片

**鱸魚魚條
完成圖**

1 以文武刀，將去頭、去尾的鱸魚由背鰭片切魚腓肋

2 以文武刀分別將左右兩側的魚腓肋切出

3 將魚腓肋切出後，再由內面圓弧片除肋骨

4 將兩片魚腓肋的肋骨片除後，以平刀將較厚的魚肉片除 1 公分

5 將較厚的魚肉片除後，取中心一切為二

6 將每片魚腓肋一切為二後，轉 90 度順紋切割間隔 1 公分的條狀

刀工	過程圖示

1 將花枝肉洗淨，以手由花枝尾端剝開左右翅膀

2 將花枝肉兩側以片刀切除凸出的餘肉

3 將花枝翅膀剝開，以片刀由內面一切為二

花枝梳子片
完成圖
（花枝頭回收）

4 將花枝一切為二後，以片刀由肉內面直切紋路，間隔0.5，下刀深2/3

5 分別以片刀、直刀切割花枝紋路後，花枝肉轉90度、斜25度切片，每片厚0.5公分以內

6 以片刀分別在花枝肉內面，切割直刀再斜刀，切出梳子片狀

1 將花枝肉兩側以片刀切除凸出部分

2 將花枝肉前端不規則處切除，呈平整形

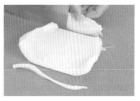

3 以片刀將花枝肉尾端切除，留中段長7公分左右

花枝絲
完成圖
（花枝頭回收）

4 以片刀由內側中心點直切為二片

5 用片刀於花枝肉中間較厚處，橫切片開成二片

6 以片刀順紋將花枝切成寬0.5公分的絲狀即可

 附錄2　水花參考圖譜

　　何謂紅蘿蔔水花？是以紅蘿蔔的頭部、中段或尾端的不同大小、規格、形狀，以中式刀工切割手法，切割出平面圖形，長不超過 6 公分、寬不超過 4 公分，大致的圖形可為幾何圖形、抽象圖形、花卉、禽鳥、動物等。

　　切出圖形後，切割 0.3~0.5 公分片狀，以熱水燙熟、過冷殺青，泡入清水移至冰箱冷藏。烹調時取出數片，加入菜餚作配色、點綴使用，因紅蘿蔔質地溫和，沒有濃郁的味道，故加入菜餚中，不會影響主菜的味道，有畫龍點睛的功用，亦可排在盤邊作為裝飾，增加菜餚美感。

　　一般切割水花片，以抽象、平面圖案為主，切割時握穩片刀，需注意切割時的斜度及前後對稱，最重要的是：切割時刀子不可左右翻轉，應拿穩刀子，同方向切割，將紅蘿蔔塊本身移動翻轉即可，避免左右力道不均勻及不對稱，或是下刀過深而使紅蘿蔔塊斷掉。

　　一般常用水花入菜的菜餚，以熱炒、涼拌、燴羹菜為主，應避免久煮而爛掉或斷裂，也要避免切割太深斷掉及太薄而影響到口感與觀感。

※ 片刀的拿握切割範例：

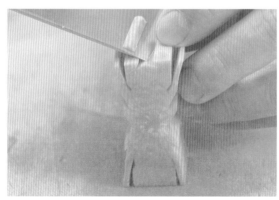

切割站立的水花，需特別小心斜刀、更斜刀、切除餘肉呈左右的鋸齒紋路

片刀拿穩，以食指擋住刀面，切割斜度凹槽，片刀同方向切割，旋轉蘿蔔切出圖形

※ 切割水花的注意事項：

1. 切割水花片時，斜度（各種角度）與深度要特別注意。

2. 切割時，大拇指、中指拿穩紅蘿蔔，食指靠在刀面切割。

3. 刀子需拿穩，避免前後切割不均，使水花有深有淺。

4. 切割時，片刀同邊、同方向，旋轉紅蘿蔔切割。

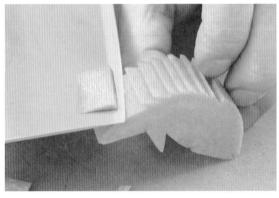

以食指擋住刀面，間隔 0.5 公分，斜刀、更斜刀去掉餘肉呈鋸齒魚背鰭狀

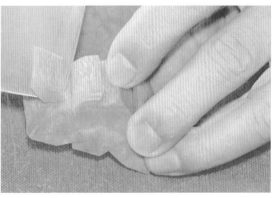

拿穩片刀，以圓弧片切方式先由上往下切到中心，再由下圓弧往上切到中心，刀痕銜接，去除餘肉

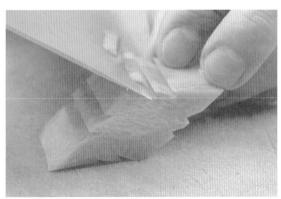

將菱形塊切出，在每個面切割出兩個斜鋸齒，共切割四邊後，再切片

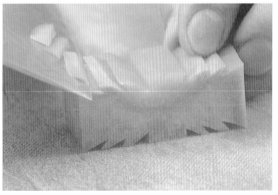

以片刀切割紅蘿蔔中段長四方塊，分別在上下兩側，切割間隔的，鋸齒紋路

（一）半圓魚躍形

刀工	過程圖示

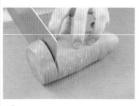 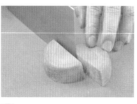 

1 取紅蘿蔔一條，以片刀直切，切取頭部 1.5 公分圓厚片

2 取圓厚片，以片刀直切中心，切為兩個半圓塊

3 以片刀由中心表皮上，圓弧片切紅蘿蔔表皮

4 圓弧片切表皮，再轉面圓弧切割表皮呈半圓塊

5 以片刀斜 45 度由尾端斜切，深 1 公分，如圖

6 以片刀反刀斜切，切除三角形餘肉，呈現魚尾的輪廓

7 取片刀由魚尾前端微斜切割，深 1 公分

8 將魚形轉向 270 度，以片刀、圓弧切割出魚身及魚尾

9 以片刀在魚肚上切斜刀、更斜刀，切割鋸齒形

10 以片刀在魚頭端切割凹槽呈現魚嘴

11 翻面以片刀在魚背上以斜刀、更斜刀去掉餘肉呈鋸齒狀

12 切割到魚尾時，要小心，完成後轉 90 度切片，每片 0.2 公分左右

（二）半圓花卉形

刀工	過程圖示

1 取 紅 蘿 蔔 以 片 刀切除頭部 0.5 公 分，再切 2 公分圓 片

2 以片刀切取頭部 一段厚約 2 公分， 取中心線一切為二

3 以片刀切取頭部 一段厚約 2 公分， 取中心線一切為二

4 以片刀由上方圓 弧片切表皮，反面 再圓弧片切表皮

5 翻面於平的一邊 取中心，以片刀左 右切出一凹槽

6 以片刀將凹槽切 出後，以斜刀、更 斜刀切出一觸角， 深約 1 公分

7 將 一 邊 切 出 深 1 公分的觸角後轉 面，同刀工切割另 一邊觸角

8 將紅蘿蔔站立， 小心的以片刀在圓 弧邊切割鋸齒

9 以片刀小心的斜 刀、更斜刀切割出 鋸齒紋路

10 以片刀小心的 斜刀、更斜刀切出 鋸齒，間距約 1 公 分

11 以片刀從一邊 切割鋸齒到中心 後，轉面，同刀工 切割鋸齒

12 以片刀將兩側 切出鋸齒後，轉 90 度切片，每片 0.2~0.4 公分

（三）半圓飛鳥形

刀工	過程圖示

1 取紅蘿蔔以片刀切取頭部一段厚約2公分段，取中心一切為二

2 取半圓厚塊，以片刀由上，圓弧半圓片切表皮

3 以片刀由上方圓弧切表皮，反面再圓弧片切表皮

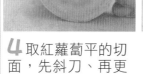

4 取紅蘿蔔平的切面，先斜刀、再更斜刀切出鳥的嘴形

5 以片刀切出鳥的嘴形，再圓弧切割鳥的頭部下刀深約1公分

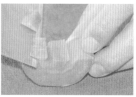

6 以片刀圓弧切割鳥的頭部後，轉面斜切去除餘肉

7 將鳥頭與翅膀切出後，翻面取中心線，左右切出斜凹槽鋸齒

8 以片刀小心的順著切出的斜鋸齒圓弧切割，深1公分

9 以片刀圓弧切割深1公分後，圓弧平刀切割去除餘肉

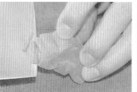

10 轉面以同方法圓弧切除餘肉，呈小鳥展翅狀

11 切出小鳥展翅狀後，再以片刀於翅膀處切割鋸齒

12 分別將兩側翅膀切割鋸齒後，再切割0.2~0.4公分的片狀

（四）長四方蝴蝶形

刀工	過程圖示

1 取紅蘿蔔以片刀切取頭部，厚約 2 公分，再一切為二

2 取一切為二的半圓紅蘿蔔塊，於圓弧頂端切除 0.5 公分

3 將紅蘿蔔站立，以片刀反刀圓弧切割兩邊

4 以片刀將紅蘿蔔圓弧切割呈長四方塊

5 將紅蘿蔔圓弧邊朝下，以片刀於表面一端切出凹槽

6 將一端凹槽切出後，以片刀於凹槽內面斜切，如圖所示

7 以片刀於凹槽斜切後，將紅蘿蔔轉面斜切，去除餘肉

8 以片刀分別於兩側以斜、更斜去掉餘肉切出蝴蝶觸鬚

9 將蝴蝶觸鬚切好後，翻面取中心線切割

  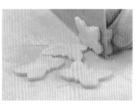

10 以片刀切割左右凹槽，呈現身體與翅膀狀

11 小心的拿穩切割的蝴蝶形紅蘿蔔，以片刀上下斜刀切割出蝴蝶翅膀

12 將蝴蝶翅膀兩側切好，再切 0.2~0.4 公分片狀

（五）正四方左右斜切形

刀工	過程圖示

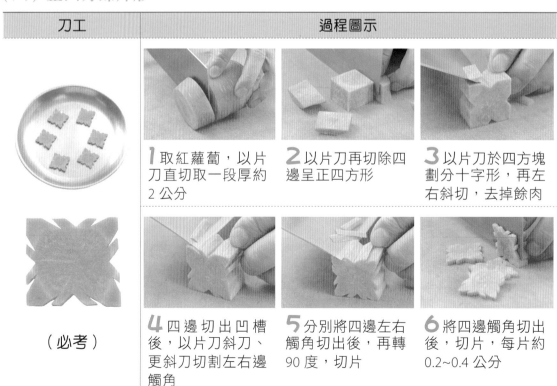

1 取紅蘿蔔，以片刀直切，取一段厚約 2 公分

2 取紅蘿蔔以片刀，再切除四邊呈正四方形

3 以片刀取中心線旁斜刀、更斜，去除餘肉共切四邊

（必考）

4 以片刀於四方塊另一邊小心斜刀、更斜刀去掉餘肉

5 將左右共八邊切割鋸齒後，於四邊的中心切割凹槽

6 將四邊切割凹槽，以片刀切片，每片厚約 0.2~0.4 公分

（六）正四方蝶片形

刀工	過程圖示

1 取紅蘿蔔，以片刀直切取一段厚約 2 公分

2 以片刀再切除四邊呈正四方形

3 以片刀於四方塊劃分十字形，再左右斜切，去掉餘肉

（必考）

4 四邊切出凹槽後，以片刀斜刀、更斜刀切割左右邊觸角

5 分別將四邊左右觸角切出後，再轉 90 度，切片

6 將四邊觸角切出後，切片，每片約 0.2~0.4 公分

（七）菱形鋸齒片形

刀工	過程圖示

1 取紅蘿蔔，以片刀斜切尾端再切菱形塊，厚約 3 公分

2 以片刀斜切菱形段。切面朝砧板，切除左右圓弧邊

3 以片刀再以斜度 45 度，切除前後端呈菱形塊

（必考）

4 將菱形塊切出後，在每一面以斜刀、更斜刀切除餘肉

5 將每面切割兩個鋸齒，共切割四邊

6 將水花塊轉 90 度，以片刀切割每片 0.2~0.4 公分片狀即成

（八）長四方壽字形 (1)

刀工	過程圖示

1 紅蘿蔔頭部切厚片 2~2.5 公分，取中間 2 公分，切除左右邊

2 將中間約 2.5 公分長四方塊切除前後圓弧邊

3 切除前後表皮，取中心 0.5 公分，左右直刀、斜刀切出凹槽

4 再以片刀平刀片切一端表皮 0.2 公分

5 於四邊切表皮，刀刃往後退 0.2 公分微斜切出餘肉

6 將紅蘿蔔壽字形切好後，再轉向切 0.2~0.4 公分片狀

（九）長四方壽字形 (2)

刀工	過程圖示

1 以片刀切取紅蘿蔔頭部圓段厚約 2~2.5 公分

2 以片刀切取，厚 2~2.5 公分，取中間約 2 公分切除左右邊

3 將中間約 2 公分長四方塊切除前後圓弧邊

4 將長四方塊，以片刀切除前後表皮，再略劃中心線，斜 45 度左右切到中心，去除餘肉

5 以片刀取中心線切出凹槽後，翻面以同方法再切割出凹槽

6 以片刀於上、下凹槽旁，斜刀、更斜刀切除餘肉，分別將四邊切出

7 以片刀切出四邊觸角後，平刀由外往內切表皮 0.2 公分

8 以片刀平刀由外往內片切表皮到觸角處，略往下切

9 以片刀由外往內片切表皮到觸角處後，刀刃略往後退 0.2 公分，再往前斜切，除去餘肉

 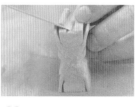 

10 分別以片刀，同刀法將四邊由外往內切割

11 四邊切好後，將紅蘿蔔站立，小心的以片刀由內往外切割鋸齒

12 分別將紅蘿蔔上、下以片刀小心切出左右鋸齒後，切片 0.2~0.4 公分

（十）長四方、左右斜切形

刀工	過程圖示
 	   **1** 取紅蘿蔔以片刀切除蒂頭 0.5 公分　**2** 將蒂頭切除後，續切圓弧頭一段，厚約 2 公分　**3** 取紅蘿蔔頭部，取中間 2 公分長四方塊，以片刀切除左右圓弧邊   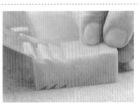 **4** 以片刀將 2 公分寬的長四方塊切出後，再切除前後表皮圓弧處　**5** 取紅蘿蔔四方塊，略劃出中心線，再以片刀斜、更斜切出鋸齒　**6** 以片刀將一端切割出三個鋸齒線條後，翻面以同方法續切割    **7** 以片刀分別將四邊間隔切割出鋸齒紋路　**8** 分別以片刀將四邊切出鋸齒後，再轉 90 度切片，每片 0.2~0.4 公分　**9** 將紅蘿蔔水花片切割 0.2~0.4 公分，共 6 片

（十一）菱形、斜切片

刀工	過程圖示

1 取紅蘿蔔一條，以片刀於中段處斜切菱形段，厚約 3 公分，切面朝砧板，再切除左右圓弧邊

2 以片刀將左右圓弧邊切除後，再以斜度 45 度切除前後端，呈菱形塊

3 以片刀斜度 45 度切除前後端圓弧邊呈菱形

（必考）

4 將菱形塊切出後，於一端切割兩個鋸齒紋路，如圖

5 將鋸齒切出後，以片刀於後方，平刀直切 0.2 公分表皮，如圖

6 以片刀於後方平刀片切 0.2 公分表皮後，刀刃往後退 0.2 公分，微斜、再切割，去除餘肉，呈內面一凹槽

7 切好一面後，翻面，同方法以片刀小心切割，如圖所示

8 上下切紋路後，再以片刀直刀、橫刀，片除餘肉，同方法切割上下端

9 以片刀將紅蘿蔔直刀、橫刀切割後，轉 90 度切片，每片 0.2~0.4 公分即成

（十二）長三角葉片形 (1)

刀工	過程圖示

1 取紅蘿蔔以片刀於尾端切割長約 6 公分段

2 切取的尾端以片刀取中心線一切為二

3 取紅蘿蔔以片刀於尾端切割長約 6 公分段後，一切為二再由頭部圓弧片切表皮

4 以片刀圓弧片切表皮後，再切除左右圓弧邊

5 以片刀於頭部後方 1.5 公分處，以斜刀 45 度、更斜分 25 度切除餘肉，呈鋸齒狀

6 將上方切割鋸齒狀後，翻面略對齊，同方法切割鋸齒狀

7 將上下切割鋸齒狀的紅蘿蔔站立拿穩，以片刀切割鋸齒

8 將站立的紅蘿蔔小心的切割鋸齒後，翻面再切割鋸齒，如圖

9 以片刀小心的由尾端切割 0.2 公分表皮到鋸齒處

10 以片刀小心由尾端切割 0.2 公分表皮到鋸齒處後，略退出刀刃，再往前切除一小塊餘肉

11 以片刀在圓弧表皮下方小心的一刀斜、一刀更斜切出鋸齒

12 將圓弧表皮下方切割鋸齒後，轉 90 度切片，每片 0.2~0.4 公分

（十三）長三角葉片形 (2)

刀工	過程圖示

1 取紅蘿蔔以片刀於尾端切割長約 6 公分段

2 切取的尾端，以片刀取中心線一切為二

3 取半片尾端，切面朝砧板，以片刀由頭部圓弧片切表皮到底

4 以片刀圓弧片切表皮後，再切除左右圓弧邊

5 以片刀斜、更斜刀切割鋸齒，翻面再切割鋸齒

6 以片刀於頭部一刀斜 45 度，一刀斜 25 度、深 0.3 公分切割鋸齒

7 將圓弧邊的鋸齒切出後翻面，以同方法再切出鋸齒，間隔 0.5 公分

8 將上、下的鋸齒線條切出後，轉 180 度，切割片狀，每片約 0.2~0.4 公分

9 完成圖：切好的紅蘿蔔水花要放在配菜盤內

（十四）長三角葉片形 (3)

刀工	過程圖示
（必考）	**1** 取紅蘿蔔以片刀於尾端切割長約 6 公分段　**2** 切取的尾端以片刀取中心線，一切為二，如圖　**3** 取半片尾端，切面朝砧板，以片刀由頭部圓弧片切表皮到底　**4** 以片刀圓弧片切表皮後，再切除左右圓弧邊　**5** 以片刀於頭部上方 0.5 公分直刀切入，深 0.5 公分　**6** 以片刀於頭部直切 0.5 公分，再橫切 0.5 公分去除餘肉　**7** 將切好一邊的頭部翻面，同方法直刀、橫刀 0.5 公分切除餘肉，呈葉梗狀　**8** 將葉梗切出後，轉向以片刀斜刀、更斜刀，去掉餘肉呈鋸齒狀　**9** 切出鋸齒狀後翻面，同刀工切出鋸齒狀，再切割 0.2~0.5 公分片即成

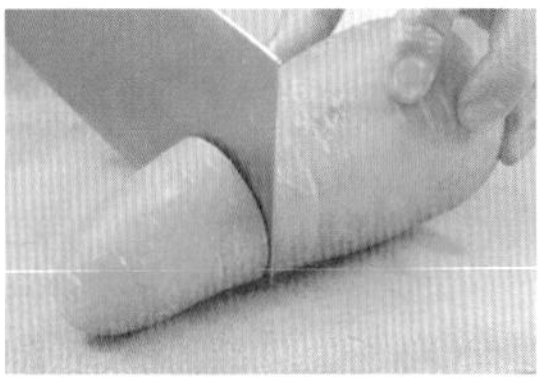

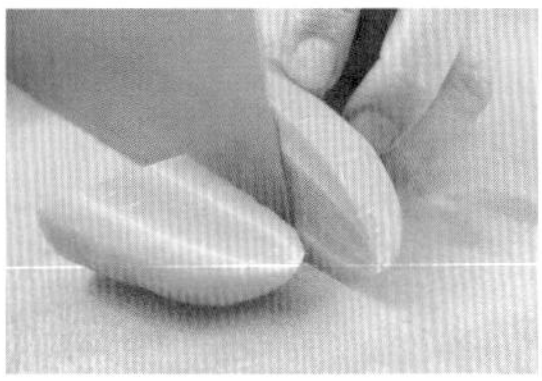

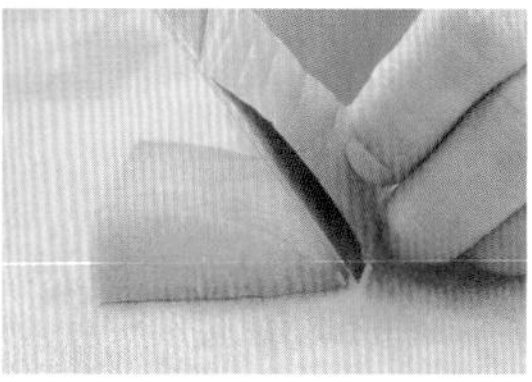

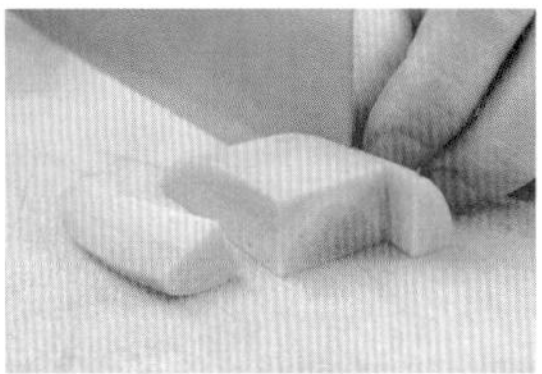

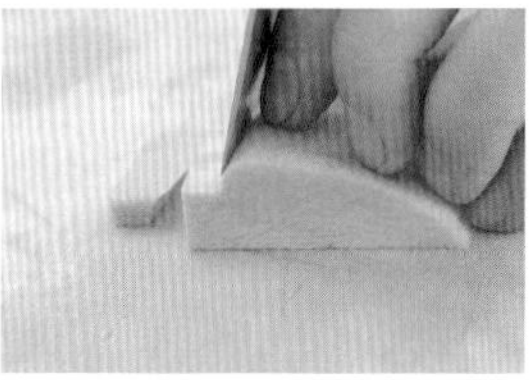

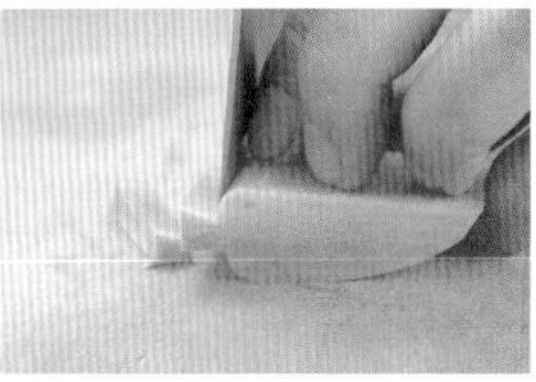

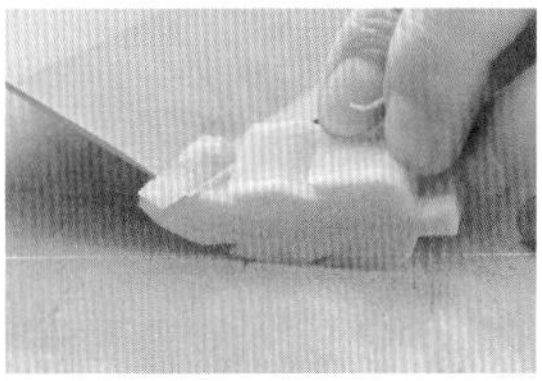

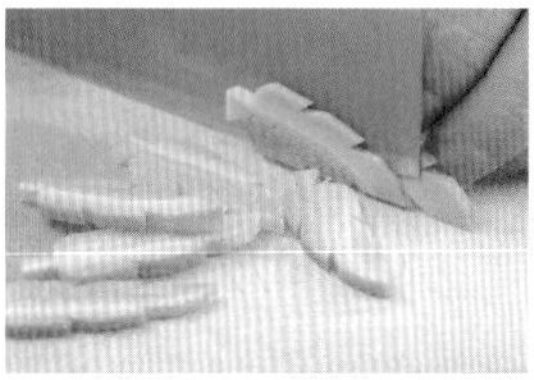

（十五）長三角聖誕樹

刀工	過程圖示

1 取紅蘿蔔尾端，以片刀直切長約 6 公分段

2 以片刀小心切割圓弧邊約 1 公分塊

3 切割 1 公分的切片，朝砧板以片刀左右切割呈長角尖形

4 將三角長尖形切割後，側倒切除上方的圓弧，如圖

5 將三角長尖形切出後，以片刀由尖端切割鋸齒，間隔 0.5 公分

6 以片刀由尖形頭部後方斜 45 度、再斜 25 度切除餘肉，呈鋸齒狀

7 以片刀由尖端一刀斜、一刀更斜切除餘肉到底部

8 切割斜鋸齒狀到底部後，取底部直切，呈樹梗狀

9 轉面以同方法，以片刀切割斜鋸齒線條後，轉 90 度切割 0.2~0.4 公分片狀

（十六）正三角葉片形

刀工	過程圖示

1 將紅蘿蔔蒂頭切除 0.5 公分後，續切圓弧頭部一段，厚約 2 公分

2 取頭部圓厚段，以片刀取中心，一切為二

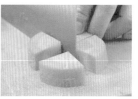

3 將紅蘿蔔一切二後，再轉向，一切為四

（必考）

4 取四分之一塊紅蘿蔔，以片刀圓弧片切表皮到底

5 片切表皮後，三角尖端朝砧板以直刀、橫刀，去掉餘肉如圖

6 以直刀、橫刀去掉餘肉後，再以片刀於中心線 0.5 公分處直刀切入

7 以片刀於中心線直刀切後，將紅蘿蔔轉向圓弧切除餘肉

8 將切好的葉梗朝砧板，以刀於左側切割出鋸齒形紋路

9 以片刀將左側切出鋸齒後，轉向再切割右側鋸齒，之後切成厚 0.2~0.4 公分片狀即成

（十七）薑蝴蝶水花片

刀工	過程圖示

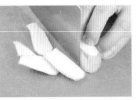 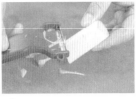 

1 取薑塊，以片刀先切頭尾後，再切割四邊圓弧邊，約切 0.5 公分

2 切除圓弧邊的薑塊尚有一些薑皮，以刮皮刀刮除乾淨

3 切割成長四方塊形，長約 5~6 公分，高約 1.5 公分，寬視薑的大小而定

4 以片刀在薑的長度中心略劃線，斜 25 度切到中心線

5 將斜切 25 度的薑轉面，同斜度切割，去除餘肉呈凹槽狀

6 以片刀在凹槽旁，第一刀斜 45 度、第二刀斜 25 度去除餘肉

（必考）

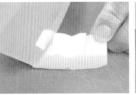 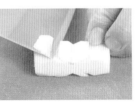 

7 轉面，以第一刀斜 45 度、第二刀斜 25 度，切出鋸齒狀

8 將薑翻面，以上述同刀法切割另一面，呈對稱狀

9 將上下兩邊切好後，以片刀於薑的側邊斜 45 度切割到薑的一半

10 翻面，一樣以片刀於側邊斜 45 度切割到一半，去除三角餘肉

11 分別將前後端切除三角餘肉後，轉向再切割 0.2 公分的薑片即成

12 將薑水花片切片後放入配菜盤，需排整齊，不可雜亂

（十八）水花彙整

半圓形水花變化

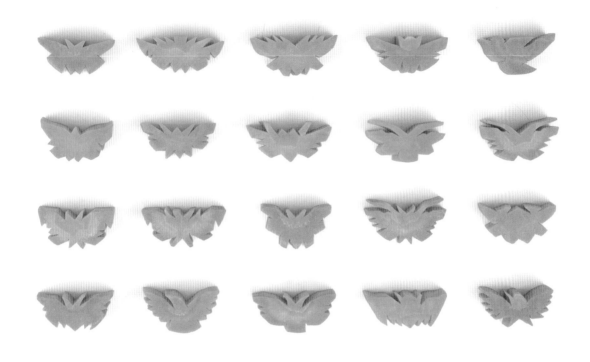

梯形水花變化

菱形水花變化

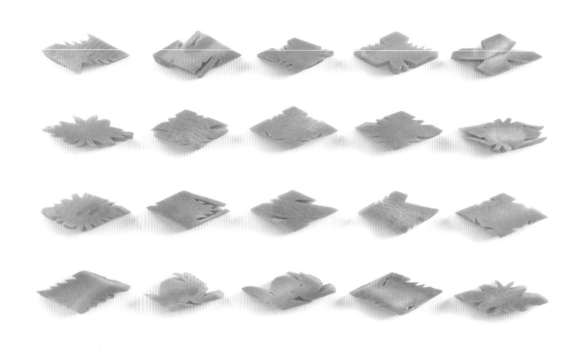

長三角形水花變化

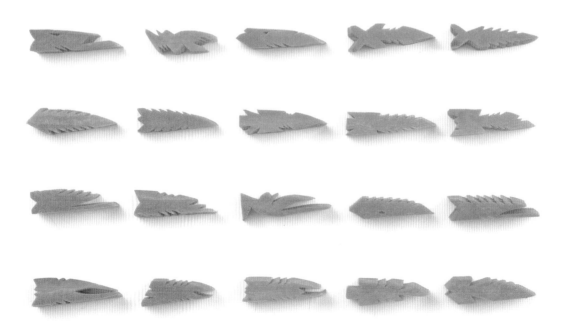

正四方形水花變化

長四方形水花變化

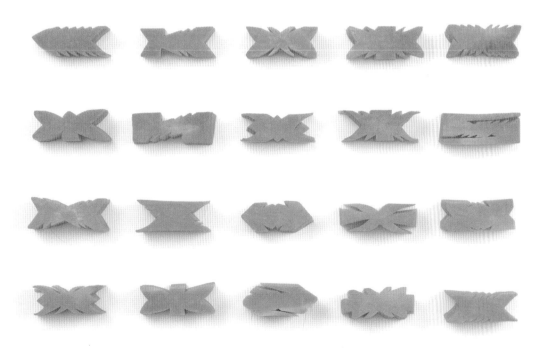

三角形水花變化

長四方形薑水花變化

附錄3　盤飾參考圖譜

　　排盤裝飾是中餐烹調色香味中「色」的一環，也是刀工的一環，具有畫龍點睛的效果。不同顏色的蔬果經切割後，作為排盤裝飾，既能美化菜餚，又可促進食慾，透過烹調者的巧思排列與菜餚結合，不只顯現出價值感，且賣相極佳，也可帶動客人的食慾，兼顧了餐飲菜餚的藝術性與實務性。

蝴蝶結排列

刀工	過程圖示		
	1 取切開的半圓大黃瓜塊一塊，再以片刀，取中心一切為二	**2** 將大黃瓜一切為二後，再以片刀，斜75度，分別切除內籽	**3** 將內籽切除後，再以片刀直切左右兩側，再一切為二，呈4個長四方塊
	4 將4個大黃瓜長四方塊，以片刀切除內肉，呈高度1公分狀	**5** 分別將長四方塊切割出高度1公分後，再以片刀切割薄片0.2公分，前端需留1公分	**6** 分別將大黃瓜切出扇形後，再以刀面略壓，呈扇形即可排盤

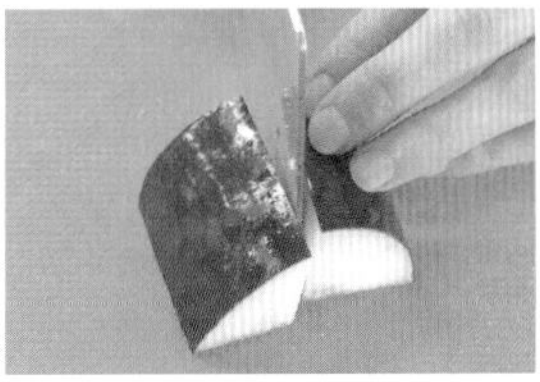

蝴蝶結排列

刀工	過程圖示

1 取大黃瓜一段，長約 5 公分，以片刀取中心一切為二

2 取切開的半圓大黃瓜塊一塊，再以片刀，取中心一切為二

3 將大黃瓜一切為二後，再以片刀斜 75 度，分別切除內籽

4 將內籽切除後，再以片刀，直切左右兩側，再一切為二，呈長四方塊

5 分別將大黃瓜兩側切齊，再取中心一切為二，如圖

6 將 4 個大黃瓜長四方塊，以片刀切除內肉，呈高度 1 公分狀

7 分別將長四方塊，切割出高度 1 公分，再以片刀割薄片 0.2 公分，前端需留 1 公分

8 以片刀將大黃瓜切割薄片，前端 1 公分不切，再以刀面略壓，呈扇形狀

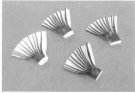

9 分別將大黃瓜切出扇形後，略壓呈扇形狀後，即可排盤

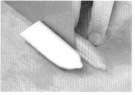

10 另取小黃瓜一節，以片刀直切為兩個半圓長條塊

11 取切開的半圓塊，逆紋切割 0.1~0.2 公分的半圓薄片排盤

12 另取紅辣椒以片刀切割 0.2 公分的圓片 10 片，搭配在扇形中間及黃瓜片旁

扇片形排列

刀工	過程圖示
	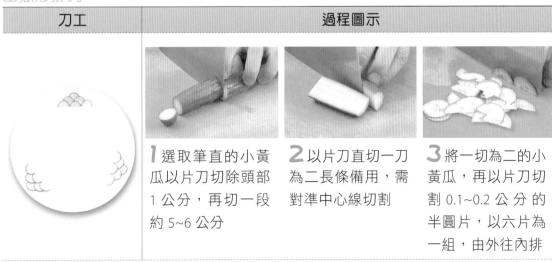

1 選取筆直的小黃瓜以片刀直刀接切為二長條

2 取小黃瓜半條，以片刀直切為半圓長條，再以片刀斜45度長約4公分切除頭部

3 以片刀斜45度、前端預留0.5公分不切斷，切割8~10片，共切3組

4 以片刀利用刀尖斜切薄片，前端需預留0.5公分不切斷，每組以8~10片為基本數量

5 分別以斜刀45度、長約4公分切出3個有8~10片的黃瓜扇，再以手壓開呈扇排盤

6 另取紅辣椒，以片刀切割0.2公分厚的圓片，搭配在扇形黃瓜旁即成

山嶽形排列

刀工	過程圖示

1 選取筆直的小黃瓜以片刀切除頭部1公分，再切一段約5~6公分

2 以片刀直切一刀為二長條備用，需對準中心線切割

3 將一切為二的小黃瓜，再以片刀切割0.1~0.2公分的半圓片，以六片為一組，由外往內排

圓邊形排列

刀工	過程圖示
	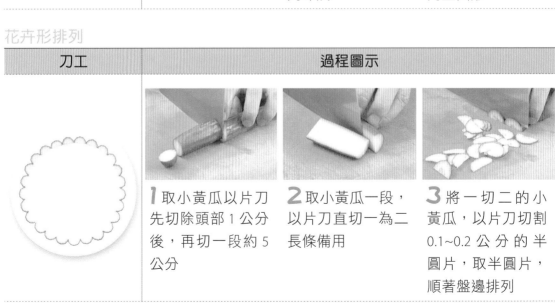

1 取一段大黃瓜以片刀由切面一切為二

2 取一半圓塊，於表皮中間斜切一缺口深 0.5 公分

3 將大黃瓜表皮切一缺口後站立黃瓜，以片刀由底部小心的片切表皮 0.3 公分

4 以片刀由底部小心的片切表皮到中間的刀痕缺口，切斷表皮

5 將切好的黃瓜塊轉向，以片刀切割 0.1~0.2 公分的薄片，於盤邊圓弧排列即成

6 將切好的大黃瓜片，在手上排列整齊，以表皮在前面，順時鐘排入盤內呈圓形

花卉形排列

刀工	過程圖示

1 取小黃瓜以片刀先切除頭部 1 公分後，再切一段約 5 公分

2 取小黃瓜一段，以片刀直切一為二長條備用

3 將一切二的小黃瓜，以片刀切割 0.1~0.2 公分的半圓片，取半圓片，順著盤邊排列

愛心形排列

刀工	過程圖示

1 以片刀從小黃瓜頭部斜切 45 度、長約 5 公分，去除頭部

2 選取筆直的小黃瓜以片刀斜切頭部 45 度後，切割斜薄片

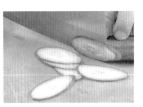

3 以片刀斜切長約 5 公分、厚約 0.3 公分的斜片六片

4 取小黃瓜斜片，以片刀於內面中間斜 45 度切割

5 取每片小黃瓜，以片刀割切，如圖所示

6 將每片一切為二的小黃瓜，翻轉一片合拼成心形，均勻排列於盤緣六處即成

花朵形排列

刀工	過程圖示

1 選取筆直小黃瓜以片刀切除頭部 1 公分再切一段長約 6 公分段

2 取小黃瓜一段，以片刀逆紋切割圓片，每片約 0.1~0.2 公分

3 紅辣椒以片刀切割圓片約 0.2 公分厚，取小黃瓜片，以四片為一組，搭配辣椒呈花形排列即成

荷花形排列

刀工	過程圖示
	1 取大黃瓜一段，以片刀切取圓厚段約 4 公分　　**2** 取大黃瓜，以片刀於圓弧表皮邊切割長半圓，厚度約 1 公分　　**3** 將長半圓塊切出後，以片刀切薄片 0.1~0.2 公分
	4 另取紅辣椒切片刀直切 0.2 公分圓片　　**5** 將切片的黃瓜片分別 2 片併連排在盤中三邊　　**6** 另以黃瓜片，4 片為一組、分左右排列三邊，中間搭配紅辣椒

太陽形排列

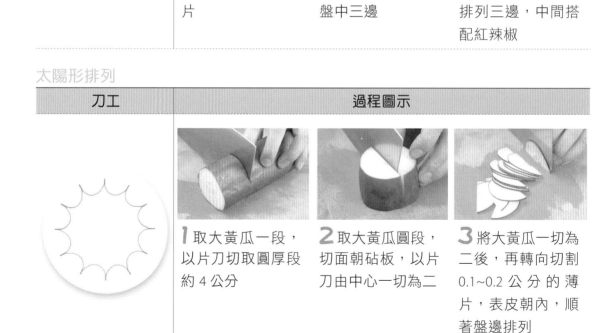

刀工	過程圖示
	1 取大黃瓜一段，以片刀切取圓厚段約 4 公分　　**2** 取大黃瓜圓段，切面朝砧板，以片刀由中心一切為二　　**3** 將大黃瓜一切為二後，再轉向切割 0.1~0.2 公分 的 薄片，表皮朝內，順著盤邊排列

點綴形排列

刀工	過程圖示

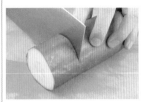  

1 取大黃瓜一段，以片刀切取圓厚段，約 4 公分

2 取大黃瓜半圓無籽部分以片刀直切

3 取大黃瓜半圓無籽部分，再以片刀逆紋切割半圓薄片，每片 0.1~0.2 公分厚

4 取一段紅蘿蔔，以片刀切取菱形塊後，再轉向切割薄片 0.2~0.3 公分

5 另取一塊大黃瓜，以片刀小心的由底部片切表皮約 0.2 公分

6 將片出的大黃瓜表皮，以片刀切割出菱形片，需小於紅蘿蔔菱片，再將兩片重疊，與半圓大黃瓜一起點綴盤子三邊即成

扇子形排列

刀工	過程圖示

1 取紅蘿蔔頭部約 3 公分，再以片刀切割圓弧邊約 1 公分

2 分別以片刀切取數個長半圓塊，如圖

3 再以片刀逆紋切割 0.1~0.2 公分薄片，七片為一組排盤

放射形排列

刀工	過程圖示		
	 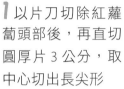 **1** 以片刀切除紅蘿蔔頭部後,再直切圓厚片 3 公分,取中心切出長尖形	 **2** 取紅蘿蔔頭部約 3 公分,再以片刀切割中間,底部約 1.5 公分的長尖形	 **3** 將長尖形切出後,以片刀切平底部後,再轉向切割 0.1~0.2 公分薄片排盤

蝴蝶形排列

刀工	過程圖示		
	 **1** 取大黃瓜一塊,以片刀於圓弧表皮邊切割長半圓塊,厚度約 1 公分,先切 6 片排盤	 **2** 以片刀切割 0.1~0.2 公分薄片 6 片,排入盤中三邊,再切出兩片併黏的蝴蝶片,共 6 片	 **3** 分別切出兩片併連的大黃瓜片,翻折左右邊排盤,搭配紅辣椒圓片即成

重疊形排列

刀工	過程圖示		
	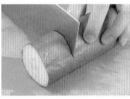 **1** 取大黃瓜一段以片刀切取厚度約 4 公分	 **2** 取大黃瓜一塊,以片刀於圓弧表皮邊切割長半圓塊,厚度約 1 公分	 **3** 將長半圓塊切出後,再以片刀切割 0.1~0.2 公分薄片,繞著盤邊排列即成

葉子形排列

刀工	過程圖示

1 取大黃瓜一塊，以片刀切取圓厚段約 4 公分

2 取大黃瓜一塊，以片刀於圓弧表皮邊切割長半圓，厚度約 1 公分

3 將長半圓塊切出後，再以片刀切割薄片 0.1~0.2 公分，兩片合拼成葉形，三個一組排盤

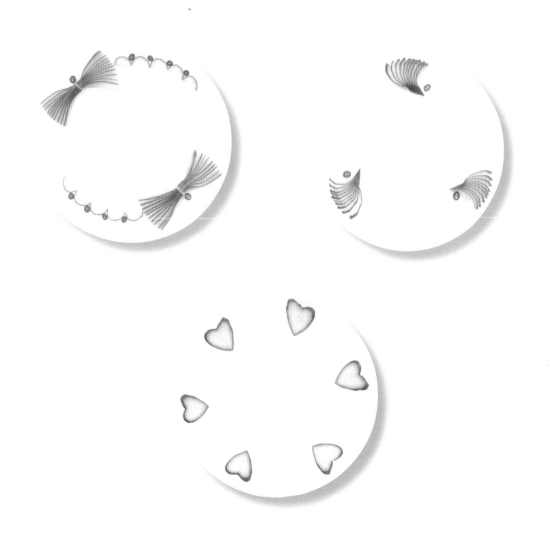

小黃瓜排盤裝飾參考

圓片狀變化	半圓片變化	1/4 三角片變化
梅花形	蕾絲形	井字形
連環形	蝴蝶形	六邊形
雙疊形	櫻花形	蝴蝶形
放射形	菱角形	重疊形

大黃瓜排盤裝飾參考

半圓片變化	1/4 長半圓變化	去皮半圓片變化
波浪形	蕾絲形	蝴蝶形
花卉形	開叉形	重疊形
花卉形	花卉形	扇子形
山嶽形	重疊形	荷花形

紅蘿蔔排盤裝飾參考

半圓變化	1/4 三角變化	1/4 長半圓變化
三邊形	雙峰形	重疊形
蝴蝶形	三峰形	菱角形
扇片形	六邊形	重疊形
山嶽形	太陽形	飛鏢形

創意搭配排盤裝飾 -1

　　以兩種食材－小黃瓜、紅蘿蔔半圓薄片，搭配出色彩豔麗的各種盤飾，一同變化使用。

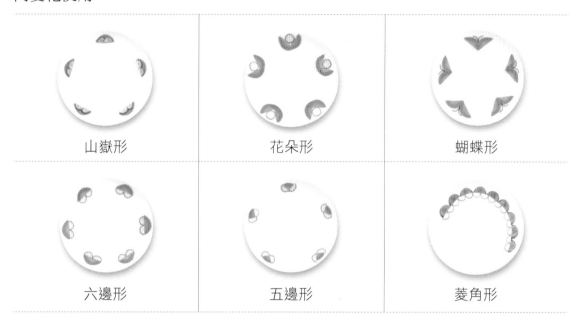

山嶽形	花朵形	蝴蝶形
六邊形	五邊形	菱角形

創意搭配排盤裝飾 -2

　　以兩種食材－大黃瓜、紅蘿蔔片，搭配排列出鮮豔的盤飾，讓整盤菜餚更顯質感。

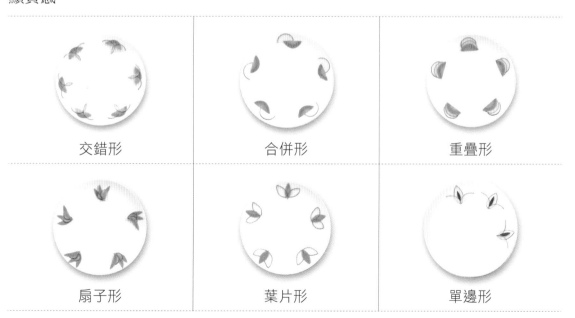

交錯形	合併形	重疊形
扇子形	葉片形	單邊形

 附錄4　技術士技能檢定中餐烹調丙級術科測試
　　　　抽籤暨領用卡簽名表

| 技術士技能檢定中餐烹調丙級術科測試抽籤暨領用卡簽名表　301　☐ | | | | | | | |
| 材料清點卡、測試過程刀工作品規格卡、測試過程烹調指引卡　302　☐ | | | | | | | |
准考證編號	術科測試爐檯崗位	測試題組	應檢人簽名（每一位）	抽題者簽名（編號最小者）	監評長簽名	場地代表簽名	備註
	1						
	2						
	3						
	4						
	5						
	6						
	7						
	8						
	9						
	10						
	11						
	12						
場次	上午☐		下午☐	日期		年　月　日	

1. 請術科測試編號最小者之應檢人，將所抽得題組之號碼，填入其術科測試編號列之測試題組欄內，並完成簽名手續。
2. 次由工作人員在抽題者之測試題組欄以下，依序填入每位應檢人對應之題組號碼，並再三核對。
3. 再請其他應檢人核對其測試題組，核對無誤後，完成每一位應檢人簽名手續。
4. 於簽名同時依序完成並確認三卡之核發。

Chinese Food Cooking

D
Part

術科試題
組合菜單

301-1 題組	青椒炒肉絲　p.113	茄汁燴魚片　p.115	乾煸四季豆　p.117
301-2 題組	燴三色肉片　p.120	五柳溜魚條　p.122	馬鈴薯炒雞絲　p.124
301-3 題組	蛋白雞茸羹　p.127	菊花溜魚球　p.129	竹筍炒肉絲　p.131
301-4 題組	黑胡椒豬柳　p.134	香酥花枝絲　p.136	薑絲魚片湯　p.138
301-5 題組	香菇肉絲油飯　p.141	炸鮮魚條　p.143	燴三鮮　p.145
301-6 題組	糖醋瓦片魚　p.148	燜燒辣味茄條　p.150	炒三色肉丁　p.152

301-7 題組	榨菜炒肉片　p.155	香酥杏鮑菇　p.157	三色豆腐羹　p.159
301-8 題組	脆溜麻辣雞球　p.162	銀芽炒雙絲　p.164	素燴三色杏鮑菇　p.166
301-9 題組	五香炸肉條　p.169	三色煎蛋　p.171	三色冬瓜捲　p.173
301-10 題組	涼拌豆乾雞絲　p.176	辣豉椒炒肉丁　p.178	醬燒筍塊　p.180
301-11 題組	燴咖哩雞片　p.183	酸菜炒肉絲　p.185	三絲淋蛋餃　p.187
301-12 題組	雞肉麻油飯　p.190	玉米炒肉末　p.192	紅燒茄段　p.194

302-1 題組	西芹炒雞片　p.197	三絲淋蒸蛋　p.199	紅燒杏菇塊　p.201
302-2 題組	糖醋排骨　p.204	三色炒雞片　p.206	麻辣豆腐丁　p.208
302-3 題組	三色炒雞絲　p.211	火腿冬瓜夾　p.213	鹹蛋黃炒杏菇條　p.215
302-4 題組	鹹酥雞　p.218	家常煎豆腐　p.220	木耳炒三絲　p.222
302-5 題組	三色雞絲羹　p.225	炒梳片鮮筍　p.227	西芹拌豆乾絲　p.229
302-6 題組	三絲魚捲　p.232	焦溜豆腐塊　p.234	竹筍炒三絲　p.236

302-7 題組	薑味麻油肉片　p.239	醬燒煎鮮魚　p.241	竹筍炒肉丁　p.243
302-8 題組	豆薯炒豬肉鬆　p.246	麻辣溜雞丁　p.248	香菇素燴三色　p.250
302-9 題組	鹹蛋黃炒薯條　p.253	燴素什錦　p.255	脆溜荔枝肉　p.257
302-10 題組	滑炒三椒雞柳　p.260	酒釀魚片　p.262	麻辣金銀蛋　p.264
302-11 題組	黑胡椒溜雞片　p.267	蔥燒豆腐　p.269	三椒炒肉絲　p.271
302-12 題組	馬鈴薯燒排骨　p.274	香菇蛋酥燜白菜　p.276	五彩杏菇丁　p.278

1. 青椒炒肉絲 中　　**2. 茄汁燴魚片** 難　　**3. 乾煸四季豆** 中

名稱	數量	刀工	受評刀工（公分）（高＝厚度）
1. 蝦米	10克	切末	1. 冬菜末（切完）……………… 0.3以下
2. 冬菜	10克	切末	2. 薑末（10克以上）……… 0.3以下
3. 青椒	1個	切絲	3. 蒜末（10克以上）……… 0.3以下
4. 紅蘿蔔	1條／300克	切2種水花（各6片）	4. 青椒絲（切完）……………… 寬、高0.2~0.4，長4~6
5. 紅辣椒	2條	切絲、切圓片	5. 薑絲（10克以上）……… 寬、高0.3以下，長4~6
6. 蔥	100克	切蔥花	6. 紅辣椒絲（1條切完）…… 寬、高0.3以下，長4~6
7. 薑	100克	切絲、切菱形片、切末	7. 蔥花（15克以上）……… 長、寬、高0.2~0.4
8. 小黃瓜	2條	切菱形片、切半圓片	8. 里肌肉絲（100克以上） 寬、高0.2~0.4，長4~6
9. 大黃瓜	1截／6公分長	切盤飾	9. 魚片（切完）……………… 長4~6，寬2~4，高0.8~1.5
10. 洋蔥	1/4個	切片	
11. 四季豆	200克	去頭尾及筋絲	
12. 蒜頭	20克	切末，兩道菜用	
13. 大里肌肉	200克	切絲	
14. 豬絞肉	50克		
15. 鱸魚	1條／600克	切魚片	

指定水花（3選1）

 ❶　　 ❷ ✓　　 ❸

指定盤飾（3選2）

 ❶　　 ❷ ✓　　 ❸ ✓

(1) 大黃瓜、小黃瓜、紅辣椒　　(2) 小黃瓜、紅辣椒　　(3) 大黃瓜

301~1 組 1　青椒炒肉絲

材 料
青椒 1 個、紅辣椒 1 條、蒜頭 10 克、薑 10 克、
大里肌肉 200 克

醃肉料
太白粉 1 茶匙、料理米酒 1 大匙

調味料
沙拉油 2 大匙、鹽 1 茶匙、砂糖 2 茶匙、香油 1 茶匙、水 1/3
量杯

芡 汁
太白粉水 1 茶匙

製作過程【絲】&【炒、爆炒】

1. 分別將青椒去籽、洗淨切絲，紅辣椒去頭、去籽切絲，蒜頭去皮切末，中薑去皮切絲。
2. 大里肌肉切除筋膜，逆紋切割肉絲，以醃肉料醃約 5 分鐘。
3. 取鍋子加入清水，待沸，放入肉絲汆燙至熟，撈出。
4. 另取鍋子加入沙拉油，爆香蒜末、薑絲、紅辣椒絲，加入水 1/3 量杯，放入青椒絲，加入調味料；炒熟青椒絲後，放入燙熟的肉絲拌炒均勻，以太白粉水微勾薄芡，淋上香油即成。

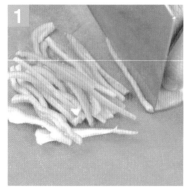

將青椒去籽、去除內膜，以
片刀橫切為二，再順紋直切
寬 0.4 公分的絲狀。

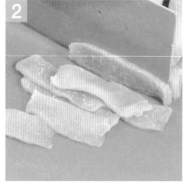

取豬里肌肉，以片刀去除外
圍筋膜，再順紋直切厚 0.4 公
分以內片狀，再將每片切成
絲狀。

取豬肉絲以太白粉、料理米
酒上漿醃約 5 分鐘。

取鍋子加入水，待沸，放入
肉絲燙熟撈出。

另取鍋子加入沙拉油，爆香
蒜末、薑絲、紅辣椒絲，放
入清水、青椒絲炒熟。

將青椒絲炒熟，放入燙熟的
肉絲，加入調味料，以太白
粉水微勾薄芡後炒勻。

注意事項

1. 青椒切絲，力求長、寬一致，太寬的拿掉。
2. 烹調時需用油先炒香蒜末、薑絲與紅辣椒絲。
3. 青椒勿炒太久而變軟變黃、影響美感。
4. 肉絲需上漿燙熟或過油，口感才會軟嫩。
5. 太白粉與水的比例為 1 匙太白粉：2 匙水。

茄汁燴魚片

材 料
小黃瓜 1/2 條、紅蘿蔔水花片 2 式（各 6 片）、薑 10 克、洋蔥 1/4 個、鱸魚 1 條

醃肉料
料理米酒 1 大匙、太白粉 2 茶匙

沾 粉
太白粉 3 大匙

調味料
沙拉油 1 大匙、番茄醬 3 大匙、白醋 2 大匙、砂糖 2 大匙、香油 1 茶匙、水 1/2 量杯

作過程【片】&【燴】

1. 將小黃瓜切菱形片；洋蔥以剪刀剪除頭尾，剝皮切成片狀；紅蘿蔔切割水花片；薑切菱形片。
2. 將鱸魚洗淨刮除魚鱗、清除內臟，以剁刀將魚頭、魚尾切除，由背部片取魚腓肋，再去魚皮，切厚約 0.5 公分片狀備用（亦可不去皮）。
3. 取鍋子加入炸油 1/4 鍋，加熱至 180 度，將魚片加入鹽、料理米酒醃好後，沾上乾太白粉入油鍋，以中大火炸 1.5 分鐘至熟，另將魚頭、魚尾沾上太白粉炸熟，撈出瀝油。
4. 將鍋內炸油倒出，加入沙拉油爆香洋蔥、薑片，再加水 1/2 量杯，放入紅蘿蔔水花片、小黃瓜片煮熟，續入調味料，將炸好的魚片放入，拌炒均勻即成。

 重點步驟

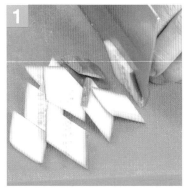

將小黃瓜，以片刀斜 45 度切割寬 2 公分菱形塊後，再將塊切成厚 0.4 公分的菱形片。

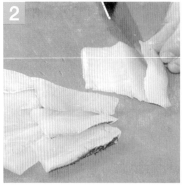

取魚腓肋，以片刀將魚肉一切為二，轉 90 度順紋斜切片狀。

將魚片加入太白粉、料理米酒拌勻後，再將每片魚片均勻沾上乾太白粉。

取油鍋，油溫 180 度改小火，將魚片一片片放入後，再改中大火炸熟。

魚片炸 1 分鐘後鏟動，分開每片，炸熟後以漏杓撈出，續炸熟魚頭、魚尾排盤。

鍋中加入沙拉油，爆香洋蔥、薑片，再加入清水、調味料，放入所有材料拌炒熟透即成。

 注意事項

1. 魚片需順紋切片，勿切太薄避免破碎（可參考 68~69 頁魚片切法）。
2. 放入魚片油炸時，前 1 分鐘勿動魚片，待 1 分鐘後鏟開，避免破裂。
3. 拌炒時，需加入紅蘿蔔水花片拌炒，注意紅蘿蔔與洋蔥需煮熟。
4. 魚片的碎爛不得超過 1/3 魚片總量，需排入魚頭、魚尾。
5. 此道菜需有燴汁但不可太黏稠，調味具番茄汁口味。

乾煸四季豆

材 料

蝦米 10 克、冬菜 10 克、四季豆 200 克、蔥 10 克、薑 10 克、蒜頭 10 克、豬絞肉 50 克

醃肉料

料理米酒 1 大匙、太白粉 1/2 茶匙

調味料

料理米酒 2 大匙、醬油 2 大匙、砂糖 1 茶匙、香油 1 茶匙

製作過程【末】&【煸】

1. 分別將蝦米、冬菜、中薑、蒜頭切末;蔥切蔥花;四季豆剝除頭尾筋絲,整條勿切。
2. 取鍋子加入 1/4 鍋炸油,油溫加熱至 180 度,以紙巾擦乾四季豆表面水分,入油鍋,以中大火炸約 3 分鐘。
3. 將四季豆炸至脫水皺縮呈黃綠色而不焦黑,撈出瀝油。
4. 鍋子餘油爆香蝦米、冬菜、中薑、蒜末後,續加入五花絞肉炒熟。
5. 將五花絞肉炒熟後加入調味料,續加入炸熟的四季豆,以中小火炒勻,收乾水分,再放入蔥花、香油,炒熟即成。

重點步驟

取洗淨的蝦米及冬菜，以片刀分別剁成碎末狀。

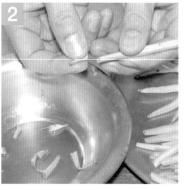

取洗淨的四季豆，以手剝除頭尾 1 公分筋絲。

加油 1/4 鍋，待油溫 180 度，將擦乾的四季豆炸熟至呈黃綠色後撈出。

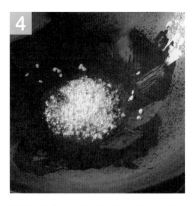

倒除炸油，鍋中餘油加入蝦米、冬菜、中薑、蒜末，以中小火炒香。

續加入五花絞肉，以中小火慢慢炒熟、炒香。

加入所有調味料，再加入四季豆，以中小火煸炒均勻，後加入蔥花、香油即成。

注意事項

1. 四季豆一定要剝除頭尾筋絲，若太長，亦可一切為二段。
2. 油炸前要以紙巾吸乾水分，避免油爆危險。
3. 炸四季豆需控制好油溫，避免炸黑、炸焦。
4. 以煸炒法煸炒，不可有湯汁或出油，以免影響觀感。
5. 煸炒時火勿太大，否則剁末的辛香料容易燒焦。

1. 燴三色肉片 中　　**2. 五柳溜魚條** 難　　**3. 馬鈴薯炒雞絲** 中

名稱	數量	刀工	受評刀工（公分）（高＝厚度）
1. 乾木耳	2大片／10克	切絲	1. 木耳絲（20絲以上）………… 寬0.2~0.4，長4~6
2. 桶筍	1支／200克	切片、切絲	2. 青椒絲（25絲以上）……… 寬、高0.2~0.4，長4~6
3. 小黃瓜	2條	1條切菱形片、1條切半圓片	3. 紅蘿蔔絲（25絲以上）…… 寬、高0.2~0.4，長4~6
4. 大黃瓜	1截／6公分長	切盤飾	4. 薑絲（5克以上）………… 寬、高0.3以下，長4~6
5. 紅蘿蔔	1條／300克	切2種水花(各6片)、切絲	5. 蔥絲（5克以上）………… 寬、高0.3以下，長4~6
6. 蔥	80克	切段、切絲	6. 馬鈴薯絲（100克以上）… 寬、高0.2~0.4，長4~6
7. 青椒	1/2個	切絲	7. 里肌肉片（切完）………… 長4~6，寬2~4，高0.4~0.6
8. 紅辣椒	2條	去籽切絲、切圓片	8. 雞絲（100克以上）……… 寬、高0.2~0.4，長4~6
9. 薑	80克	切小菱形片、切絲	9. 魚條（切完）…………… 寬、高0.8~1.2，長4~6
10. 馬鈴薯	1個	切絲	
11. 蒜頭	10克	切末	
12. 大里肌肉	200克	切片	
13. 雞胸肉	1/2付	去骨切絲	
14. 鱸魚	1條／600克	切條	

指定水花（3選1）

❶ 　　❷ 　　❸  ✓

指定盤飾（3選2）

❶  ✓　　❷  ✓　　❸  ✓

(1) 小黃瓜　　(2) 大黃瓜、小黃瓜、紅辣椒　　(3) 大黃瓜、紅辣椒

燴三色肉片

材料

桶筍 1/2 支、小黃瓜 1 條、紅蘿蔔水花片 2 式（各 6 片）、蔥 10 克、薑 10 克、大里肌肉 200 克

醃肉料

料理米酒 1 大匙、太白粉 1 茶匙

調味料

沙拉油 2 大匙、鹽 1 茶匙、砂糖 1 大匙、料理米酒 1 大匙、香油 1 大匙、白胡椒粉 1/4 茶匙、水 1 量杯

製作過程【片】&【燴】

1. 分別將桶筍切片、小黃瓜切菱形片、紅蘿蔔切水花片 2 式、蔥切蔥段、薑切片，待用。
2. 大里肌肉切割厚 0.5 公分左右的肉片，加入醃肉料醃 5 分鐘。
3. 取鍋子，加入水 1/4 鍋，將桶筍片燙煮 5 分鐘去除酸味，撈出。
4. 另取鍋子，加入水 1/4 鍋，將肉片燙熟撈出。
5. 取鍋子加入沙拉油，爆香蔥段，續加入水 1 量杯及調味料，續加入所有材料煮熟，最後以太白粉水微勾薄芡後，加入香油即成。

重 點 步 驟

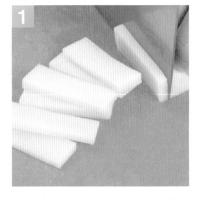

取竹筍，以片刀切出頭部長 4 公分塊，再直切 1.5 公分厚塊，轉 90 度，切厚約 0.4 公分片狀。

取鍋子加水，放入桶筍片，燙 5 分鐘去除酸味。

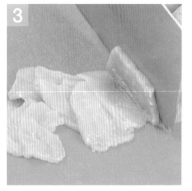

取豬里肌肉，以片刀切除外圍筋膜，再切割長 4~6 公分、寬 2~4 公分、厚 0.4~0.6 公分片狀。

以片刀將大里肌肉切薄片後，加入醃肉料醃約 5 分鐘。

另取鍋子加水，待沸，續燙熟醃好的肉片，以漏杓撈出。

取鍋子加入沙拉油，爆香蔥段，加水將所有材料及調味料放入煮熟，以太白粉水勾芡即成。

 注意事項

1. 肉片需上漿，汆燙、過油皆可（肉片切法可參考 64 頁）。
2. 桶筍片需燙煮，去除酸味與桶子味。
3. 以蔥爆香，可撈棄或不撈棄。
4. 需加入水花片，以太白粉水微勾薄芡，勿結塊。
5. 此道菜需有燴汁，以深盤裝。

五柳溜魚條

材 料
乾木耳 10 克、桶筍 1/2 支、青椒 1/2 個、紅蘿蔔 1/4 條、紅辣椒 1 條、蔥 5 克、中薑 5 克、鱸魚 1 條

醃肉料
料理米酒 1 大匙、太白粉 2 茶匙

沾 粉
太白粉 3 大匙

調味料
沙拉油 2 大匙、醬油 3 大匙、砂糖 1 大匙、白胡椒粉 1/4 茶匙、黑醋 2 大匙、香油 1 大匙、水 1/2 量杯

作過程【條、絲】&【脆溜】

1. 分別將乾木耳燙煮脹發去頭切絲，桶筍切絲，青椒切絲，紅蘿蔔切絲，紅辣椒去籽切絲，蔥切絲，中薑切絲。

2. 鱸魚去魚鱗、魚鰭、魚內臟，以剁刀切除頭、尾後，由背部片切取魚腓肋，再切割順紋的魚條，以醃肉料醃 5 分鐘。

3. 取鍋子，加入炸油 1/4 鍋，油溫至 180 度，將魚條沾太白粉一條一條放入炸熟炸酥脆。

4. 所有魚條放入油鍋以中大火炸 2~3 分鐘至熟，以漏杓撈出瀝乾；魚頭、魚尾沾上太白粉續炸熟。

5. 另取鍋子，加入沙拉油爆香中薑、蔥、紅辣椒絲，加入水 1/2 量杯及其他絲，續加入調味料，再將炸好的魚條放入拌炒均勻，以太白粉水微勾薄芡縮汁即成。

 重 點 步 驟

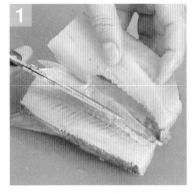

將鱸魚頭、尾切除後，以片刀由背部切開魚肉到筋骨，再用剪刀剪斷肋骨。

取魚腓肋，以片刀將魚肉取中心一切為二後，轉 90 度順紋切條狀。

將魚肉順紋切割條狀後，加入醃肉料醃 5 分鐘。

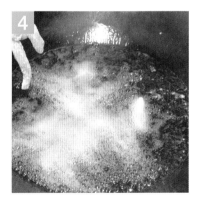

取鍋子加入炸油 1/4 鍋，油溫 180 度，將魚條沾上乾太白粉，一條一條放入炸熟。

將魚條一條一條放入炸約 2~3 分鐘至酥脆，再以漏杓撈出，續炸熟魚頭、魚尾排盤。

取鍋子加入沙拉油，爆香中薑、蔥、紅辣椒絲，加入清水及所有材料煮熟，再放入魚條，以太白粉水勾芡即成。

 注意事項

1. 炸魚條時，放入魚條後 1 分鐘內勿鏟動，待炸定形再鏟動，避免斷掉。
2. 魚條需一條一條放入，避免結塊黏住（可參考 70 頁魚條切法）。
3. 五種配色蔬菜絲的刀工宜粗細相同、數量合宜。
4. 加入魚條拌炒時需小心，勿炒斷魚條。
5. 此道菜為滑溜菜而非燴菜，湯汁勿太多。

馬鈴薯炒雞絲

材料
馬鈴薯 1 個、紅辣椒 1 條、蒜頭 8 克、雞胸肉 1/2 付

醃肉料
料理米酒 1 大匙、太白粉 1 茶匙

調味料
沙拉油 2 大匙、鹽 1 茶匙、砂糖 1 大匙、香油 1 大匙、水 1/2
量杯

製作過程【絲】&【炒、爆炒】

1. 馬鈴薯以刮皮刀去皮,切絲泡水備用;紅辣椒去籽、切絲;蒜頭去皮剁末。
2. 雞胸肉去皮去骨,以片刀順紋切片、再切絲,用醃肉料醃 5 分鐘。
3. 取鍋子,加入水 1/4 鍋,待沸,放入雞絲,以中大火燙 2 分鐘至熟撈出。
4. 取鍋子,加入沙拉油爆香蒜末、紅辣椒絲,加入水 1/2 量杯,續加入馬鈴薯絲,以中小火煮熟馬鈴薯,再加入雞絲及調味料拌炒均勻,以太白粉水微勾薄芡即成。

重點步驟

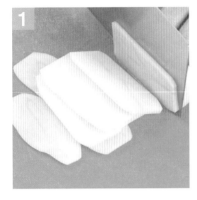

將馬鈴薯去皮洗淨，以片刀切除四周圓弧邊，再切取長度 6 公分內的塊，轉 90 度，切片再切絲。

將雞胸肉去除骨頭及筋膜，順紋切片後，再將每片切成寬 0.4 公分的絲狀。

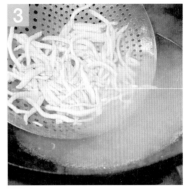

取鍋子，加入水 1/4 鍋煮沸，放入雞絲燙煮至熟後撈出。

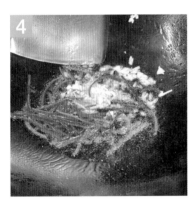

取鍋子，加入沙拉油爆香蒜末、紅辣椒絲至有香氣。

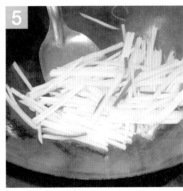

加入馬鈴薯絲及水 1/2 量杯，以中小火煮熟馬鈴薯。

待馬鈴薯絲煮熟，放入雞絲拌炒均勻，以太白粉水勾薄芡即成。

注意事項

1. 切好的馬鈴薯絲需以清水略泡，以避免變色及炒熟時黏糊。
2. 烹煮馬鈴薯絲應為熟脆而非鬆的口感。
3. 雞絲需上漿，汆燙或過油皆可（可參考 61 頁切法）。
4. 需加入紅辣椒作配色，規定材料不可短少。
5. 太白粉水勾芡比例為粉 1：水 2，亦可不勾芡。

301-3 組

1. 蛋白雞茸羹 中 　　**2. 菊花溜魚球** 難 　　**3.竹筍炒肉絲** 中

名稱	數量	刀工	受評刀工（公分）（高＝厚度）
1. 鳳梨	1片	洗淨一切六	**1. 筍絲**（120克以上）⋯⋯⋯ 寬、高0.2~0.4，長4~6
2. 桶筍	1支／200克	切絲	**2. 洋蔥片**（切完）⋯⋯⋯ 長3~5、寬2~4
3. 紅蘿蔔	1條／300克	切2種水花（各6片）	**3. 青椒片**（切完）⋯⋯⋯ 長3~5、寬2~4
4. 薑	100克	一半切片、一半切絲	**4. 蔥絲**（10克以上）⋯⋯⋯ 寬、高0.3以下，長4~6
5. 小黃瓜	1條	切盤飾	**5. 薑絲**（10克以上）⋯⋯⋯ 寬、高0.3以下，長4~6
6. 大黃瓜	1截／6公分長	切盤飾	**6. 紅辣椒絲**（1條切完）⋯⋯⋯ 寬、高0.3以下，長4~6
7. 青椒	1/2個	切片	**7. 里肌肉絲**（切完）⋯⋯⋯ 寬、高0.2~0.4，長4~6
8. 紅辣椒	2條	切片、切絲	**8. 雞茸**（剁完）⋯⋯⋯ 直徑0.2以下
9. 洋蔥	1/4個	切片	**9. 魚球**（切完）⋯⋯⋯ 剞切菊花花刀間隔0.5~1，至少6個
10. 蔥	50克	切絲	
11. 大里肌肉	200克	切絲	
12. 雞胸肉	1/2付	去骨剁茸	
13. 雞蛋	2個	蛋黃、蛋白分開	
14. 鱸魚	1條	剞切菊花花刀	

指定水花（3選1）

1  ✓　　**2**  　　**3**

指定盤飾（3選2）

1  ✓　　**2**  ✓　　**3**

(1) 小黃瓜　　　(2) 大黃瓜、紅辣椒　　　(3) 大黃瓜、小黃瓜、紅辣椒

126

蛋白雞茸羹

材 料
雞胸肉 1/2 付，雞蛋（只取蛋白）2 個

醃肉料
太白粉 1 茶匙、料理米酒 1 大匙

調味料
鹽 1 茶匙、砂糖 1 茶匙、香油 1 大匙、清水 4/5 湯碗

芡 汁
太白粉 2 大匙、水 4 大匙

製作過程【茸】&【羹】

1. 雞胸肉清洗後去骨、去皮，以片刀切除筋膜、血管、油脂後，再剁成雞茸，加入醃肉料備用。
2. 雞蛋洗淨，以三段式打蛋法打出雞蛋，再撈出蛋黃，只用蛋白（蛋黃可醃魚肉或回收）。
3. 取鍋子，加入 1/4 鍋清水，待沸，放入醃過的雞茸，燙熟撈出。
4. 另取鍋子，加入清水 4/5 湯碗，加入燙熟的雞茸及調味料。
5. 將所有調味料加入，待沸，以中小火，加入太白粉水勾芡至黏稠，再加入打散的蛋白，略拌即成。

 重點步驟

1

取雞胸肉去皮、去骨，以片刀切除筋膜、血管及油脂後切成片狀。

2

將雞胸肉以片刀切割薄片，再剁成碎茸。

3

將雞胸肉去皮、去骨，以片刀切片再剁成茸後，加入醃肉料拌醃。

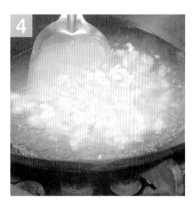

4

取鍋子，加入清水 1/4 鍋，待沸，放入雞茸燙熟後撈出。

5

取清水 4/5 湯碗，加入調味料、雞茸，待沸，改中小火，以太白粉水勾芡。

6

以太白粉水勾芡後，再加入打散的蛋白，略拌後淋上香油即成。

 注意事項

1. 雞胸肉先切片再剁茸，比較好剁成茸，再加入醃肉料醃過、燙熟。
2. 燙熟的雞茸顆粒若太大，亦可再次剁碎，再煮羹。
3. 可用大湯碗或水盤裝水，測量清水 4/5 湯碗加入烹煮。
4. 需先用太白粉水勾芡後，再加入打散的蛋白略拌。
5. 成品羹湯的蛋白液需呈現雪花片或細片狀，不可結塊。
6. 不可加入全蛋，蛋黃需撈除，才符合主題菜名。

菊花溜魚球

材 料
鳳梨 1 片、紅蘿蔔水花片 2 式各 6 片、青椒 1/2 個、紅辣椒 1 條、洋蔥 1/4 個、薑 10 克、鱸魚 1 條

醃肉料
鹽 1/2 茶匙、料理米酒 1 大匙

調味料
沙拉油 1 大匙、番茄醬 3 大匙、白醋 2 大匙、砂糖 2 大匙、水 1/2 量杯

沾 粉
太白粉 4 大匙

芡 汁
太白粉 1 茶匙、水 2 茶匙

作過程【剞刀厚片】&【脆溜】

1. 鳳梨片一切為六，青椒去籽切菱形片，洋蔥去皮切菱形片，薑切菱形片，紅辣椒去籽切菱形片；備用。
2. 將鱸魚去除鱗、魚鰭、魚內臟，洗淨後，以片刀切除頭尾，再由背部片取左右兩片魚腓肋，皮朝砧板，切割間隔 0.5 公分斜交叉花刀，再斜切 3 片，取得魚片共 6 片。
3. 將魚片加入醃肉料醃 5 分鐘，再均勻沾上乾的太白粉，將魚皮翻到內側、魚肉外翻成魚球後備用。
4. 取鍋子加入炸油 1/3 鍋，待油溫 180 度，放入沾粉後的魚球炸熟撈出；續炸熟沾粉的魚頭、魚尾。
5. 另取鍋子，加入沙拉油爆香洋蔥、薑片，加入水 1/2 量杯，放入所有蔬菜片、紅蘿蔔水花片，續放調味料，以太白粉水勾薄芡，最後將炸熟魚球放入，略拌均勻即成。

重 點 步 驟

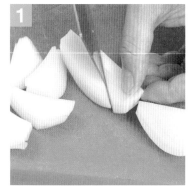

1

將洋蔥以片刀切除頭尾、剝出內心，再切寬條、斜切為二，剝開每片。

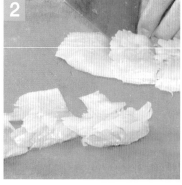

2

將鱸魚切取出左右兩片魚腓肋，以片刀在內面切出直刀，斜 25 度切間隔 0.5 公分交叉花刀後，再一切為三塊，共切六片。

3

將魚肉加入醃肉料拌醃 5 分鐘後，均勻沾上乾太白粉。

4

將魚肉加入醃肉料拌醃 5 分鐘，均勻沾上乾太白粉後，以油溫 180 度炸至金黃酥脆，撈出，續炸熟魚頭、魚尾。

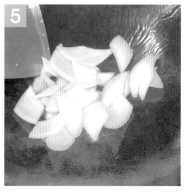

5

取鍋子加入沙拉油，以中小火爆香洋蔥、薑片。

6

爆香後，加入所有調味料及材料煮熟，放入魚球略拌即成。

 注意事項

1. 切割蔬菜片，力求刀工大小一致；水花片為兩道菜用，各三片即可，需注意。
2. 魚肉切割，魚龍骨留的肉越少越標準（可參考 69 頁切法）。
3. 炸魚前的沾粉很重要，要均勻沾上魚肉的每個空隙，炸酥才會漂亮。
4. 油溫測試：可以用蔥尾測試，兩邊冒泡就可以炸魚了。
5. 醬汁調合後，以中小火烹調，勿開大火，容易燒焦。

竹筍炒肉絲

材 料
桶筍 120 克、蔥 10 克、薑 10 克、紅辣椒 1 條、大里肌肉 200 克
醃肉料
料理米酒 1 大匙、太白粉 1 茶匙

調味料
沙拉油 2 大匙、鹽 1 茶匙、砂糖 2 茶匙、香油 1 大匙、水 1/3 量杯

芡 汁
太白粉 1 茶匙、水 2 茶匙

作遇裎【絲】&【炒、爆炒】

1. 分別將桶筍切絲、蔥切絲、薑切絲、紅辣椒切絲備用。
2. 大里肌肉去筋膜，逆紋切割厚約 0.5 公分薄片，再攤平切成 0.5 公分絲狀。
3. 另取鍋子加入水 1/4 鍋，待沸，燙煮桶筍絲 5 分鐘，除去酸味後撈出。
4. 大里肌肉絲加入醃肉料醃 5 分鐘，取鍋子加入水 1/4 鍋，待沸，燙熟肉絲。
5. 取鍋子加入沙拉油爆香薑絲、紅辣椒絲，加入水 1/3 量杯，將筍絲、肉絲及調味料放入，拌炒均勻，以太白粉勾薄芡，放入蔥絲略拌，最後加入香油即成。

1 取桶筍塊,以片刀切取頭部 6 公分,轉 90 度切出厚 0.4 公分片狀,再排成骨牌狀切絲。

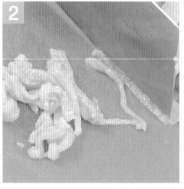

2 將豬里肌肉以片刀去除外圍筋膜,再切割厚 0.4 公分片狀,再將每片切絲。

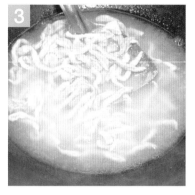

3 以片刀將肉絲筋膜切除,再切片、切絲後,加入醃肉料,燙熟撈出。

4 取鍋子,加入水 1/4 鍋煮沸,續放入筍絲燙煮 5 分鐘。

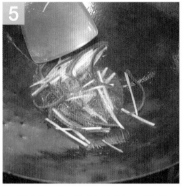

5 取鍋子,加入沙拉油,放入薑絲、紅辣椒絲,以中小火爆香。

6 將所有材料拌均勻後勾芡,起鍋前放入蔥絲略拌。

注意事項

1. 切割肉絲、筍絲,力求長短、粗細一致(可參考 64 頁肉絲、55 頁筍絲切法)。
2. 桶筍一定要用開水燙除酸味,口感較好。
3. 爆炒薑絲、紅辣椒絲,應以中小火爆香,避免燒焦。
4. 菜餚炒勻後再加入蔥絲,避免太早放入炒太久而變色。
5. 拌炒均勻後,以漏杓撈出,避免湯汁太多影響美觀。

1. 黑胡椒豬柳 中　　2. 香酥花枝絲 難　　3. 薑絲魚片湯 中

名稱	數量	刀工
1. 洋蔥	1/4個	切條
2. 紅蘿蔔	1條／300克	切條、切2種水花（各6片）
3. 西芹	1單支	切條
4. 蔥	50克	切蔥花
5. 薑	60克	切絲（魚湯用）
6. 蒜頭	20克	切末，兩道菜用
7. 紅辣椒	2條	切末、切圓片
8. 小黃瓜	1條	切盤飾
9. 大黃瓜	1截／6公分長	切盤飾
10. 大里肌肉	200克	切條
11. 花枝	1隻／150克	切絲
12. 鱸魚	1條／600克	切片

受 評 刀 工（公分）（高＝厚度）

1. 洋蔥條（切完）……………
   寬0.5~1，長4~6

2. 西芹條（整支切完）……
   寬0.5~1，長4~6

3. 紅蘿蔔條（10條以上）……
   寬、高0.5~1，長4~6

4. 蔥花（10克以上）………
   長、寬、高0.2~0.4

5. 紅辣椒末（切完）………
   直徑0.3以下

6. 薑絲（25克以上）
   寬、高0.3以下，長4~6

7. 豬柳（140克以上）……
   寬、高1.2~1.8，長5~7

8. 花枝絲（切完）…………
   寬、高0.2~0.4，長4~6

9. 魚片（切完）………………
   長4~6，寬2~4，高0.8~1.5

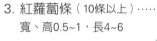
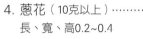
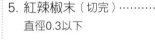

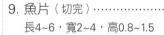

指定水花（3選1）

指定盤飾（3選2）

(1) 大黃瓜、紅蘿蔔　　(2) 大黃瓜、小黃瓜、紅辣椒　　(3) 小黃瓜

黑胡椒豬柳

材料
蒜頭 8 克、洋蔥 1/4 個、紅蘿蔔 1/4 條、西芹 1 單支、大里肌肉 200 克

醃肉料
料理米酒 1 大匙、太白粉 1 茶匙

調味料
沙拉油 2 大匙、黑胡椒粉 1 茶匙、蠔油 1 大匙、砂糖 1 茶匙、水 1/4 量杯

芡汁
太白粉 1 茶匙、水 2 茶匙

作過程【條】&【滑溜】

1. 取西芹以刮皮刀刮除表皮，切割長 6 公分段，再轉 90 度切條；紅蘿蔔切 1 公分厚片狀再切條狀；洋蔥去皮切條；蒜頭切末備用。

2. 大里肌肉去筋膜，逆紋切 1.2 公分厚片，再切柳狀，以醃肉料醃 5 分鐘。

3. 取鍋子，加入炸油 1/4 鍋，待油溫 100 度時放入切好的豬柳，炸約 1.5 分鐘，撈出瀝油。

4. 取鍋子，加入沙拉油爆香洋蔥、蒜末及紅蘿蔔，加入水 1/4 量杯及調味料，續入西芹及炸熟的豬柳。

5. 將所有材料加入拌炒均勻，以太白粉水微勾薄芡即成。

 重點步驟

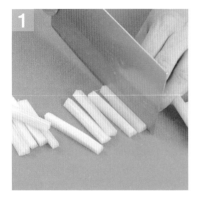

1

將西芹以刮皮刀刮除表皮，再以片刀切割 6 公分內的段，轉 90 度切成條狀。

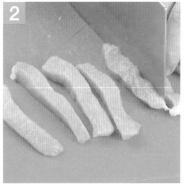

2

將豬里肌肉以片刀去除筋膜，切割 1.2 公分厚片，再將每片切成 1.2 公分的柳狀。

3

將里肌肉去除筋膜、切成柳狀後，加入醃肉料醃 5 分鐘。

4

以中油溫 100 度小心放入醃好的豬柳，不要從同一個地方放入，應分別由左邊、右邊放入，泡炸約 1 分鐘後撈出。

5

取鍋子，加入沙拉油，以中小火爆香洋蔥、蒜末、紅蘿蔔條。

6

爆香後，加入黑胡椒粉略炒後，再加入西芹及調味料拌炒均勻，最後放入豬柳拌炒均勻，勾芡即成。

注意事項

1. 洋蔥、紅蘿蔔、西芹刀工力求長短、粗細一致。
2. 豬柳需逆紋切割，粗細、長短力求一致（可參考 64 頁切法）。
3. 中餐烹調裡的刀工，「柳」和「條」意思是一樣的。
4. 油溫：以中溫油放入豬柳，溫度太高容易結塊。
5. 最後以太白粉水勾芡，需小心，避免加入太多而黏稠結塊。

香酥花枝絲

材 料
蔥 10 克、蒜頭 10 克、紅辣椒 1 條、花枝（清肉）1 隻

醃肉料
料理米酒 1 大匙、麵粉 2 大匙

沾 粉
地瓜粉 3 大匙

調味料
沙拉油 1 大匙（另備：鹽 1 茶匙、砂糖 1 茶匙、胡椒粉 1/2 茶匙混合拌勻成胡椒鹽）

作過程【絲】&【炸、拌炒】

1. 分別將蔥切蔥花、紅辣椒切末、蒜頭切末備用。
2. 將洗淨的花枝肉，以片刀由前端取長約 6 公分切割，再橫切為二，順紋切寬 0.4 公分以下的絲狀。
3. 將花枝絲加入醃肉料，醃約 5 分鐘後，再一條一條沾上乾地瓜粉。
4. 取鍋子加入炸油 1/4 鍋，加熱至 180 度，快速均勻的一條一條放入花枝絲，炸酥約 1 分鐘撈出。
5. 另取鍋子加入沙拉油，以小火爆香蒜末、辣椒末，放入炸好的花枝絲，撒入蔥花、拌好的胡椒鹽混合均勻即成。

 重點步驟

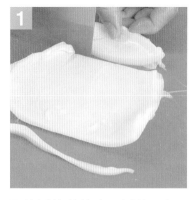

取洗淨的花枝肉，以片刀切取 6 公分的前端。

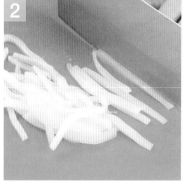

將花枝肉橫切厚 0.4 公分的片狀後，再順紋直切寬 0.4 公分絲。

將花枝絲切好後，放入醃肉料，醃漬 5 分鐘。

將醃好的花枝絲均勻沾上乾地瓜粉。

待油溫 180 度，放入花枝絲，炸約 1 分鐘撈出濾油。

取瓷碗加入鹽、砂糖、胡椒粉拌勻成胡椒鹽後，再加入花枝絲調味使用。

 注意事項

1. 切割花枝絲應以順紋切割，避免炸熟捲曲影響美觀（可參考 71 頁切法）。
2. 花枝肉中段肉質較厚，需橫切為二再切絲。
3. 醃肉料的麵粉建議使用中筋麵粉，較有黏性。
4. 先以醃肉料醃後，再沾上乾地瓜粉，避免脫粉。
5. 爆香時，需以小火略炒出香氣，避免燒焦。
6. 胡椒鹽比例為 1 茶匙鹽：1 茶匙砂糖：1/2 茶匙胡椒粉，拌勻即成。

薑絲魚片湯

材 料
中薑 25 克、紅蘿蔔水花片 2 式（各 6 片）、鱸魚 1 條

醃肉料
料理米酒 1 大匙、太白粉 1 茶匙

調味料
料理米酒 1 大匙、鹽 2 茶匙、砂糖 1 茶匙、白胡椒粉少許、
香油 1 茶匙、水 4/5 湯碗

製 作過程【片】&【煮（湯）】

1. 取中薑 1 塊，刮去外皮後，先切薄片，再切成薑絲；紅蘿蔔切水花片 2 式。
2. 取鱸魚去除魚鱗、魚鰭、魚內臟後，以文武刀切除頭尾，再由背部片取左右兩邊魚腓肋。
3. 取魚腓肋，皮朝砧板，以片刀片去魚皮，魚肉逆紋一切二，再轉 90 度，順紋斜切魚片。
4. 將魚片切厚 0.8 公分片狀，加入醃肉料，以熱水略燙約 30 秒，呈半熟撈出；續放入魚頭、魚尾，煮半熟撈出。
5. 取水 4/5 湯碗，倒入鍋中加熱，待沸，放入薑絲、紅蘿蔔水花片、魚片、魚頭尾及調味料煮熟，淋上香油即成。

 重點步驟

1 取薑刮除表皮,再以片刀將四周圓弧邊切除,再切成厚 0.3 公分薄片狀,再切成絲。

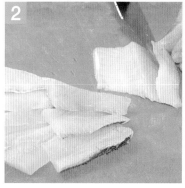

2 取魚腓肋,以片刀直切為二後,轉 90 度斜切魚片。

3 將切好的魚片,加入醃肉料均勻拌醃 5 分鐘。

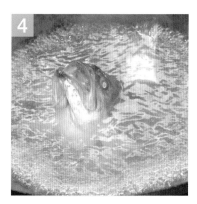

4 取炒鍋加水 1/4 鍋,待沸,將魚頭放入,再將魚片一片一片放入水中,煮至半熟撈出。

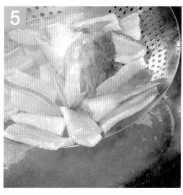

5 將魚片及魚頭尾氽燙半熟撈出,動作要輕柔,避免弄散魚肉。

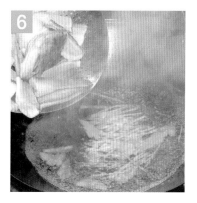

6 取水 4/5 湯碗,倒入鍋中,續放薑絲、紅蘿蔔水花片及調味料,再放入魚片及魚頭尾煮熟。

注意事項

1. 切割魚片需順紋切割,避免煮熟魚肉鬆散(可參考 68~69 頁切法)。
2. 魚片加入醃肉料後需先燙煮 30 秒(魚頭、魚尾亦同),避免湯汁混濁。
3. 燙煮半熟魚片應小心翻動,避免魚肉破掉。
4. 魚湯煮沸後,以中小火續煮熟,避免大火使湯汁混濁,影響美觀。
5. 將魚湯倒入湯碗後再加入香油,湯汁比較清爽美觀。

1. 香菇肉絲油飯 （難）　　　2. 炸鮮魚條 （中）　　　3. 燴三鮮 （中）

名稱	數量	刀工
1. 長糯米	220克	洗淨
2. 乾香菇	6朵／直徑4公分	切絲、切片
3. 蝦米	15克	洗淨
4. 乾魷魚身	1/3隻	切絲（泡水）
5. 紅蔥頭	3顆	切片
6. 老薑	50克	切絲
7. 紅蘿蔔	1條／300克	切1種水花（6片）
8. 紅辣椒	1條	切圓片盤飾
9. 小黃瓜	2條	切菱形片，切半圓片盤飾
10. 大黃瓜	1截／6公分長	切盤飾
11. 薑	40克	切水花（6片）
12. 蔥	50克	切段
13. 大里肌肉	200克	切絲、切片
14. 鱸魚	1條	切條
15. 花枝	100克以上	（只用清肉）切梳子花刀片
16. 白蝦或草蝦	6隻	（建議用中型草蝦）去殼後去腸泥一切二

受評刀工（公分）（高＝厚度）

1. 薑水花片（6片）
   厚薄度0.3~0.4
2. 乾香菇絲（3朵）
   寬、高0.2~0.4
3. 乾香菇片（3朵）
   斜切寬2~4
4. 乾魷魚絲（切完）
   寬、高0.2~0.4、長4~6
5. 小黃瓜片（10片以上）
   長4~6、寬2~4，
   高0.2~0.4
6. 里肌肉絲（切完）
   寬、高0.2~0.4、長4~6
7. 里肌肉片（切完）
   長4~6、寬2~4，
   高0.4~0.6
8. 花枝片（切完）
   長4~6、寬2~4，
   高0.2~0.4的梳子花刀片（間隔0.5）
9. 魚條（切完）
   寬、高0.8~1.2，長4~6
10. 鮮蝦（切完）
    去腸泥取蝦仁橫批為二片

指定水花（3選1）

❶　　　❷ ✓　　　❸

指定盤飾（3選2）

❶　　　❷　　　❸

 ✓

 ✓

(1) 小黃瓜　　　(2) 大黃瓜、紅辣椒　　　(3) 大黃瓜、小黃瓜、紅辣椒

香菇肉絲油飯

材 料
長糯米 220 克、乾香菇 4 朵、蝦米 15 克、乾魷魚身 1/3 隻、
紅蔥頭 3 顆、老薑 50 克、大里肌肉 100 克

醃肉料
料理米酒 1 茶匙、太白粉 1 茶匙

調味料
黑麻油 3 大匙、醬油 2 大匙、砂糖 1 大匙、白胡椒粉少許、
水 1/2 量杯

作過程【絲】&【蒸、熟拌】

1. 將長糯米 1 杯，洗淨加入水 1/2 量杯，放入蒸籠蒸 35 分鐘至熟，取出備用。
2. 分別將乾香菇以熱水燙軟切絲；蝦米洗淨泡軟；乾魷魚洗淨去皮，以剪刀順紋剪成寬 0.4 公分絲狀泡軟；紅蔥頭去皮切片、老薑不去皮切絲。
3. 將大里肌肉以片刀切片，再攤平切絲，加入醃肉料備用。
4. 取鍋子，燒鍋 1 分鐘回溫，加入黑麻油以中小火爆香薑絲，續放入肉絲炒香、炒熟，加入紅蔥頭略炒香，放入水 1/2 量杯及乾香菇、蝦米、魷魚絲與調味料，待煮沸關火，加入蒸熟的糯米飯拌勻即成。

 重 點 步 驟

老薑不去皮洗淨,以片刀斜切薄片,再切成絲狀。

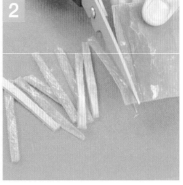

將魷魚表皮撕除、洗淨,以剪刀剪成長4~6公分、寬0.2~0.4公分絲狀。

取鍋子,燒鍋1分鐘回溫20秒後,加入黑麻油以中小火爆香薑絲。

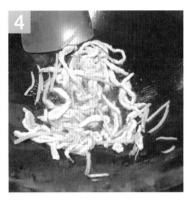

將薑絲爆香後,續放入肉絲炒香炒熟,再放入紅蔥頭續炒。

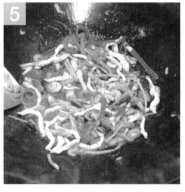

續爆香紅蔥頭後,加入清水及所有材料、調味料,以中小火煮沸。

將所有材料煮成醬汁,倒入蒸熟的糯米飯,拌炒均勻即成(勿開火)。

 注意事項

1. 爆炒薑絲後,薑絲可撈除亦可不撈除。
2. 蒸糯米飯:以量杯測量,放入小鋼盆入蒸籠蒸熟,受評刀工前可先量好水浸泡,烹煮時即可直接入蒸鍋蒸。
3. 燒鍋的用意在於炒肉絲時,較不易沾鍋。
4. 烹煮醬汁時,水量勿加太多,以1/2杯為主,避免水量太多使糯米飯太爛。
5. 糯米飯與醬汁拌炒,應拌勻,避免不均勻有白飯顆粒而被扣分。

炸鮮魚條

材 料
麵粉 2/3 杯、太白粉 1/3 杯、鱸魚 1 條

醃肉料
料理米酒 1 大匙、太白粉 1 大匙

調味料
鹽 1 茶匙、砂糖 1 茶匙、白胡椒粉 1/2 茶匙

酥炸粉
麵粉 2/3 杯、太白粉 1/3 杯、泡打粉 1 茶匙、水 1/2 量杯、沙拉油 1 大匙

製作過程【條】&【軟炸】

1. 取鱸魚以刮鱗刀刮除魚鱗，取剪刀剪開肚子，清除內臟、魚鰓，用文武刀切除魚頭及尾端，片取左右兩片魚腓肋，皮朝下順紋切成長 4~6 公分魚條，以醃肉料及調味料醃約 5 分鐘。

2. 取一鋼盆加入麵粉 2/3 杯、太白粉 1/3 杯、泡打粉 1 茶匙、水 1/2 量杯混合成麵糊，醒 10 分鐘後，加入沙拉油 1 大匙混合備用。

3. 取鍋子加入炸油 1/2 鍋，待油溫 180 度，改小火將魚條裹麵糊入鍋，全部放入後改中大火。

4. 將魚肉放入後 1 分鐘不要動，待 1 分鐘後鏟開，以中小火炸約 3 分鐘至熟撈出，將炸好的魚條排入盤中即成。

 重點步驟

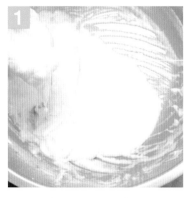

取鋼盆加入麵粉 2/3 杯、太白粉 1/3 杯、泡打粉 1 茶匙、水 1/2 量杯，混合成麵糊後，再加入沙拉油 1 大匙拌勻。

取鋼盆加入麵糊料，調製成麵糊後，加入醃味的魚條拌勻。

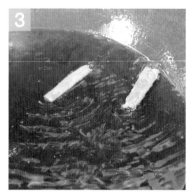

取油炸油 1/2 鍋，加熱至 180 度改小火（可用蔥段測試，兩端快速冒泡即可）。

鍋子加入油炸油 1/2 鍋，待油溫 180 度，轉小火後，將每條魚條放入油炸。

以油溫 180 度，將魚條沾上麵糊一條一條從左、右、前、後放入，避免魚肉黏在一起。

將所有魚條放入後，以中大火炸約 3 分鐘，至魚條酥脆熟透，撈出濾油。

 注意事項

1. 切取魚腓肋，龍骨留的肉越少越成功（可參考 68~69 頁切法）。
2. 魚腓肋順紋切條，力求刀工粗細一致（可參考 70 頁切法）。
3. 調製麵糊：建議用中筋麵粉。若太乾太硬，可加水；若太濕，可加一些乾麵粉魚頭魚尾沾乾的太白粉炸熟排盤。
4. 油溫的測試：可以蔥段測試，尾端快速冒泡就可以炸了。
5. 炸熟的魚條亦可先撈起，加熱油溫後二度放入再炸會更酥脆。

燴三鮮

材 料

乾香菇 2 朵、紅蘿蔔水花片 1 式（6 片）、小黃瓜 1 條、薑水花片 1 式（6 片）、蔥 20 克、大里肌肉 100 克、鮮蝦（中型草蝦)6 隻、花枝（清肉）100 克

醃肉料

料理米酒 1 大匙、太白粉 1 茶匙

調味料

沙拉油 1 大匙、鹽 1 茶匙、砂糖 1 大匙、白胡椒粉少許、香油 1 大匙、料理米酒 1 大匙、水 1 量杯

芡 汁

太白粉 1 大匙、水 2 大匙

製作過程【片】&【燴】

1. 分別將乾香菇燙熟去蒂、斜切片，小黃瓜切菱形片，中薑塊、紅蘿蔔切水花片，蔥切蔥段。
2. 大里肌肉去筋膜，切厚約 0.4 公分的薄片，加入醃肉料；中型草蝦剝殼，一切為二去除腸泥；花枝清肉切梳子片。
3. 取鍋子加入水 1/4 鍋，待沸，放入肉片燙熟撈出；另取鍋子加水，燙熟蝦片、花枝片撈出。
4. 取鍋子加入沙拉油，爆香蔥段、薑水花片，加入水 1 量杯，將新鮮的蔬菜片放入。
5. 待蔬菜片煮熟，放入調味料及燙熟的肉片、蝦片、花枝片，再以太白粉水勾薄芡，加入香油即成。

 重點步驟

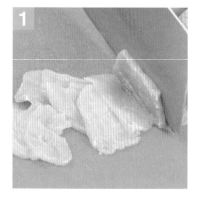

取大里肌肉,以片刀切除外圍筋膜,再逆紋切割厚 0.4 公分薄片,加入醃肉料拌醃。

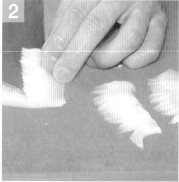

將花枝肉一切為二後,以片刀直刀切出間隔 0.5 公分的直紋路、深約肉的一半,轉 90 度,斜切出梳子片。

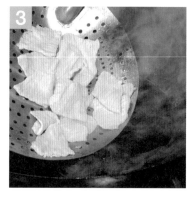

取鍋子,加入 1/4 鍋水,待沸,放入醃過的大里肌肉片燙煮至熟撈出。

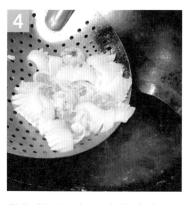

另取鍋子,加入少許清水,待沸,放入鮮蝦片及花枝梳子片,燙熟撈出。

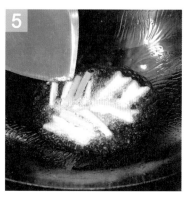

取鍋子加入沙拉油,以中小火爆香蔥段、薑水花片。

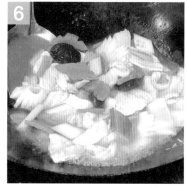

將所有材料及調味料放入後,待沸,以太白粉水勾芡,加入香油即成。

 注意事項

1. 中薑去皮,必須切割水花片來爆香(可參考 88 頁切法)。
2. 鮮蝦剝殼後,一切為二,腸泥需去除乾淨。
3. 此道菜需以蔥、薑爆香,共八種材料燴煮成菜。
4. 此道菜為燴菜,需有湯汁,以深盤盛裝。
5. 以太白粉勾芡比例為太白粉 1:水 2。

1. 糖醋瓦片魚 難

2. 燜燒辣味茄條 中

3. 炒三色肉丁 易

名稱	數量	刀工	受評刀工（公分）（高＝厚度）
1. 五香大豆乾	1/2塊	切丁	**1. 五香大豆乾丁**（切完）⋯⋯⋯⋯ 長、寬、高0.8~1.2
2. 紅蘿蔔	1條／300克	切2種水花（各6片）、切丁	**2. 青椒片**（1/2個切完）⋯⋯⋯ 長3~5、寬2~4
3. 青椒	1個	一半切片、一半切丁	**3. 青椒丁**（1/2個切完）⋯⋯ 長、寬0.8~1.2
4. 洋蔥	1/4個	切片	**4. 薑末**（10克）⋯⋯⋯⋯ 0.3以下
5. 茄子	2條	切條	**5. 蒜末**（10克）⋯⋯⋯⋯ 0.3以下
6. 蔥	50克	切蔥花	**6. 紅蘿蔔丁**（40克以上）⋯ 長、寬、高0.8~1.2
7. 薑	60克	切片、切末	**7. 紅辣椒丁**（1條切完）⋯⋯⋯ 長、寬0.8~1.2
8. 蒜頭	20克	切末，兩道菜用	**8. 里肌肉丁**（140克以上） 長、寬、高0.8~1.2
9. 紅辣椒	2條	切末、切丁	**9. 鱸魚斜瓦片**（切完）⋯⋯⋯ 長4~6，寬2~4， 高0.8~1.5
10. 小黃瓜	1條	切盤飾	
11. 大黃瓜	1截／6公分長	切盤飾	
12. 豬絞肉	50克		
13. 大里肌肉	200克	切丁	
14. 鱸魚	1條	斜切瓦片塊	

指定水花（3選1）

 ① ✓

 ②

 ③

指定盤飾（3選2）

 ①

 ② ✓

 ③ ✓

(1) 大黃瓜、小黃瓜、紅辣椒　　(2) 大黃瓜　　(3) 小黃瓜

糖醋瓦片魚

材 料
紅蘿蔔水花片 2 式（各 6 片）、青椒 1/2 個、洋蔥 1/4 個、薑 10 克、鱸魚 1 條

醃肉料
料理米酒 1 大匙、太白粉 2 茶匙

沾 粉
太白粉 3 大匙

調味料
沙拉油 1 大匙、番茄醬 3 大匙、白醋 2 大匙、砂糖 2 大匙、香油 1 茶匙、水 1/2 量杯

製作過程【片】&【脆溜】

1. 取紅蘿蔔切成水花片，取青椒去籽、切割菱形片，洋蔥去皮切菱形片，薑去皮切菱形片，備用。
2. 取鱸魚以刮鱗刀刮除魚鱗，以剪刀剪開魚肚去除內臟、魚鰓，洗淨，用文武刀切除頭尾，以片刀切取左右兩邊魚腓助，去皮一切為二，順紋切瓦片狀，以醃料醃 5 分鐘後，沾上乾太白粉反潮備用（亦可不去皮）。
3. 取鍋子加入 1/4 鍋炸油，待油溫 180 度改中小火，放入魚片，約炸 3 分鐘至熟撈出，續炸沾太白粉的魚頭、魚尾至熟。
4. 取鍋子，加入沙拉油爆香洋蔥及薑片後，加入水 1/2 量杯及紅蘿蔔水花片、調味料。
5. 將調味料煮沸，放入青椒片、炸好的魚片，拌炒均勻即成。

 重點步驟

取薑塊刮除表皮，切割厚 1 公分厚片，再斜切菱形塊，轉 90 度切薄片。

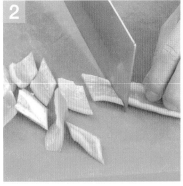

將青椒去籽，以片刀切割 1.5 公分寬條，再斜切間隔 2 公分菱形片。

將鱸魚去頭去尾，切取魚腓肋再切瓦片狀，加入醃肉料醃 5 分鐘，沾上乾太白粉。

取鍋子，加入油炸油，待油溫 180 度，以中小火放入魚片炸酥、炸熟，約炸 3 分鐘後撈出，續炸熟魚頭、魚尾排盤。

取鍋子加入沙拉油，以中小火爆香洋蔥片及薑片至香氣出來。

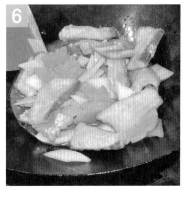

將所有材料及調味料混合煮熟，待沸，放入炸酥的魚片拌炒均勻即成。

 注意事項

1. 切割魚片需以順紋切割，避免炒時魚肉碎爛（魚皮亦可不切除）。
2. 切割魚片，刀工力求片狀厚薄一致（可參考 68~69 頁切法）。
3. 魚片需以醃肉料醃漬再沾乾粉，炸上色且熟酥。
4. 不得做淋汁的溜法，需拌合少汁的滑溜法。
5. 炒時需小心，避免魚肉碎爛超過 1/3 而扣分。

301~6 組 2 ▶ 燜燒辣味茄條

材料
茄子 2 條、蔥 20 克、薑 10 克、紅辣椒 1 條、蒜頭 10 克、絞肉 50 克

醃肉料
料理米酒 1 大匙、太白粉 1 茶匙

調味料
沙拉油 1 大匙、辣豆瓣醬 1 大匙、醬油 1 大匙、砂糖 1 大匙、料理米酒 1 大匙、水 1/2 量杯

芡汁
太白粉 1 茶匙、水 2 茶匙

製作過程【條、末】&【燒】

1. 將茄子洗淨，切除頭尾，以片刀切割 6~7 公分段狀後，再將每段直切一開四長條；薑去皮剁末、蒜頭剁末；紅辣椒去籽切末；蔥切蔥花；備用。
2. 將豬絞肉加入醃肉料拌醃約 5 分鐘。
3. 取鍋子加入炸油 1/3 鍋，待油溫 180 度時，將茄子放入炸約 1 分鐘，定色後撈出。
4. 另取鍋子燒鍋 1 分鐘，待回溫加入沙拉油，以中小火爆香薑末、蒜末、紅辣椒末後，加入豬絞肉炒熟，續加入辣豆瓣醬略炒。
5. 將辣豆瓣醬略炒後，加入水 1/2 量杯，續加入炸上色的茄子及調味料，燜燒約 3 分鐘，加太白粉水勾薄芡，起鍋前加蔥花略拌至熟即成。

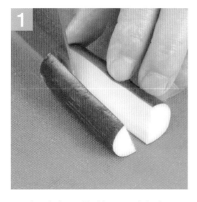

取洗淨去頭的茄子，以片刀切割長 6~7 公分段，將每一段一切為二、再一切為二，呈四長條。

取 1/3 鍋油炸油，待油溫 180 度改大火，將茄子條放入，油炸 1 分鐘定色。

將茄子炸至定色後，撈起瀝乾油分。

燒鍋 1 分鐘，待回溫，加入沙拉油以中小火爆香薑、蒜、紅辣椒末及豬絞肉，再加入辣豆瓣醬。

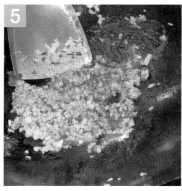

將豬絞肉炒熟後加入辣豆瓣醬，略炒出香氣及顏色。

醬汁調好後加入炸上色的茄子條，燒煮 3 分鐘，待醬汁略乾，以太白粉水微勾薄芡，加入蔥花拌勻即成。

注意事項

1. 切割茄子需以紙巾擦乾茄身，避免油炸時油爆危險（可參考 42 頁切法）。
2. 需以高溫將茄子炸定色，燒煮時茄子才不會褐變。
3. 豬絞肉亦可不必用醃肉料醃而直接炒熟，但肉質會較硬。
4. 因油炸茄子，茄子已吸油，烹調時油勿加太多，以免油膩。
5. 最後放入蔥花，但蔥花需要煮熟，避免夾生而扣分。

炒三色肉丁

材料

五香大豆乾 1/2 塊、青椒 1/2 個、蒜頭 5 克、紅蘿蔔 40 克、紅辣椒 1 條、大里肌肉 200 克

醃肉料

料理米酒 1 大匙、太白粉 1 茶匙

調味料

沙拉油 1 大匙、鹽 1 茶匙、砂糖 1 茶匙、白胡椒粉少許、香油 1 大匙、水 1/3 量杯

芡汁

太白粉 1 茶匙、水 2 茶匙

製作過程【丁】&【炒、爆炒】

1. 將五香大豆乾洗淨、切割 1 公分正四方丁，青椒去籽切割 1 公分丁，蒜頭切末，紅蘿蔔切丁，紅辣椒一切二、去籽切丁片狀。

2. 大里肌肉以片刀切割 1 公分丁狀，再以醃肉料醃約 5 分鐘。

3. 取鍋子，加入炸油 1/4 鍋，待油溫 180 度，先放入豆乾丁略炸 1 分鐘撈出，續炸醃過的肉丁，約炸 1.5 分鐘，撈出瀝油。

4. 取鍋子加入沙拉油，爆香蒜末，再加入水 1/3 量杯，混合調味料。

5. 調味料混合後，將所有材料及豆乾丁、肉丁一起拌炒均勻，起鍋前，以太白粉水微勾薄芡即成。

重點步驟

將紅蘿蔔切成丁狀，取鍋子加水，紅蘿蔔丁燙熟撈出。

取豬里肌肉，以片刀去除薄膜，再切1公分厚片、續切寬1公分條，轉90度切1公分丁。

取油鍋加入炸油，油溫180度時放入豆乾丁，略炸上色後撈出。

續將一個一個肉丁小心放入油鍋中油炸。

將肉丁一個一個放入油鍋，避免肉丁黏在一起，炸約1.5分鐘後撈出。

取鍋子爆香蒜末，加入水及調味料，再將所有材料拌炒均勻，以太白粉水勾芡後即成。

注意事項

1. 五香大豆乾切丁前，亦可將外圍硬邊切除。
2. 油炸肉丁，需一個一個放入，避免整堆肉丁黏在一起（可參考 65 頁切法）。
3. 以爆炒的方式烹調，避免湯汁過多。
4. 紅蘿蔔丁亦可先用開水燙熟，再一起烹煮。
5. 最後放入青椒丁，避免炒太久而變黃，影響美觀。

1. 榨菜炒肉片 中　　**2. 香酥杏鮑菇** 中　　**3. 三色豆腐羹** 難

名稱	數量	刀工	受評刀工（公分）（高＝厚度）
1. 乾香菇	1朵／直徑4公分	切丁	**1. 榨菜片**（切完）⋯⋯⋯⋯⋯  長4~6，寬2~4，高0.2~0.4
2. 榨菜	1個／200克	切片	
3. 桶筍	1/2支	切指甲片	**2. 筍指甲片**（40克以上）⋯  長、寬1~1.5，高0.3以下
4. 盒豆腐	1/2盒	切指甲片	**3. 豆腐指甲片**（1/2盒全部切完）⋯⋯⋯ 長、寬1~1.5，高0.3以下
5. 紅辣椒	2條	切片、切末	
6. 蔥	150克	切段、切蔥花	**4. 蔥段**（10克以上）⋯⋯⋯ 長3~5直段或斜段
7. 薑	40克	切菱形片	**5. 薑片**（10克以上）⋯⋯⋯ 長2~3，寬1~2，高0.2~0.4
8. 杏鮑菇	3支／300克以上	切斜片	**6. 杏鮑菇片**（切完）⋯⋯⋯ 長4~6，寬2~4，高0.4~0.6
9. 蒜頭	20克	切片、切末	
10. 紅蘿蔔	1條／300克	切2種水花（各6片）、切指甲片	**7. 紅辣椒末**（切完） 0.3以下
11. 小黃瓜	1條	切盤飾	**8. 里肌肉片**（切完）⋯⋯⋯ 長4~6，寬2~4，高0.4~0.6
12. 大黃瓜	1截／6公分長	切盤飾	
13. 大里肌肉	200克	切片	
14. 雞蛋	2個	洗淨，蛋黃、蛋白分開	

指定水花（3選1）

 ❶　　 ❷ ✓　　 ❸

指定盤飾（3選2）

 ❶ ✓　　 ❷　　 ❸ ✓

(1) 大黃瓜、紅辣椒　　(2) 大黃瓜、小黃瓜、紅辣椒　　(3) 小黃瓜

榨菜炒肉片

材 料
榨菜 200 克、紅辣椒 1 條、蔥 10 克、薑 10 克、蒜頭 5 克、
紅蘿蔔水花片 2 式（各 6 片）、大里肌肉 200 克

醃肉料
料理米酒 1 大匙、太白粉 1 茶匙

調味料
沙拉油 2 大匙、砂糖 1 茶匙、白胡椒粉 1/3 茶匙、香油 1 大
匙、清水 1/2 杯

 製作過程【片】&【炒、爆炒】

1. 將榨菜圓弧邊凹凸表面切除呈四方塊，再一切為二，轉 90 度切割寬 2~4 公分、厚 0.2~0.4 公分片
   狀，放入鍋中加水燙煮 10 分鐘，去除鹹味。
2. 分別將辣椒橫切去籽、切菱形片，蔥切段，薑去皮切菱形片，蒜頭切片；備用。
3. 大里肌肉以片刀切除筋膜，再逆紋切片，加入醃肉料拌勻。
4. 取鍋子加入清水 1/4 鍋，待沸，放入肉片燙熟，撈出備用。
5. 取鍋子加入沙拉油，以中小火爆香薑片、蒜片、紅辣椒片後，將所有材料放入略炒，再加入調味
   料及燙熟的肉片，拌炒均勻即成。

 重 點 步 驟

取榨菜，以片刀切除外圍凹凸不平的表面，再切寬 2~4 公分、厚 0.2~0.4 公分的片狀。

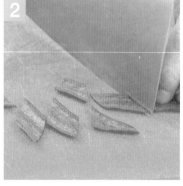

取紅辣椒以片刀橫切為二，輕拍去籽，再斜切菱形片。

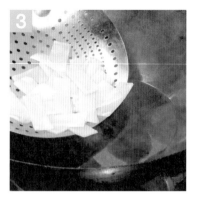

取榨菜片，放入熱水中以中小火燙煮 10 分鐘去除鹹味。

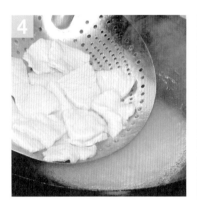

取鍋子加入 1/4 鍋清水，待沸，放入醃過的肉片，燙熟後撈出。

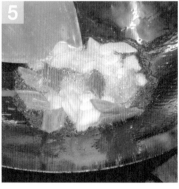

另取鍋子加入沙拉油，以中小火爆香薑片、蒜片、紅辣椒片。

爆香後，將所有材料及調味料放入，混合拌勻至熟即成。

 注意事項

1. 榨菜切片後，需燙熱水去除鹹味，避免過鹹而被扣分。
2. 豬肉上漿醃過後，汆燙或過油皆可。
3. 此道菜餚以爆炒的方式烹調，菜餚盛盤不可太多醬汁。
4. 指定的配料及紅蘿蔔水花片都需加入，不可缺少。
5. 榨菜本身有鹹味，拌炒時，調味料不可加鹽。
6. 紅蘿蔔水花片 2 式，可加入各 3 片，無需完全加入，以免紅蘿蔔太多。

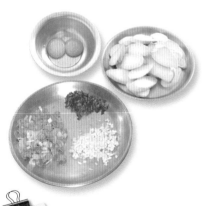

材料
杏鮑菇 3 支、蔥 20 克、蒜頭 10 克、紅辣椒 1 條

沾粉
雞蛋（只取蛋黃，蛋白留著做第三道三色豆腐羹）2 個、麵粉
2 大匙、水 2 大匙（地瓜粉 1/2 量杯，乾沾用）

調味料
沙拉油 1 茶匙（另備鹽 1 茶匙、砂糖 1 茶匙、白胡椒粉 1/2 茶
匙混合拌勻成胡椒鹽）

製 作過程【片】&【炸、拌炒】

1. 取杏鮑菇以片刀斜切 0.4 公分厚片，蔥切蔥花、蒜頭切蒜末、紅辣椒去籽切碎末，備用。
2. 以三段式打蛋法打出兩顆雞蛋，取蛋黃（蛋白留著做第三道三色豆腐羹），加麵粉、水拌醃切片的
   杏鮑菇片，蛋白留三色豆腐羹用。
3. 取鍋盆加入地瓜粉，將醃好蛋黃的杏鮑菇片均勻沾裹住地瓜粉。
4. 取鍋子加入炸油，油溫 180 度放入沾地瓜粉的杏鮑菇片，中大火炸熟，約炸 2 分鐘至酥脆撈出。
5. 取鍋子加入沙拉油，小火爆香蒜末、紅辣椒末後，放入蔥花及炸好的杏鮑菇及混合的調味料胡椒
   鹽，撒入拌勻即成。

 重 點 步 驟

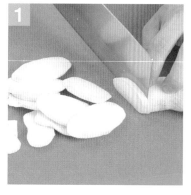

取杏鮑菇，以片刀斜45度，斜切出長4~6公分、厚0.4~0.6公分片狀。

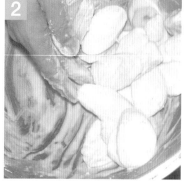

取鋼盆，加入麵粉、雞蛋黃、清水混合後，加入杏鮑菇片拌勻。

將兩顆蛋黃及麵粉、水加入杏鮑菇片拌均勻後，將杏鮑菇片一片一片沾上地瓜粉。

取油鍋加入炸油1/2鍋，待油溫180度，將沾好地瓜粉的杏鮑菇一片一片放入。

鍋中油溫180度時放入杏鮑菇，大火炸約2分鐘後撈出。

將香辛料爆香後，關火再加入調合的胡椒鹽，拌炒均勻。

 注意事項

1. 切割杏鮑菇斜片，以長約6公分、厚約0.4公分為最佳（可參考50頁切法）。
2. 杏鮑菇沾蛋黃再沾地瓜粉，需略放返潮再炸，炸熟後粉較不易掉落。
3. 油溫180度的測試：可以蔥尾放入測試，若兩邊冒泡，即可炸杏鮑菇。
4. 需以高溫炸熟、炸酥杏鮑菇，避免吸油而影響美觀與口感。
5. 需以小火爆香香辛料，加入胡椒鹽前需關火，避免胡椒粉焦化變黑。

三色豆腐羹

材 料

乾香菇 1 朵、盒豆腐 1/2 盒、桶筍 40 克、紅蘿蔔 30 克、蔥 15 克、雞蛋（只取蛋白）2 個

調味料

鹽 2 茶匙、砂糖 1 大匙、白胡椒粉 1/2 茶匙、香油 1 大匙、清水 4/5 湯碗

芡 汁

太白粉 3 大匙、水 6 大匙

作過程【指甲片】&【羹】

1. 乾香菇以開水燙軟、去蒂頭切丁，盒豆腐切指甲片，桶筍切指甲片，紅蘿蔔切指甲片，蔥切蔥花；備用。

2. 取鍋子加入清水，放入桶筍片燙煮 5 分鐘，撈出備用。

3. 取清水 4/5 湯碗，倒入鍋中加熱，放入筍片、香菇丁、紅蘿蔔片及調味料。

4. 將上述材料放入後，待沸，改中小火，以太白粉水勾薄芡，再放入豆腐片，小心推開豆腐，再淋入打散的蛋白小心略拌。

5. 小心略拌以免弄散豆腐，續加入蔥花，待熟，淋入香油即成。

   重點步驟

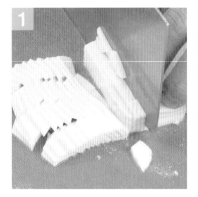

將豆腐以片刀切出厚 1 公分片，再斜切菱形塊，轉 90 度切出厚約 0.3 公分的薄片狀。

取紅蘿蔔，以片刀切出厚 1 公分片狀，再切出寬 1 公分條，轉 90 度切出厚 0.2 公分的薄片。

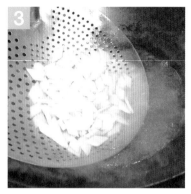

取鍋子加入清水，放入桶筍片燙煮 5 分鐘去除酸味後撈出。

將所有材料及調味料混合，待沸，以太白粉水勾薄芡。

以太白粉水勾薄芡後，放入豆腐，小心的推開每片。

改中小火，小心倒入打散的蛋白，待蛋白凝成雪花片狀，小心推開呈薄片狀，加入蔥花，淋上香油即成。

 注意事項

1. 乾香菇需以熱開水燙軟，去蒂切丁片狀。
2. 桶筍需燙過，避免酸味太重而扣分。
3. 以太白粉水勾芡，湯勿太黏稠而影響觀感。
4. 需以太白粉水勾芡後，才可以淋入蛋白，如此蛋花才會漂亮。
5. 最後再加入豆腐及蔥花，避免豆腐破碎。

1. 脆溜麻辣雞球 難　　2. 銀芽炒雙絲 中　　3. 素燴三色杏鮑菇 中

名稱	數量	刀工	受評刀工（公分）（高＝厚度）
1. 乾辣椒	8條	剪段去籽	**1. 桶筍片**（10片以上）················· 長4~6，寬2~4，高0.2~0.4
2. 桶筍	1支／200克	1/2支切絲、1/2支切菱形片	**2. 桶筍絲**（50克以上）········ 寬、高0.2~0.4，長4~6
3. 五香大豆乾	1/2塊	切片	**3. 蒜末**（10克）··················· 0.3以下
4. 小黃瓜	3條	切丁、切菱形片、切盤飾	**4. 小黃瓜丁**（50克以上）········· 長、寬、高1.5~2，滾刀或菱形丁
5. 大黃瓜	1截／6公分長	切盤飾	**5. 蔥段**（30克以上）············ 長3~5直段或斜段
6. 蔥	50克	切段	**6. 青椒絲**（切完）············ 寬、高0.2~0.4，長4~6
7. 薑	120克	切片、切絲	**7. 薑絲**（10克）················· 寬、高0.3以下，長4~6
8. 蒜頭	20克	切片、切末	**8. 杏鮑菇片**（切完）········ 長4~6，寬2~4，高0.4~0.6
9. 青椒	1/2個	切絲	
10. 綠豆芽	200克	摘除頭尾	
11. 紅辣椒	1條	切絲、切圓片	**9. 雞球**（切完）················· 剞切菊花花刀間隔0.5~1
12. 杏鮑菇	1支／100克	切菱形片	
13. 紅蘿蔔	1條／300克	切2種水花（各6片）	
14. 雞胸肉	1付	剞切菊花花刀	

指定水花（3選1）

指定盤飾（3選2）

(1) 大黃瓜、紅辣椒　　(2) 大黃瓜、紅辣椒　　(3) 小黃瓜

161

脆溜麻辣雞球

材 料
乾辣椒 8 條、花椒粒 1 茶匙（自取）、小黃瓜 1 條、薑 10 克、蔥 30 克、蒜頭 10 克、雞胸肉 1 付

醃肉料
料理米酒 1 大匙、鹽 1/2 茶匙

沾 粉
太白粉 1/2 量杯

調味料
沙拉油 1 大匙、醬油 2 大匙、砂糖 1 大匙、胡椒粉少許、料理米酒 2 大匙、烏醋 1 茶匙、香油 1 大匙、水 1/4 量杯

芡 汁
太白粉 1 茶匙、水 2 大匙

作過裎【剞刀厚片】&【脆溜】

1. 乾辣椒以剪刀剪長 2 公分段，去籽；小黃瓜切菱形丁塊；薑切片；蔥切蔥段；蒜頭切片。
2. 雞胸肉去皮、去骨，以片刀橫切為二後，在內面切割十字交叉刀，再切成塊狀，以醃肉料醃約 5 分鐘，再加入太白粉 1/2 量杯，均勻沾上雞肉。
3. 取鍋子加入炸油 1/4 鍋，加熱至 180 度，放入沾粉雞球，以中小火炸約 3 分鐘，續放入小黃瓜丁塊炸 30 秒，一同撈出瀝油。
4. 取油鍋以小火爆香蒜片、花椒粒、乾辣椒、薑片、蔥段至有香味，加入所有調味料，再放入雞球與小黃瓜丁。
5. 將雞球、小黃瓜丁放入，以中小火拌炒均勻，再以太白粉水微勾薄芡，最後加入香油即成。

 重點步驟

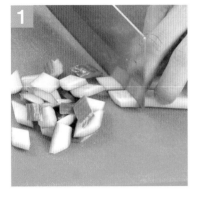

取小黃瓜以片刀一切為二，再切為四長條，橫切去籽再斜切 1.5 公分菱形塊。

取雞胸肉，以片刀切厚 1 公分片狀後，在切面切出間隔 0.5 公分交叉花刀，再一切為四片。

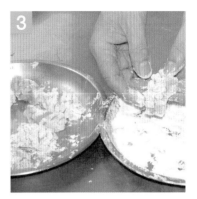

將切好的交叉花刀雞球，以醃肉料醃後，均勻的沾上太白粉捲成球形。

取鍋子加入炸油 1/4 鍋，待油溫 180 度，以中小火放入雞球，待雞球熟透，起鍋前放入小黃瓜炸熟。

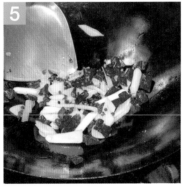

取鍋子加入沙拉油，以小火爆香薑片、蒜片、蔥段、乾辣椒、花椒粒。

爆香後，加入所有調味料及雞球、小黃瓜丁，以太白粉水勾薄芡，縮汁即成。

注意事項

1. 切割小黃瓜菱形丁塊：勿太大，一口大小即可。
2. 將醃過的雞球均勻沾裹住太白粉，捲捏成球狀（刀痕需捲在外面）定形後再炸（可參考 63 頁切法）。
3. 需將雞球小火炸熟，加小黃瓜炸熟後再烹煮，避免外熟內夾生。
4. 以小火爆炒乾辣椒、花椒，避免大火而燒焦。
5. 最後以太白粉水勾芡做成脆溜菜，應避免勾芡太濃而結塊。

銀芽炒雙絲

材料

桶筍 1/2 支、青椒 1/2 個、綠豆芽 200 克、紅辣椒 1 條、薑 10 克、蒜頭 5 克

調味料

沙拉油 2 大匙、鹽 1 茶匙、砂糖 1 茶匙、香油 1 大匙、水 1/4 量杯

芡汁

太白粉 1 茶匙、水 2 茶匙

製作過程【絲】&【炒、爆炒】

1. 取桶筍切絲、青椒切絲，綠豆芽摘除頭尾成銀芽，紅辣椒切絲、蒜頭切末、薑切薑絲；備用。
2. 取鍋子加入清水，放入桶筍絲，待沸，燙煮約 5 公鐘，去除酸味後撈出瀝水。
3. 取鍋子加入沙拉油，以中小火爆香薑絲、紅辣椒絲及蒜末。
4. 爆香薑絲、紅辣椒絲及蒜末後，將所有材料及調味料混合，以中大火炒熟、炒均勻。
5. 將所有材料混合炒熟、炒均勻後，以太白粉水微勾薄芡，放入香油拌勻即成。

重點步驟

取豆芽洗淨，去除豆芽殼後，將頭尾剝除呈銀芽。

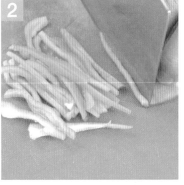

將青椒去籽洗淨，切出長 4~6 公分塊後，轉 90 度，順紋直切寬 0.2 公分絲狀。

取鍋子加水，放入桶筍絲，待沸，燙煮 5 分鐘去除酸味。

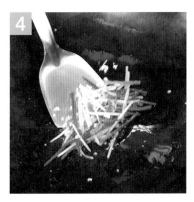

取鍋子加入沙拉油，以中小火小心爆香薑絲、蒜末、紅辣椒絲。

爆香後，加入所有材料、水 1/4 量杯及調味料，以中大火拌炒均勻至熟。

將所有材料炒熟後，以太白粉水微勾薄芡，加入香油，再用漏杓濾乾水分即成。

 注意事項

1. 豆芽要洗去綠豆殼，然後去頭、去尾成銀芽。
2. 桶筍絲需以熱水燙煮去除酸味，口感較佳（可參考 55 頁切法）。
3. 爆香時以中小火小心爆香薑絲、紅辣椒絲與蒜末。
4. 材料混合拌炒均勻後，以太白粉水勾芡，勿太濃而使絲狀菜黏稠。
5. 起鍋前放入香油，香氣會比較明顯。

材料
桶筍 1/2 支、五香大豆乾 1/2 塊，杏鮑菇 1 支、紅蘿蔔水花片
2 式（各 6 片）、小黃瓜 1 條、薑 10 克

調味料
沙拉油 2 大匙、鹽 1 茶匙、砂糖 1 茶匙、白胡椒粉少許、香
油 1 大匙、水 1 量杯

芡汁
太白粉 1 大匙、水 2 大匙

作過程【片】&【燴】

1. 分別將桶筍切菱形片、五香大豆乾切菱形片、杏鮑菇切菱形片、紅蘿蔔切水花片 2 式、小黃瓜切
   菱形片、薑切菱形片，備用。
2. 取鍋子加入沙拉油，以小火爆香薑片。
3. 薑片爆香後，加入所有材料略炒，續加入水 1 量杯。
4. 待湯汁煮沸，以中小火將所有材料煮熟，加入調味料。
5. 最後以太白粉水微勾薄芡，淋入香油拌勻即成。

 重 點 步 驟

取小黃瓜，以片刀斜切菱形段後，再切出菱形片，每片厚約 0.2 公分。

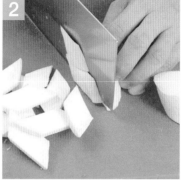

取杏鮑菇，以片刀斜切菱形段後，再切出菱形片，每片厚約 0.4 公分。

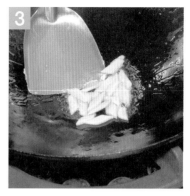

取鍋子加入沙拉油，以中小火爆香薑片。

爆香後，放入素料略炒香，加入水 1 量杯煮熟。

將所有材料煮熟後，加入所有調味料混合均勻。

以太白粉水微勾薄芡，勿太濃，避免結塊或黏稠。

注意事項

1. 桶筍要先以開水燙煮 5 分鐘去除酸味。
2. 將所有素料切割菱形片觀感較佳，亦可切長四方片。
3. 所有材料與紅蘿蔔水花片、薑片（亦可切水花片）一起燴煮成菜。
4. 以太白粉水勾芡時，火勿太大，容易結塊。
5. 主題三色需與杏鮑菇總共為四色，香辛料不能當一色，不可加蔥、蒜。

1. 五香炸肉條 難

2. 三色煎蛋 中

3. 三色冬瓜捲 中

名稱	數量	刀工	受 評 刀 工（公分）（高＝厚度）
1. 乾香菇	3朵／直徑4公分	切絲	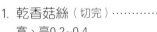 1. 乾香菇絲（切完）············ 寬、高0.2~0.4
2. 玉米粒	40克		
3. 桶筍	1/2支／100克	切絲	2. 桶筍絲（20克以上）····· 寬、高0.2~0.4，長4~6
4. 蔥	60克	切蔥花，兩道菜用	3. 紅蘿蔔絲（20克以上）······ 寬、高0.2~0.4，長4~6
5. 薑	60克	切末、切絲	4. 薑絲（10克以上）······ 寬、高0.3以下，長4~6
6. 蒜頭	10克	切末	5. 蔥花（10克以上）······ 長、寬、高0.2~0.4
7. 紅蘿蔔	1條／300克	切2種水花(各6片)、切指甲片、切絲	6. 蒜末（5克以上）·········· 0.3以下
8. 紅辣椒	1條	切圓片盤飾	7. 紅蘿蔔指甲片（20克以上）··········· 長、寬1~1.5，高0.3以下
9. 小黃瓜	1條	切盤飾	
10. 大黃瓜	1截／6公分長	切盤飾	8. 冬瓜長薄片（6片以上） 長12以上，寬4以上，厚0.3以下
11. 四季豆	60克／每支長14公分	切丁片	
12. 冬瓜	600克／1台斤	切長薄片	
13. 大里肌肉	200克	切條	9. 里肌肉條（切完）············ 寬、高0.8~1.2，長4~6
14. 雞蛋	5個	1個用在肉條（亦可不用）、4個用在煎蛋，需洗淨	

指定水花（3選1）

 ❶

 ❷

 ❸ ✓

指定盤飾（3選2）

 ❶ ✓

 ❷

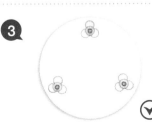 ❸ ✓

(1) 大黃瓜　　　　(2) 大黃瓜、小黃瓜、紅辣椒　　　　(3) 小黃瓜、紅辣椒

五香炸肉條

材 料
蔥 5 克、薑 5 克、蒜頭 5 克、大里肌肉 200 克

調味料
鹽 1/2 茶匙、砂糖 1 茶匙、白胡椒粉 1/2 茶匙

醃肉料
五香粉 1 茶匙、米酒 2 大匙、太白粉 1 茶匙

麵糊料
麵粉 2/3 杯、太白粉 1/3 杯、泡打粉 1 茶匙、水 1/2 杯、沙拉油 1 大匙

製 作過程【條】&【軟炸】

1. 分別將清洗乾淨的蔥切末、薑切末、蒜頭切末,備用。
2. 取大里肌肉,以片刀去除表皮筋膜,再逆紋切厚片,再切成條狀。
3. 取容器,加入醃肉料及調味料、香辛料混合溶解後,加入里肌肉條略醃。
4. 取鋼盆,加入麵糊料混合拌勻,再加入沙拉油略拌,醒 10 分鐘。
5. 取油鍋,加入 1/2 鍋油炸油,待油溫 180 度後改小火,將里肌肉條混合麵糊,再一條一條放入油鍋,前、後、左、右放入,避免同一處互相黏住,以中大火炸,約炸 2.5 分鐘至熟即成。

 重點步驟

1 將豬里肌以片刀去除筋膜後，再切割厚1公分的厚片狀。

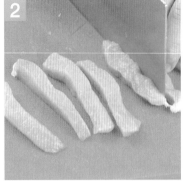

2 將豬里肌肉切割1公分厚片後，再以片刀直切寬1公分條。

3 將里肌肉條與香辛料、調味料、醃肉料一同混合拌均勻。

4 以鋼盆調製麵糊，醒10分鐘後，加入醃過的豬肉條拌勻。

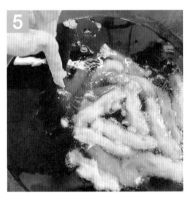

5 取鍋子，加入半鍋油炸油，待油溫180度改小火，將肉條分別從前、後、左、右放入。

6 將肉條完全放入油炸後，改中大火，將肉條炸酥、炸熟後撈出瀝油。

 注意事項

1. 大里肌肉條，需逆紋切割，比較不會太硬或塞牙縫。
2. 里肌肉拌醃五香粉勿加太多，避免醃後肉色太黑。
3. 調製麵糊建議用中筋麵粉拌成糊狀後，再加沙拉油。
4. 調製好的麵糊需醒10分鐘，炸出的肉條才會好看。
5. 三種香辛料都需加入里肌肉條中，一起酥炸。
6. 肉條放入油鍋炸時，需從前、後、左、右分別放入，全部放入後，再開中大火鏟開、炸酥、炸熟。

三色煎蛋

材 料
玉米粒 40 克、紅蘿蔔 20 克、四季豆 60 克、蔥 10 克、雞蛋 4 個
調味料
沙拉油 3 大匙、鹽 1 茶匙、白胡椒粉 1/2 茶匙、香油 1 茶匙

製作過程【片】&【煎】

1. 玉米粒洗淨備用,紅蘿蔔去皮切指甲片、四季豆去頭尾與側筋,橫切 0.3~0.4 公分小段,蔥切蔥花;備用。
2. 起水鍋,將紅蘿蔔、四季豆汆燙約 1 分鐘至熟撈起。
3. 雞蛋以三段式打蛋法,將蛋打散,加入調味料,再加入全部食材拌勻。
4. 取鍋子空燒 1 分鐘、回溫 20 秒,放入 3 大匙的沙拉油,將鍋身搖動讓沙拉油遍布全鍋,再倒入蛋液呈一大圓片,待底部煎熟後再翻面煎熟,煎至兩面上色即可(亦可分兩次煎比較好煎)。
5. 運用衛生手法,將成品移到熟食砧板上,戴手套以熟食菜刀將成品切成 6 等分,排盤即可。

 重點步驟

1

將紅蘿蔔切 1 公分厚片狀後，再切割寬 1 公分條狀，轉 90 度切成厚 0.2 公分的指甲片。

2

取洗淨四季豆，以手剝除頭尾筋膜，再以片刀切割丁狀。

3

將紅蘿蔔指甲片汆燙。

4

四季豆小段、玉米粒亦放入水鍋汆燙，至熟撈起。

5

將汆燙好的食材（亦可分成兩碗分兩次煎）放入蛋液中，再加入調味料拌勻。

6

取鍋子加入 3 大匙的沙拉油，將蛋煎熟，且需煎成兩面金黃的成品，再以白色砧板切割 6 片。

注意事項

1. 四季豆、紅蘿蔔一定要先汆燙至熟後，再加入蛋液，避免成品未熟。
2. 材料要注意避免量太多，造成蛋液不易定形、容易鬆散，亦可分兩次煎。
3. 煎蛋時，鍋子的油量要注意，且一定要燒鍋，讓油可以遍布全鍋，但油溫不可太高，否則易造成蛋液焦黑，因此要注意控制火候。
4. 煎蛋蛋液凝固後，在烘煎時，一定要用小火煎，才不會將蛋煎焦。
5. 煎蛋過程要不時移動鍋子，避免鍋底離爐火太近，造成中間燒焦。

三色冬瓜捲

材料
乾香菇 3 朵、桶筍 1/2 支、冬瓜 1 台斤、紅蘿蔔 1/6 條、紅蘿蔔水花片 2 式（各 6 片）、薑 10 克

調味料
鹽 1/2 茶匙、砂糖 1/2 茶匙、香油 1 大匙、水 1/2 量杯

芡汁
太白粉 2 茶匙、水 4 茶匙

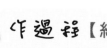

作過程【絲、片】&【蒸】

1. 乾香菇以熱水燙軟，用剪刀剪除蒂頭，切成長絲備用。
2. 冬瓜去皮、由內面切成厚 0.2 公分的長薄片；紅蘿蔔切成 2 種指定水花片之外，亦要切紅蘿蔔絲；桶筍切絲；薑去皮切絲。
3. 將冬瓜片、紅蘿蔔絲、桶筍絲汆燙備用。
4. 將冬瓜片鋪平在砧板上，加入香菇絲、紅蘿蔔絲、桶筍絲、薑絲，捲緊後放入圓盤，蒸約 5 分鐘取出。
5. 盤邊放入 2 種燙熟的紅蘿蔔水花片（各 6 片）做盤飾，最後以調味料做成醬汁，再用太白粉水勾芡淋在冬瓜捲上即可。

 **重點步驟**

將香菇以熱水燙熟去蒂,用片刀切割絲狀。

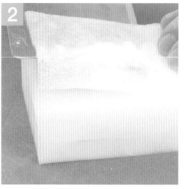

將冬瓜洗淨、切除內籽後,由內面橫切厚 0.2 公分的冬瓜長薄片。

將冬瓜切成長薄片後,取鍋子加水 1/3 鍋,將冬瓜片放入沸水鍋汆燙 20 秒再撈起。

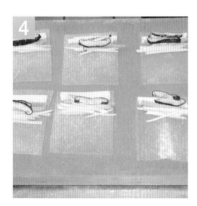

續汆燙桶筍絲、紅蘿蔔絲,撈起待微冷,分別各兩條排入冬瓜長片一端。

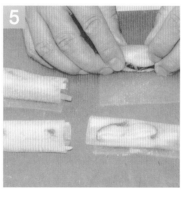

將香菇絲、紅蘿蔔絲、桶筍絲、薑絲放在冬瓜片上,捲緊。

將冬瓜捲整齊排列在圓盤上,搭配紅蘿蔔水花各 3 片一同蒸熟,蒸熟後夾出;鍋中加入調味料勾芡,將透明芡汁淋在冬瓜捲上即可。

 注意事項

1. 冬瓜需切成長薄片,約長 12 公分、寬 4 公分以上、厚 0.3 公分以下的規格。
2. 桶筍一定要汆燙去除酸味,口感、味道較佳。
3. 冬瓜一定要捲緊,接口朝下,避免食材外露。
4. 芡汁濃度不能太過濃稠,以免影響口感。
5. 冬瓜片可汆燙,亦可以少許鹽醃至軟,再包捲。

1. 涼拌豆乾雞絲 難	2. 辣豉椒炒肉丁 易	3. 醬燒筍塊 中

名稱	數量	刀工	受 評 刀 工（公分）（高＝厚度）
1. 五香大豆乾	1塊	切絲	1. 薑水花（6片）············· 厚薄度0.3~0.4
2. 桶筍	1.5支／共300克	切塊	2. 筍塊（切完）············· 邊長2~4的滾刀塊
3. 青椒	1個	切丁	3. 五香大豆乾絲（切完）········· 寬、高0.2~0.4，長4~6
4. 紅蘿蔔	1條／300克	切絲、切1種水花（6片）	4. 小黃瓜絲（1條切完）······· 寬、高0.2~0.4，長4~6
5. 紅辣椒	2條	切絲、切片	5. 青椒丁（切完）············· 長、寬0.8~1.2
6. 蔥	100克	切絲、切段	6. 紅蘿蔔絲（30克以上）······· 寬、高0.2~0.4，長4~6
7. 蒜頭	20克	切末、切片	7. 薑絲（10克）············· 寬、高0.3，長4~6
8. 薑	100克	切絲、切1種水花（6片）	8. 蔥段（20克）············· 長3~5直段或斜段
9. 小黃瓜	2條	1條切絲、1條切盤飾	9. 里肌肉丁（切完）········· 長、寬、高0.8~1.2
10. 大黃瓜	1截／6公分長	切盤飾	10. 雞絲（切完）············· 寬、高0.2~0.4，長4~6
11. 大里肌肉	200克	切丁	
12. 雞胸肉	1/2付	去骨切絲	

指定水花（3選1）

指定盤飾（3選2）

(1) 大黃瓜、紅辣椒　　(2) 大黃瓜、紅辣椒　　(3) 小黃瓜

涼拌豆乾雞絲

材 料
五香大豆乾 1 塊、小黃瓜 1 條、紅蘿蔔 30 克、紅辣椒 1 條、
蔥 5 克、薑 5 克、雞胸肉 1/2 付

醃肉料
料理米酒 1 茶匙、太白粉 1 大匙

調味料
鹽 1 茶匙、香油 2 大匙、砂糖 2 茶匙、白醋 1 大匙

製作過程【絲】&【涼拌】

1. 將五香大豆乾切除硬邊後，平刀將五香大豆乾切成厚約 0.4 公分片狀，再改刀切絲；小黃瓜切絲；
   紅蘿蔔去皮切絲；紅辣椒去頭尾、對切去籽切絲；蔥切絲；中薑去皮切絲；備用。
2. 雞胸肉去皮、去骨後，順紋先切薄片，再改刀切絲入醃料備用。
3. 取鍋子加水 1/4 鍋，待水滾後，放入紅蘿蔔絲、五香大豆乾絲、小黃瓜絲、紅辣椒絲、中薑絲煮
   熟，加入蔥絲略煮後撈起，以碗公加入礦泉水浸泡過冷。
4. 另取鍋子加入水 1/4 鍋，待沸，續燙熟雞絲，過冷後瀝乾備用。
5. 泡涼的所有食材加入調味料，拌勻後加入香油即可盛盤。

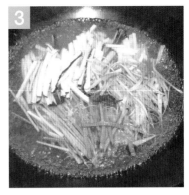

取大黑豆乾，以片刀直切 0.2~0.4 公分片狀，再直切絲狀。

取洗淨的蔥，以片刀拍扁再順紋切出蔥絲。

將五香大豆乾絲、紅蘿蔔絲、中薑絲、小黃瓜絲、紅辣椒絲、蔥絲入水鍋汆燙至熟撈起，放入礦泉水中泡涼。

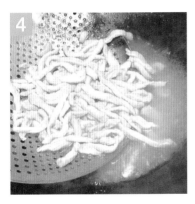

雞肉絲以醃料醃入味，亦入水鍋汆燙至熟，撈起。

將雞肉絲放到礦泉水中，泡涼備用。

將雞肉絲等食材瀝乾，再放回湯碗內，加入調味料拌勻即可。

 注意事項

1. 雞肉絲需順紋切絲，口感較佳（可參考 61 頁切法）。
2. 小黃瓜及蔥絲汆燙時間不要太久，以免顏色變黃。
3. 需要用衛生手法過冷涼拌製作。
4. 小黃瓜去籽時，需注意肉不要去除太多，以免浪費。
5. 刀工切絲需力求粗細一致。

301~10 組 2　辣豉椒炒肉丁

材料
豆豉 15 克、辣椒醬 1 大匙、青椒 1 個、紅辣椒 1 條、蒜頭 5 克、大里肌肉 200 克

醃肉料
料理米酒 1 茶匙、太白粉 2 茶匙

調味料
沙拉油 2 大匙、辣椒醬 1 大匙、砂糖 2 茶匙、鹽 1/4 茶匙、水 1/4 量杯

芡汁
太白粉 1 茶匙、水 2 茶匙

製作過程【丁】&【炒、爆炒】

1. 青椒對切一開二，去頭尾、籽與內側白色筋膜，切成寬 1 公分的長條狀後，再改刀切菱形小丁；紅辣椒去頭尾，對剖、去籽，亦改刀切菱形片；蒜頭切末；備用。
2. 大里肌肉切除筋膜，再切丁狀，入醃料醃入味備用。
3. 取鍋子加入油炸油 1/3 鍋，待油溫 140 度，放入肉丁，以中小火炸約 2 分鐘至熟，撈出備用。
4. 另取鍋子放入沙拉油，以中小火炒香蒜末、豆豉，再放入青椒、紅辣椒、水、調味料拌炒均勻。
5. 將材料炒熟後，放入肉丁續炒，以太白粉水勾薄芡，即可盛盤。

178

 重點步驟

1

取青椒去籽，以片刀直切長、寬 0.8~1.2 公分的寬條，再轉 90 度，切菱形小丁。

2

取豬里肌肉，切除筋膜，再切 1 公分厚片，續切 1 公分條，轉 90 度切出小丁狀。

3

大里肌肉切丁後，以醃料醃入味，再取油鍋，油溫 140 度炸熟。

4

取鍋子，放入 2 大匙的沙拉油，以中小火炒香蒜末、紅辣椒片及豆豉。

5

加入青椒、水、調味料拌炒均勻後，續加入豬肉丁。

6

完全混合炒熟後，再以太白粉水勾薄芡，即可盛盤。

 注意事項

1. 此道菜名為「辣豉椒」，調味料一定要有辣椒醬、豆豉等。
2. 肉丁亦可以開水燙熟，但需確定有熟。
3. 大里肌肉切割肉丁，大小、刀工力求一致（可參考 65 頁切法）。
4. 豆豉、辣椒醬都有鹹度，因此要注意調味料及鹽巴量，不要太鹹。
5. 青椒不要炒太熟，避免變色影響外觀。
6. 盤飾可排可不排，若要排入，需燙熟，有加分的效果。

醬燒筍塊

材料

冬瓜醬 1 大匙、黃豆醬 1 大匙、桶筍 1.5 支、紅蘿蔔水花片 1 式（6 片）、蔥 30 克、薑水花片 1 式（6 片）、蒜頭 10 克

調味料

沙拉油 2 大匙、冬瓜醬 1 大匙、黃豆醬 1 大匙、砂糖 1 大匙、料理米酒 1 大匙、香油 1 大匙、醬油 1/2 大匙、水 1 量杯

芡汁

太白粉 1 大匙、水 2 大匙

作過程【滾刀塊】&【紅燒】

1. 桶筍切滾刀塊，紅蘿蔔切指定水花片 1 式，蔥切段，中薑切水花片，蒜頭去皮切片；備用。
2. 起水鍋，汆燙筍塊去除酸味，約燙 5 分鐘撈出；另將冬瓜醬的冬瓜切小丁；備用。
3. 另起油鍋，油溫 180 度，將筍塊炸到上色，瀝油備用。
4. 取鍋子，放 2 大匙的沙拉油，以中小火炒香蔥白段、中薑水花片、蒜片，再加入筍塊、調味料、水。
5. 煮到入味，起鍋前放入紅蘿蔔水花片、蔥綠段，以太白粉水勾芡，湯汁濃稠後即可盛盤。

重 點 步 驟

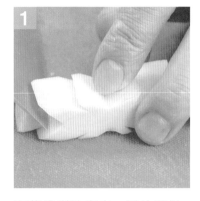

取薑塊刮除表皮,以片刀切出長四方塊後,再上下兩側切出蝴蝶翅膀紋路,再轉 90 度切片。

取桶筍以片刀一切為四長條,再將每一長條切割出一口大小的滾刀塊。

取桶筍切割滾刀塊,以熱水汆燙 5 分鐘去除酸味。

桶筍燙除酸味後擦乾水分,起油鍋炸到上色,撈起備用。

取鍋子放入沙拉油,以中小火炒香蔥段、薑片、蒜片後放入全部食材、水、調味料。

最後加入紅蘿蔔水花片、蔥綠段,勾芡適當的濃稠度即可。

注意事項

1. 桶筍一定要汆燙去除酸味,口感較佳(可參考 53 頁切法)。
2. 桶筍過油時,必須先把水分擦乾,以免油爆。
3. 冬瓜醬、黃豆醬本身已有鹹度,要注意鹽巴用量。
4. 醬燒時,一定要用中小火,以免水分太快蒸發,成品容易焦掉。
5. 芡汁勿太黏稠而影響觀感跟口感。

🍄 301-11 組 🍄

1. 燴咖哩雞片 中　　**2. 酸菜炒肉絲** 中　　**3. 三絲淋蛋餃** 難

名稱	數量	刀工	受評刀工（公分）（高＝厚度）
1. 乾木耳	1大片／5克	切絲	1. 木耳絲（泡開後8克以上）⋯⋯ 寬0.2~0.4，長4~6
2. 蝦米	2克	切末	
3. 桶筍	1/2支	切絲	2. 筍絲（30克以上）⋯⋯⋯ 寬、高0.2~0.4，長4~6
4. 酸菜心	180克	切絲	
5. 洋蔥	1/4個	切片	3. 酸菜絲（切完）⋯⋯⋯⋯ 寬、高0.2~0.4，長4~6
6. 青椒	1/2個	切片	
7. 紅蘿蔔	1條／300克	切2種水花（各6片）、切絲	4. 青椒片（切完）⋯⋯⋯⋯ 長3~5，寬2~4
8. 蔥	100克	切段、切絲	5. 紅蘿蔔絲（20克以上）⋯⋯ 寬、高0.2~0.4，長4~6
9. 薑	80克	切絲、切末	6. 蔥段（10克以上）⋯⋯⋯ 長3~5直段或斜段
10. 蒜頭	10克	切片、切末	
11. 紅辣椒	1條	切絲	7. 蔥絲（5克以上）⋯⋯⋯ 寬、高0.3以下，長4~6
12. 大黃瓜	1截／6公分長	切盤飾	8. 里肌肉絲（切完）⋯⋯⋯ 寬、高0.2~0.4，長4~6
13. 豬絞肉	80克		
14. 大里肌肉	160克	切絲	9. 雞片（切完）⋯⋯⋯⋯⋯ 長4~6，寬2~4，高0.4~0.6
15. 雞胸肉	1/2付	去骨切片	
16. 雞蛋	4個	洗淨	

指定水花（3選1）

指定盤飾（3選2）

(1) 大黃瓜、紅辣椒　　(2) 大黃瓜　　(3) 大黃瓜、紅辣椒

燴咖哩雞片

材料
咖哩粉 1/2 大匙、椰漿 2 大匙、洋蔥 1/4 個、青椒 1/2 個、紅蘿蔔水花片 2 式（各 6 片）、雞胸肉 1/2 付

醃肉料
料理米酒 1 大匙、太白粉 1 茶匙

調味料
沙拉油 1 大匙、咖哩粉 1/2 大匙、椰漿 2 大匙、鹽 1/2 茶匙、砂糖 1 茶匙、香油 1 茶匙、水 1/2 量杯

芡汁
太白粉 1 大匙、水 2 大匙

製作過程【片】&【燴】

1. 洋蔥切成菱形片；青椒去籽、去白色內膜，切成長條狀，再改刀切成菱形片；紅蘿蔔切成指定的水花片；備用。
2. 雞胸肉去骨和皮後，先切除旁邊不規則餘肉，再逆紋斜刀切成片狀，以醃料醃入味。
3. 取鍋子，加入炸油 1/4 鍋，油溫 160 度時，一片一片放入雞片炸熟撈出。
4. 取鍋子，放 1 大匙沙拉油，用中小火先炒香洋蔥片，再放入全部食材、調味料、水，煮熟後放入雞片。
5. 最後以太白粉水勾芡，再淋上少許香油即可盛盤。

 重 點 步 驟

1

取青椒去籽,以片刀直切 2 公分寬條,再轉 90 度斜切菱形片。

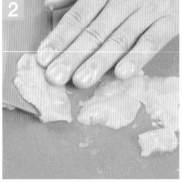

2

取雞胸肉,去皮、去骨後,以片刀去除筋膜,由外往內斜切厚 0.4~0.6 公分的薄片。

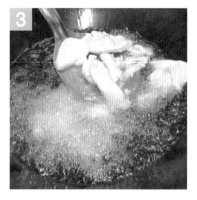

3

雞胸肉切片、加醃料醃至入味後,放入油鍋炸熟。

4

將炸熟的肉片撈起,瀝乾油分備用。

5

取鍋子,放入 1 大匙沙拉油炒香洋蔥片,再放入全部食材拌炒均勻。

6

最後加入水和調味料,拌炒後加入太白粉水勾芡即可。

注意事項

1. 雞肉片一定要片薄,以 0.4 公分為佳,油炸溫度需注意,勿炸過老,肉質口感較佳。
2. 需注意咖哩粉濃稠度,避免久煮而變黑,影響外觀。
3. 青椒容易變色,勿煮過熟,宜注意成品顏色。
4. 需有燴汁,指定材料、水花一定要放入一起煮,務必注意。
5. 勾芡勿太濃,以免影響外觀賣相。

酸菜炒肉絲

材料
酸菜 180 克、蒜頭 5 克、蔥 10 克、薑 5 克、紅辣椒 1 條、大里肌肉 160 克

醃肉料
料理米酒 1 大匙、太白粉 1 茶匙

調味料
沙拉油 2 大匙、鹽 1/6 茶匙、砂糖 1 大匙、香油 1 大匙、水 1/3 量杯

作過程【絲】&【炒、爆炒】

1. 酸菜心切絲、蒜頭切末、蔥切段、中薑切絲、紅辣椒去籽切絲，大里肌肉去筋膜後順紋切絲、入醃料醃入味；備用。
2. 取鍋子加水 1/3 鍋，汆燙酸菜約 5 分鐘，去除酸味、鹹味。
3. 起油鍋 1/4 鍋，將大里肌肉過油至熟撈起，瀝乾油分，備用。
4. 取鍋子放 2 大匙沙拉油，以中小火炒香蒜末、蔥白段、中薑絲後，放入酸菜絲、紅辣椒絲、調味料及水，拌炒均勻。
5. 將酸菜入鍋炒出香味，續放入肉絲、蔥綠段，拌炒後加入香油即可。

 重 點 步 驟

取酸菜切除酸菜心,攤開每片酸菜切齊頭尾,再直刀切割 0.4 公分內的絲狀。

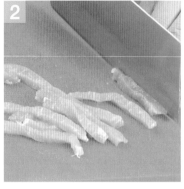

取豬里肌肉,以片刀切除筋膜,再切 0.4 公分厚片,將每片切出寬 0.4 公分內的絲。

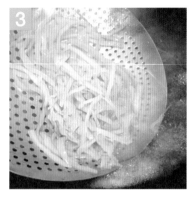

取酸菜絲,起水鍋汆燙去除酸味,撈起瀝乾水分備用。

取里肌肉絲,加入醃料醃入味,熱鍋冷油,以中小火放入肉絲拌開。

將肉絲以中小火油泡至熟,撈起瀝乾油分備用。

取鍋子放入 2 大匙沙拉油,以中小火炒香蒜末、中薑絲、蔥白段後,再放入全部食材、水、調味料及蔥綠段,拌炒均勻即可。

 注意事項

1. 酸菜本身有酸度,因此要先汆燙去除酸味。
2. 酸菜本身有鹹度,汆燙去除部分鹹味後,仍需注意鹽巴的用量。
3. 大里肌肉逆紋切絲,要以熱鍋冷油過油,口感會較好(可參考 64 頁切法)。
4. 蔥綠段最後放,以免變黃,影響菜的外觀。
5. 材料切絲,刀工需力求粗細一致。

301~11 組 3　三絲淋蛋餃

材 料
乾木耳 1 大片、蝦米 2 克、桶筍 1/2 支、紅蘿蔔 20 克、
蔥 5 克、薑 5 克、絞肉 80 克、雞蛋 4 個

醃肉料（餡料）
料理米酒 1 大匙、太白粉 1 茶匙

調味料
蛋皮：太白粉 1 大匙、水 1 大匙（溶解後與雞蛋混合成蛋液）
淋汁：沙拉油 1 大匙、鹽 1 茶匙、砂糖 1 大匙、香油 1 大匙、水
1 量杯

芡 汁
太白粉 2 大匙、水 4 大匙

作過程【絲】&【淋溜】

1. 乾木耳泡軟切絲，桶筍切絲汆燙，紅蘿蔔切絲備用。
2. 蛋餃內餡：蝦米泡軟剁碎，蔥切末，中薑切末，將內餡豬絞肉加入醃肉料拌勻，備用。
3. 蛋分三段式打蛋法將蛋液打散，加入太白粉、水拌勻成蛋液。
4. 取鍋子，燒鍋 1 分鐘、回溫 20 秒後，放入 1/2 大匙沙拉油，搖動鍋身，讓油均勻附著在鍋底，再把多的油倒出或用紙巾擦拭，轉小火放入蛋液煎成蛋皮，共煎 6 片。煎好 6 片蛋皮後，將餡料放入蛋皮中，對折成半圓形，再以碗蓋住，刀子順著碗切成半圓形，另起蒸籠鍋，蒸約 5 分鐘起鍋。
5. 另取鍋子加入調味料及三絲材料，待沸，以太白粉水勾芡，加入香油，淋上蛋餃即成。

 重‧點‧步‧驟

蛋分三段式打法放入太白粉、水、調味料拌勻。

將雞蛋打出後，加入太白粉水混合打散，分成六小碗。

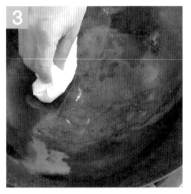

將炒鍋以中火燒鍋 1 分鐘、回溫 20 秒後，加入沙拉油 1 大匙，再以兩張紙巾擦拭鍋子。

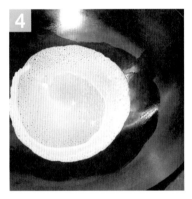

燒鍋 1 分鐘、回溫 20 秒後加入沙拉油，以紙巾略擦乾油分後，加入蛋液煎蛋皮。

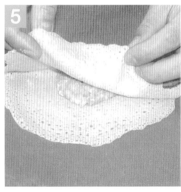

蛋液煎成蛋皮後取出，均勻放入肉餡，再將蛋皮對折成半圓形。

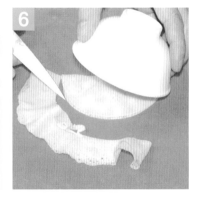

以碗蓋住、切除多餘蛋皮呈半圓形狀，依序切出 6 個，入蒸籠鍋中蒸約 5 分鐘。另取鍋子製作三絲芡汁，淋在蛋餃上即成。

注意事項

1. 蛋液中加太白粉水，可以增加蛋皮的韌度。
2. 蛋皮建議多煎一片，可煎七片，以免破裂無多餘材料可重包，致成品不足 6 人份。
3. 蛋皮大小、形狀力求近似，餡料亦要平均分布 6 等份。
4. 以飯碗蓋住蛋皮再切割，形狀較美觀。
5. 勾芡濃度需注意不要太濃，以免影響外觀、口感。

1. 雞肉麻油飯 難　　**2. 玉米炒肉末** 中　　**3. 紅燒茄段** 中

名稱	數量	刀工	受評刀工（公分）（高＝厚度）
1. 長糯米	220克	洗淨	1. 乾香菇片（4朵切完）…… 寬2~4
2. 乾香菇	4朵／直徑4公分	切片	
3. 玉米粒	150克	洗淨	2. 五香大豆乾粒（切完） 長、寬、高0.4~0.8
4. 五香大豆乾	1/2塊	切粒	
5. 老薑	100克	切大片、切菱形片	3. 青椒粒（切完）…… 長、寬0.4~0.8
6. 青椒	1/3個／40克	切粒	4. 紅蘿蔔粒（20克以上） 長、寬、高0.4~0.8
7. 紅蘿蔔	1條／300克	切粒、切2種水花（各6片）	5. 蔥段（20克以上）…… 長3~5直段或斜段
8. 蔥	50克	切段	6. 薑片（10克以上）…… 長2~3、寬1~2、高0.2~0.4
9. 蒜頭	20克	切末、切片	
10. 茄子	2條	切段	7. 蒜末（10克以上）…… 0.3以下
11. 紅辣椒	1條	切圓片盤飾	
12. 小黃瓜	1條	切盤飾	8. 里肌肉片（切完）…… 長4~6，寬2~4，高0.4~0.6
13. 大黃瓜	1截／6公分長	切盤飾	
14. 豬絞肉	80克		9. 仿雞腿塊（全部剁完）…… 長2~4不規則塊狀，需帶骨
15. 大里肌肉	100克	切片	
16. 仿雞腿	1支／300克	剁雞塊	

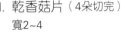
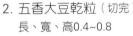
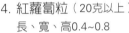

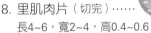

指定水花（3選1）

指定盤飾（3選2）

(1) 大黃瓜、小黃瓜、紅辣椒　　(2) 大黃瓜、紅辣椒　　(3) 小黃瓜

雞肉麻油飯

材料
米酒 1/2 量杯、胡麻油 4 大匙、長糯米 220 克、乾香菇 4 朵、老薑 60 克、仿雞腿 1 支

調味料
胡麻油 4 大匙、料理米酒 1/2 量杯、醬油 2 大匙、砂糖 1 茶匙、水 1 量杯

作過程【塊】&【生米燜煮】

1. 老薑洗淨（不去皮）切約 0.2 公分厚片，乾香菇以熱開水燙軟或泡軟後切斜片。
2. 仿雞腿剁塊，邊寬 2~4 公分，備用。
3. 將長糯米洗淨，瀝乾水分備用。
4. 取鍋子放入 4 大匙的胡麻油，用中小火炒香老薑片，續放入雞腿塊炒到半熟，倒入 1 杯水、1/2 杯料理米酒，加入長糯米、香菇片略炒。
5. 以中小火略拌炒至沸騰，攤平雞肉與長糯米，蓋上鍋蓋，以小火煮 25~30 分鐘至熟，取出盛盤即成。

重點步驟

香菇以熱水燙熟至軟,撈出過冷,去蒂,以片刀斜切片狀。

取雞腿,以剁刀小心的將雞腿剁成條,再轉 90 度剁成 4 公分內的塊。

取鍋放入胡麻油,以中小火炒香老薑片至金黃色。

放入雞腿塊,以中小火炒香至雞肉呈半熟狀。

將雞肉炒至半熟,加入長糯米、香菇片、水、料理米酒及所有調味料。

放入長糯米、香菇、料理米酒、醬油等調味料一起略煮,蓋上鍋蓋,以中小火煮到熟透即可。

 注意事項

1. 規定:老薑切 0.2 公分厚片,不能去皮,中小火爆香。
2. 炒香老薑片時,一定得放胡麻油,且用中小火炒香。
3. 糯米飯一定要蓋鍋蓋以中小火燜熟,切記米粒不能夾生,會有鍋粑微焦,是正常現象。
4. 雞腿剁塊大小力求近似,需連骨帶皮剁塊,且一定要煮熟。
5. 燜煮麻油飯,長糯米需攤平泡到湯汁,避免黏在鍋邊或雞塊上而夾生。

玉米炒肉末

材料

玉米粒 150 克、五香大豆乾 1/2 塊、青椒 1/3 個、紅蘿蔔 1/3 條、蒜頭 10 克、豬絞肉 80 克

調味料

沙拉油 2 大匙、鹽 1 茶匙、香油 1 茶匙、胡椒粉 1/2 茶匙、砂糖 1 茶匙、水 1/3 量杯

芡汁

太白粉 1 茶匙、水 2 茶匙

製作過程【末、粒】&【炒】

1. 將五香大豆乾切粒；青椒去頭尾、去籽、去內側白色膜，切成粒；紅蘿蔔切粒；蒜頭切末；備用。
2. 取鍋子加入清水，待沸，燙熟紅蘿蔔粒。
3. 取鍋子，放入 1.5 大匙的沙拉油，以中小火炒香蒜末、紅蘿蔔粒。
4. 再放入豬絞肉炒香後，加入全部食材（除青椒粒不放入）與調味料、水拌炒均勻。
5. 最後放入青椒粒炒熟，以太白粉水微勾薄芡，淋上少許香油，即可盛盤。

 重點步驟

取大黑豆乾，以片刀直切 0.8
公分內的片，再切成條，轉
90 度切出粒狀。

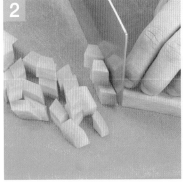

取紅蘿蔔，以片刀切出 0.8 公
分內的片狀，再切條狀，轉
90 度切出粒狀。

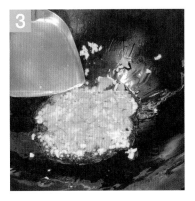

取鍋子加入沙拉油，以中小
火炒香蒜末、紅蘿蔔粒。

爆香後再放入豬絞肉，以中
小火炒熟豬絞肉。

待豬絞肉炒熟，放入所有調
味料及材料（除青椒粒不放
入）。

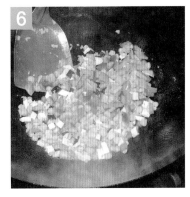

最後放入青椒粒，炒熟後微
勾薄芡，淋上少許香油即可。

 注意事項

1. 青椒粒最後放，可以增加此道菜的鮮綠感，但不可煮太久，以免變黃。
2. 此道菜以玉米粒為主要材料，因此其他食材刀工應求一致。
3. 玉米粒本身略有鹹度，在調味時要注意不要太鹹。
4. 肉末指的是豬絞肉，拌炒時若有結塊，要弄碎。

紅燒茄段

材 料
茄子 2 條、紅蘿蔔水花片 2 式（各 6 片）、蔥 20 克、老薑 10 克、蒜頭 8 克、大里肌肉 100 克

醃肉料
料理米酒 1 大匙（上漿用）、太白粉 1 茶匙

調味料
沙拉油 1 大匙、醬油 2 大匙、砂糖 1 大匙、香油 1 小匙、水 1 量杯

芡 汁
太白粉 1 茶匙、水 2 茶匙

製作過程【段、片】&【紅燒】

1. 茄子去頭尾，先切成約 4~6 公分小段再對剖；紅蘿蔔切成 2 種指定的水花片；蒜頭切片；薑切片；蔥切段；大里肌肉（去筋膜）切成 0.4 公分薄片。

2. 大里肌肉加入醃肉料，拌勻備用。

3. 取鍋子加入炸油 1/4 鍋，待 180 度，放入茄段炸軟、炸定色備用。

4. 大里肌肉一片一片放入油鍋過油備用。

5. 另取鍋子，加入 1 大匙的沙拉油，炒香蒜片、薑片、蔥白後，加入全部食材、水、調味料，略微收汁、入味，微勾薄芡再淋上少許香油，即可盛盤。

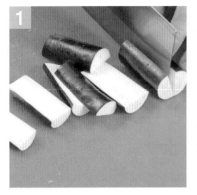

1 取茄子，以片刀將茄子切段、每段長 4~6 公分，再一切為二即成茄段。

2 里肌肉切除筋膜，再逆紋切薄片，加入醃肉料醃 5 分鐘

3 起油鍋，油溫 180 度炸茄段，約炸 30 秒至上色，撈起瀝油。

4 大里肌肉切片加入醃肉料，過油至熟，撈出備用。

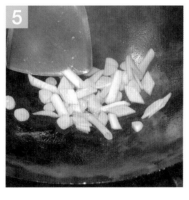

5 取鍋子，放入 1 大匙的沙拉油，以中小火炒香蔥白、蒜片、薑片。

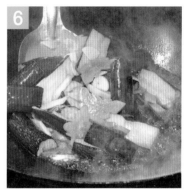

6 放入全部食材、調味料、水，烹煮至湯汁略微收乾，以太白粉水勾薄芡、再淋上少許香油即可。

注意事項

1. 茄段一定要高溫過油，才可以呈現鮮豔紫色（可參考 42 頁切法）。
2. 炸茄段油溫要高，約 160~180 度。
3. 炸茄段前，要把茄段水分擦乾，以免油爆。
4. 預防茄子在切割時氧化變色，可先泡在醋水或鹽水中。
5. 紅燒的調味料，指的是醬油、糖及沙拉油，因茄子會吸油，勿放太多沙拉油。

1. 西芹炒雞片 中

2. 三絲淋蒸蛋 難

3. 紅燒杏菇塊 易

名稱	數量	刀工	受評刀工（公分）（高＝厚度）
1. 乾香菇	1朵／直徑4公分	切絲	1. 桶筍絲（40克以上）⋯⋯⋯⋯ 寬、高0.2~0.4，長4~6
2. 桶筍	1/2支／100克	切絲	2. 西芹片（整支切完）⋯⋯⋯ 長3~5，寬2~4
3. 西芹	1單支／80克	刮皮切片	3. 紅辣椒片（切完）⋯⋯⋯⋯ 長2~3，寬1~2，高0.2~0.4
4. 紅蘿蔔	1條／300克	切2種水花（各6片）、切塊	4. 薑片（10克以上）⋯⋯⋯ 長2~3，寬1~2，高0.2~0.4
5. 紅辣椒	1條	切菱形片、切圓片盤飾	5. 蔥絲（10克以上）⋯⋯⋯ 寬、高0.3，長4~6
6. 蒜頭	20克	切片	6. 薑絲（10克以上）⋯⋯⋯ 寬、高0.3，長4~6
7. 蔥	80克	切絲、切段	7. 杏鮑菇塊（切完）⋯⋯⋯⋯ 邊長2~4滾刀塊
8. 薑	80克	切菱形片、切絲	8. 里肌肉絲（切完）⋯⋯⋯ 寬、高0.2~0.4，長4~6
9. 杏鮑菇	2支／200克	切滾刀塊	9. 雞片（切完）⋯⋯⋯⋯⋯ 長4~6，寬2~4，高0.4~0.6
10. 小黃瓜	1條	切盤飾	
11. 大黃瓜	1截／6公分長	切盤飾	
12. 大里肌肉	100克	切絲	
13. 雞胸肉	1/2付	去骨切片	
14. 雞蛋	4個	洗淨	

指定水花（3選1）

  ✓

指定盤飾（3選2）

 ✓  ✓

(1) 大黃瓜、小黃瓜、紅辣椒　　(2) 大黃瓜、紅辣椒　　(3) 小黃瓜

西芹炒雞片

材料

西芹 1 單支、紅蘿蔔水花片 2 式（各 6 片）、紅辣椒 1 條、蒜頭 10 克、薑 10 克、雞胸肉 1/2 付

醃肉料

料理米酒 1 大匙、太白粉 1 茶匙

調味料

沙拉油 2 大匙、鹽 1 茶匙、砂糖 1 茶匙、香油 1 大匙、水 1/3 量杯

芡汁

太白粉 1 茶匙、水 2 茶匙

製作過程【片】&【炒、爆炒】

1. 將西芹去除粗纖維，切 0.5 公分厚菱形片；紅辣椒去頭去尾、去籽及內側白膜，再切菱形片；紅蘿蔔切成規定的水花片；蒜頭切片；薑切片；備用。
2. 雞胸肉去皮、去骨後，逆紋切薄片，以醃料醃約 5 分鐘。
3. 鍋中加水，待沸，將雞肉片燙熟，約燙 2 分鐘，撈出備用。
4. 另取鍋子加入沙拉油，爆香蒜片、薑片，加入西芹片、紅蘿蔔水花片、紅辣椒片、調味料和水 1/3 量杯煮開。
5. 續放入雞肉片拌炒均勻至熟後，以太白粉水勾芡，淋上香油即可盛盤。

   **重點步驟**

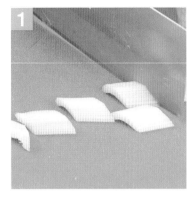

取西芹，拔除分叉葉梗，以刮皮刀刮除表皮，再以片刀斜切菱形片。

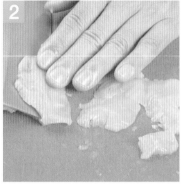

雞胸肉去皮、去骨及筋膜後，以片刀斜 45 度切割雞肉片，厚度 0.4 公分。

雞肉片以醃肉料抓醃後，鍋子加水待沸，放入雞肉片汆燙至熟撈出。

另取鍋子加入沙拉油，放入蒜片、薑片，以中小火爆香。

爆香後放入西芹片、紅辣椒片、指定紅蘿蔔水花片及所有調味料。

加入所有調味料後，再放入雞肉片拌炒均勻至熟，以太白粉水勾芡即成。

 注意事項

1. 雞胸肉片逆紋切片狀，厚度0.4公分，肉質口感較佳（可參考62頁切法）。
2. 雞胸肉片醃入味後，以中小火燙熟，肉質才會軟嫩。
3. 拌炒雞胸肉片時，需小心避免破裂，一定要炒熟。
4. 紅蘿蔔水花片需加入一起拌炒。
5. 最後將食材煮熟勾芡，勿太濃而結塊（亦可不勾芡）。

三絲淋蒸蛋

材料
乾香菇 1 朵、桶筍 1/2 支、蔥 10 克、薑 10 克、大里肌肉 100 克、雞蛋 4 個

醃肉料
料理米酒 1 大匙、太白粉 1 茶匙

調味料
三絲：鹽 1 茶匙、砂糖 1 茶匙、香油 1 大匙、水 1 量杯
蒸蛋：鹽 1 茶匙、砂糖 1 大匙、料理米酒 1 大匙、水 1.5 量杯

芡汁
太白粉 1 大匙、水 2 大匙

製 作過程【絲】&【蒸、羹】

1. 蔥切絲，乾香菇泡軟去蒂切絲，桶筍、中薑切絲；備用。
2. 大里肌肉切除筋膜、逆紋切絲，以醃肉料醃約 5 分鐘後燙熟。
3. 雞蛋以三段式打蛋法打出，放蒸蛋調味料、水 1.5 量杯打散、過濾，拌勻放入水盤，包上保鮮膜。
4. 起蒸籠鍋，水煮開後，放入蛋液以中大火蒸 10~12 分鐘，至蛋液凝固熟透後夾出。
5. 另取鍋子放 1 大匙沙拉油，加中薑絲、香菇爆香，依序放入燙熟的肉絲、筍絲，加水 1 量杯，煮開後續入三絲調味料，再以太白粉水勾薄芡，放入蔥絲、淋上香油，將三絲芡汁淋上蒸蛋即可。

   重點步驟

1. 取桶筍，以片刀切割頭尾 6 公分內的塊，轉 90 度切 0.4 公分片，再排成骨牌狀切 0.4 公分的絲。

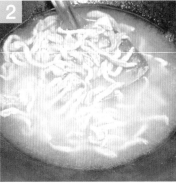

2. 取鍋子加入熱水，待沸，將醃過的肉絲放入燙熟後撈出。

3. 將蛋液加入 1.5 量杯清水，以打蛋器打散，加入調味料拌勻備用。

4. 加入清水 1.5 量杯，完全混合打散後，以細濾網過濾。

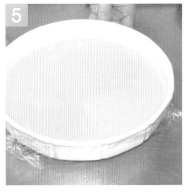

5. 將蛋液過濾到水盤後，取保鮮膜蓋住，放入蒸籠以中大火蒸 10~12 分鐘。

6. 另取鍋子，將所有三絲及調味料放入鍋中煮熟，以太白粉水勾芡，淋上蒸蛋即成。

 注意事項

1. 打散蛋液需以打蛋器或生食筷子打散。
2. 蒸蛋的蛋與水比例為 1:1.5，若擔心水太多，水量可稍微減少。
3. 蒸蛋一定要用中火蒸，需蓋上保鮮膜，否則會呈現蜂巢狀。
4. 蛋與水打散後需過濾雜質，口感比較綿密。
5. 蛋液味道若太淡，三絲材料的味道可以稍微加重。

紅燒杏菇塊

材 料
杏鮑菇 2 支、紅蘿蔔 1/2 條、蔥 5 克、薑 5 克、蒜頭 5 克

調味料
沙拉油 2 大匙、砂糖 1 大匙、白胡椒粉少許、料理米酒 1 大匙、蠔油 1 大匙、香油 1 茶匙、水 1 量杯

芡 汁
太白粉 1 茶匙、水 2 茶匙

作過程【滾刀塊】&【紅燒】

1. 蔥切斜段,薑切菱形片,蒜頭切片,紅蘿蔔與杏鮑菇切成滾刀塊;備用。

2. 起油鍋,油溫 180 度時將杏鮑菇、紅蘿蔔放入炸油中,約炸 2 分鐘炸到上色且表面有皺痕時起鍋,瀝乾油分。

3. 另取鍋子,加入 2 大匙的沙拉油,爆香蔥白段、中薑片、蒜片,再加入杏鮑菇、紅蘿蔔與調味料,煮滾後,轉小火燒煮約 1 分鐘,以太白粉水勾芡成濃稠狀,加入蔥綠段提綠即可盛盤。

 重 點 步 驟

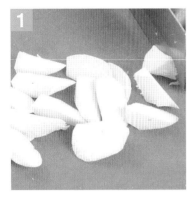

取洗淨的杏鮑菇塊,以片刀斜切一口大小的滾刀塊。

取紅蘿蔔,以片刀切割一口大小的滾刀塊。

將杏鮑菇、紅蘿蔔切滾刀塊後,以180度油溫油炸。

約炸1分鐘,炸到上色且有皺痕即可撈起。

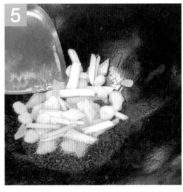

另取鍋子加入沙拉油,放入蔥白段、中薑片、蒜片,以小火爆出香氣。

放入調味料煮開後,再加入杏鮑菇、紅蘿蔔,以太白粉水勾芡,煮到濃稠上色後加入蔥綠段即可。

 注意事項

1. 傳統紅燒菜餚不可以勾芡,但新式烹調法可微勾薄芡加速濃稠。
2. 「紅燒」指用醬油、糖以小火煮到入味的烹調法。
3. 要有適度的醬汁,但醬汁不可過多而影響觀感。
4. 杏鮑菇、紅蘿蔔入鍋炸時,需擦乾水分,避免油爆。
5. 紅蘿蔔與杏鮑菇滾刀塊勿太大,以一口大小為宜(可參考41、50頁切法)。

1. 糖醋排骨 難　　　**2. 三色炒雞片** 中　　　**3. 麻辣豆腐丁** 中

名稱	數量	刀工	受評刀工（公分）（高＝厚度）
1. 乾香菇	2朵／直徑4公分	切片	1. 筍片（10片以上）……………… 長4~6，寬2~4，高0.2~0.4
2. 罐頭鳳梨	1圓片	切6小片	
3. 桶筍	1/2支	切片	2. 豆腐丁（切完）……………… 長、寬、高各0.8~1.2
4. 板豆腐	400克	切丁	
5. 洋蔥	1/4個	切片	3. 青椒片（切完）……………… 長3~5，寬2~4
6. 青椒	1/2個	切片	
7. 紅辣椒	1條	切末、切盤飾圓片	4. 洋蔥片（20克以上）……… 長3~5，寬2~4
8. 蒜頭	20克	一半切末、一半切片	
9. 小黃瓜	2條	1條切片、1條切盤飾	5. 小黃瓜片（1條切完）……… 長4~6，寬2~4，高0.2~0.4
10. 大黃瓜	1截／6公分長	切盤飾	6. 蔥花（20克以上）……… 長、寬、高0.2~0.4
11. 紅蘿蔔	1條／300克	切2種水花（各6片）	7. 蒜末（10克以上）……… 0.3以下
12. 蔥	50克	切蔥花	
13. 薑	50克	切末、切片	8. 小排骨塊（剁完）……… 邊長2~4不規則塊狀
14. 小排骨	300克	剁塊	
15. 豬絞肉	50克		9. 雞片（切完）……………… 長4~6，寬2~4，高0.4~0.6
16. 雞胸肉	1/2付	去骨切片	

指定水花（3選1）

1 　　**2** 　　**3**  ✓

指定盤飾（3選2）

1 　　**2**  ✓　　**3**  ✓

(1) 小黃瓜、紅辣椒　　(2) 大黃瓜、小黃瓜、紅辣椒　　(3) 大黃瓜

糖醋排骨

材 料
罐頭鳳梨 1 圓片、洋蔥 1/4 個、青椒 1/2 個、小排骨 300 克

醃肉料
料理米酒 1 大匙、太白粉 2 大匙

沾 粉
太白粉 2 大匙

調味料
沙拉油 1 大匙、番茄醬 3 大匙、砂糖 3 大匙、白醋 3 大匙、
香油 1 茶匙、水 1/3 量杯

芡 汁
太白粉 1 大匙、水 2 大匙

製作過程【塊、片】&【溜】

1. 罐頭鳳梨圓片切成 6 等分的扇形片，青椒切菱形片，洋蔥切片，備用。

2. 小排骨洗淨後，剁成 2.5~3 公分大小的方塊，放入醃肉料醃約 5 分鐘後，再沾上乾太白粉。

3. 起油鍋，油溫 160 度，將小排骨放入油鍋中，以中小火炸熟後，撈出瀝油，備用。

4. 另取鍋子，放入 1 大匙的沙拉油炒香洋蔥片後，放入鳳梨片、小排骨及調味料，煮開後放入青椒片，取太白粉水以小火勾芡，拌炒均勻即可盛盤。

青椒去籽洗淨,以片刀切割 2 公分寬條,再斜切菱形片。

將排骨洗淨,以剁刀小心剁切一口大小約 2.5~3 公分的塊狀。

將剁好的小排骨放入醃肉料醃約 5 分鐘,再沾上乾太白粉拌勻。

取油鍋,加入 1/3 鍋油炸油,待油溫 160 度,以中小火將排骨放入炸熟後撈出。

另取鍋子,加入沙拉油,以中小火炒香洋蔥片。

爆香後,加入所有材料及調味料,待熟後,加入青椒,以太白粉水勾芡,縮汁即成。

注意事項

1. 剁切排骨,若太大可將排骨橫切為二,一邊有骨頭、一邊有肉（可參考65頁切法）。
2. 炸小排骨油溫約為 140~160 度,油溫太低乾粉會掉;油溫太高易造成外焦內不熟。
3. 青椒建議最後放,可先過油,避免變色。
4. 糖醋醬比例為砂糖 1:白醋 1:番茄醬 1:水 2。
5. 烹調完成的菜餚成品,不得出油或夾生。

三色炒雞片

材料
乾香菇 2 朵、桶筍 1/2 支、小黃瓜 1 條、紅蘿蔔水花片 2 式（各 6 片）、薑 5 克、蒜頭 5 克、雞胸肉 1/2 付

醃肉料
料理米酒 1 大匙、太白粉 1 大匙

調味料
沙拉油 2 大匙、鹽 1/2 茶匙、砂糖 1 茶匙、香油 1 大匙、水 1/4 量杯

芡汁
太白粉 1 茶匙、水 2 茶匙

作過程【片】&【炒、爆炒】

1. 乾香菇燙至脹發、去蒂斜切片，桶筍切片，薑去皮切片，蒜頭切片，小黃瓜切片，備用；紅蘿蔔切成規定水花片。
2. 雞胸肉去皮去骨後，逆紋斜切成雞肉片，以醃料醃約 5 分鐘。
3. 起油鍋，熱鍋冷油，將醃好的雞肉片過油，到七、八分熟，撈出、瀝乾油分（亦可用水燙熟）。
4. 另取鍋子，加入 2 大匙沙拉油，爆香蒜片、薑片，加入已汆燙好的桶筍片。
5. 續加入雞肉片、香菇片，加水 1/4 量杯、調味料拌勻後，再加入小黃瓜片、紅蘿蔔水花片、桶筍片，拌炒均勻至熟後，微勾薄芡、淋上香油即可盛盤。

 重點步驟

1 取香菇以熱水燙熟軟化，去除蒂頭，以片刀斜 45 度切割片狀。

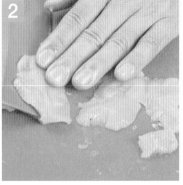

2 取洗淨去皮的雞胸肉，以片刀由外往內斜切片狀，厚 0.4~0.6 公分，寬 2~4 公分。

3 切好的雞胸肉片以醃料抓醃，用開水燙熟（或過油），約燙 2 分鐘。

4 另取鍋子加入沙拉油，以中小火爆香蒜片、薑片。

5 爆香後，加入所有調味料及桶筍片、小黃瓜片、紅蘿蔔水花片拌炒均勻。

6 加入調味料，將全部食材拌炒均勻後，加入燙熟雞片、香菇片煮熟，以太白粉水微勾薄芡，淋入香油即成。

 注意事項

1. 雞胸肉片一定要逆紋切片狀，肉質、口感較佳（可參考 62 頁切法）。
2. 雞肉片用熱鍋冷油，肉質才會嫩。
3. 雞肉片醃後，亦可以清水燙熟再炒。
4. 桶筍一定要汆燙，去除酸味及罐子味。
5. 爆香蒜片及薑片火候勿太大，避免燒焦。

麻辣豆腐丁

材料
板豆腐 400 克、蔥 20 克、紅辣椒 1 條、中薑 10 克、蒜頭 10 克、豬絞肉 50 克、辣豆瓣醬 1 大匙

調味料
沙拉油 2 大匙、醬油 1 大匙、花椒粒 1 茶匙、香油 1 大匙、辣豆瓣醬 1 大匙、砂糖 1 茶匙、水 1/2 量杯

芡汁
太白粉 1 大匙、水 2 大匙

作過程【丁、末】&【燒】

1. 將板豆腐切成 1 公分正四方丁，蔥切蔥花，蒜頭、薑、紅辣椒切末，備用。
2. 鍋中放入 2 大匙沙拉油，以中小火炒香中薑末、蒜末、紅辣椒末、花椒粒。
3. 續加入豬絞肉炒香，再放入調味料拌炒均勻，煮開後加入豆腐丁，續煮入味。
4. 再以太白粉水勾芡，加蔥花、香油拌勻後即可盛盤。

 重點步驟

取洗淨去頭的蔥，以片刀一切為二，合併排列後再切割0.4公分內的蔥花。

薑去皮，以片刀切薄片，再切絲，再剁成薑末。

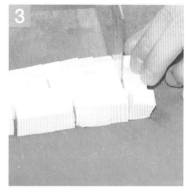

以片刀將豆腐橫切為二再直切條，轉90度切割1公分丁。

鍋中加入沙拉油2大匙，將花椒粒、中薑末、蒜末、紅辣椒末炒香，再加入豬絞肉以中小火炒熟。

將豬絞肉以中小火炒熟後，加入辣豆瓣醬炒出顏色與香氣。

將辣豆瓣醬炒出香氣後，加入所有調味料及豆腐丁煮至入味，以太白粉水勾芡，加入蔥花、香油略拌即成。

 注意事項

1. 此道菜要用板豆腐，規定豆腐丁破碎不得超過 1/4（可參考 52 頁切法）。
2. 以中小火炒香辣豆瓣醬後，顏色、香氣會更濃郁。
3. 以太白粉水勾芡，需以中小火勾芡，避免結塊。
4. 蔥花需最後放，避免久煮而變色、變黃。
5. 取用花椒粒勿太多，避免影響口感及觀感。

1. 三色炒雞絲 中

2. 火腿冬瓜夾 難

3. 鹹蛋黃炒杏菇條 中

名稱	數量	刀工
1. 乾木耳	2大片／10克	切絲
2. 家鄉肉	1塊	切片
3. 鹹蛋黃	2個	蒸熟剁碎
4. 青椒	1/2個	切絲
5. 紅蘿蔔	1條／300克	切絲、切1種水花（6片）
6. 紅辣椒	1條	切絲
7. 蔥	50克	切蔥花
8. 薑	120克	切絲、切1種水花（6片）
9. 冬瓜	600克	切雙飛片
10. 小黃瓜	1條	切盤飾
11. 大黃瓜	一截／6公分長	切盤飾
12. 杏鮑菇	2支	切條
13. 蒜頭	20克	切末，兩道菜用
14. 雞胸肉	1/2付	去骨切絲

受評刀工（公分）（高＝厚度）

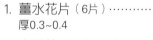

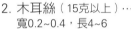

1. 薑水花片（6片）‧‧‧‧‧‧‧‧‧‧‧‧‧‧‧
   厚0.3~0.4

2. 木耳絲（15克以上）‧‧‧‧‧‧
   寬0.2~0.4，長4~6

3. 家鄉肉片（6片）‧‧‧‧‧‧‧‧‧
   長4~6，寬2~4，高0.2~0.4

4. 青椒絲（切完）‧‧‧‧‧‧‧‧‧‧‧
   寬、高0.2~0.4，長4~6

5. 紅蘿蔔絲（40克以上）‧‧‧‧‧
   寬、高0.2~0.4，長4~6

6. 紅辣椒絲（切完）‧‧‧‧‧‧‧‧‧
   寬、高0.3以下，長4~6

7. 薑絲（10克以上）‧‧‧‧‧‧‧‧‧‧‧‧‧‧‧
   寬、高0.3以下，長4~6

8. 冬瓜夾（6片夾）‧‧‧‧‧‧‧‧‧‧‧
   長4~6，寬3，高0.8~1.2雙飛片

9. 杏鮑菇條（切完）‧‧‧‧‧‧‧‧‧‧‧
   寬、高各0.5~1，長4~6

10. 雞肉絲（切完）‧‧‧‧‧‧‧‧‧‧
    寬、高0.2~0.4，長4~6

指定水花（3選1）

 ✓

指定盤飾（3選2）

 ✓

 ✓

(1) 大黃瓜、小黃瓜、紅辣椒　　　(2) 紅蘿蔔　　　(3) 大黃瓜

三色炒雞絲

材 料
乾木耳 2 大片、青椒 1/2 個、紅蘿蔔 1/4 條、紅辣椒 1 條、薑 30 克、蒜頭 5 克、雞胸肉 1/2 付

醃肉料
料理米酒 1 大匙、太白粉 1 大匙

調味料
沙拉油 2 大匙、鹽 1 茶匙、砂糖 1 茶匙、香油 1 大匙、水 1/3 量杯

芡 汁
太白粉 1 茶匙、水 2 茶匙

製作過程【絲】&【炒、爆炒】

1. 乾木耳泡軟切絲，青椒、紅辣椒去籽切絲，紅蘿蔔切絲，薑洗淨切絲，蒜頭洗淨切末；備用。
2. 雞胸肉去皮去骨後，以片刀順紋切片再切絲，放入醃肉料抓醃 5 分鐘備用。
3. 取油鍋 1/4 鍋，熱鍋冷油，將雞肉絲油泡到七、八分熟，撈出瀝油。
4. 另取鍋子，放入 2 大匙的沙拉油爆香薑絲、蒜末及紅辣椒絲後，依序放入紅蘿蔔絲、木耳絲、青椒絲炒熟。
5. 續加入雞肉絲與調味料拌炒均勻，最後以太白粉水勾薄芡即可盛盤。

將木耳洗淨，以熱水燙至脹發、過冷，以片刀切除頭尾，再將木耳捲摺，切 0.4 公分的絲。

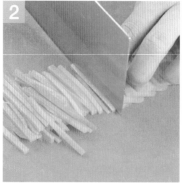

取紅蘿蔔，以片刀切取長 6 公分內的塊，再切 0.4 公分薄片，再切絲。

雞胸肉順紋切絲，以醃肉料醃後，以熱水燙熟或熱鍋冷油泡熟。

另取鍋子加入沙拉油，以中小火炒香蒜末、薑絲及紅辣椒絲。

爆香後，放入清水、加入紅蘿蔔絲拌炒約 20 秒。

依序加入木耳、青椒炒熟，加入過油後的雞肉絲、調味料、水，以中火拌炒均勻，再微勾薄芡即可。

注意事項

1. 雞肉絲過油時，一定要熱鍋冷油，肉質才會嫩；亦可以熱水汆燙熟。
2. 雞肉一定要順紋切絲，才不容易炒碎斷（可參考 61 頁切法）。
3. 爆香薑絲、蒜末及紅辣椒絲需以中小火，避免火太大而燒焦。
4. 切割絲狀，力求刀工粗細一致。
5. 以太白粉水勾芡，應避免太濃而結塊。

火腿冬瓜夾

材料
家鄉肉 1 塊、冬瓜 1 台斤、紅蘿蔔水花片 1 式（6 片）、薑水花片 1 式（6 片）

調味料
鹽 1 茶匙、料理米酒 1 大匙、砂糖 1 茶匙、香油 1 大匙、水 1 量杯

芡汁
太白粉 1 大匙、水 2 大匙

作過程【雙飛片、片】&【蒸】

1. 冬瓜以片刀去皮後，以片刀逆紋切成 0.8~1.2 公分厚的雙飛片，家鄉肉切長四方片備用。
2. 將家鄉肉片與薑水花片重疊一組，排列整齊。
3. 以手翻開冬瓜片，再夾入排列整齊的家鄉肉片、薑水花片後，紅蘿蔔水花片排在盤邊。
4. 將排列夾好的冬瓜夾排入瓷盤，放入蒸籠鍋，以大火蒸約 10 分鐘至熟，夾出備用。
5. 另取鍋子，入水 1/2 量杯及調味料煮開後，以太白粉水勾薄芡，再放入少許香油，淋上冬瓜夾即成。

 重點步驟

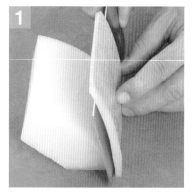

取冬瓜，以片刀切除內膜後，再小心的片切圓弧表皮。

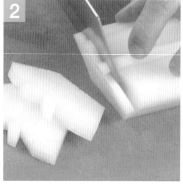

將冬瓜表皮圓弧切除後，在表皮下方切出鋸齒，方便快速蒸熟；再切成雙飛片。

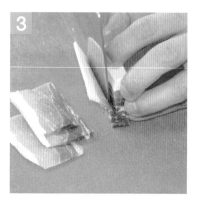

冬瓜切成雙飛片後，再以片刀小心切割家鄉肉薄片，每片厚 0.2~0.4 公分。

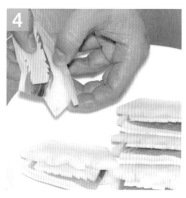

取冬瓜夾雙飛片依序放入家鄉肉、薑水花片夾好後，排入盤內呈骨牌狀。

將夾好的冬瓜夾排入盤內，再排入紅蘿蔔水花片，放入蒸籠鍋中蒸 10 分鐘至熟。

將蒸熟的冬瓜夾小心夾出；鍋中加入水 1/2 量杯及調味料，待沸，以太白粉水勾薄芡，加香油淋在冬瓜夾上即成。

 注意事項

1. 選購冬瓜：宜選購一整片厚塊，方可切成雙飛片（可參考 48 頁切法）。
2. 切割家鄉肉不可太厚，避免太鹹。
3. 切割冬瓜雙飛片，間隔為 0.8~1.2 公分的兩片不斷片狀。
4. 紅蘿蔔水花片以生的一式排在盤邊一起蒸熟。
5. 需注意，蒸熟的冬瓜為透明狀，乳白色為未熟。

302~3 組 3　鹹蛋黃炒杏菇條

材 料
鹹蛋黃 2 個、杏鮑菇 2 支、蔥 20 克、蒜頭 10 克

麵粉糊
麵粉 2/3 杯、太白粉 1/3 杯、泡打粉 1 茶匙、水 1/2 量杯、
沙拉油 1 大匙

調味料
沙拉油 2 大匙、鹽 1/4 茶匙、砂糖 1 茶匙

製 作過程【條】&【炸、拌炒】

1. 杏鮑菇以片刀切成長 6 公分、寬 1 公分條狀；蒜頭去皮切末；蔥洗淨切蔥花；鹹蛋黃蒸 10 分鐘至熟、壓扁切末；備用。
2. 取一鋼盆，加入麵粉料、水調合成麵糊，醒 10 分鐘。
3. 起油鍋 1/4 鍋，油溫 140 度改小火，將杏鮑菇沾裹麵糊全部放入，以中大火炸到金黃色且酥脆，約炸 1.5 分鐘、撈出瀝油。
4. 鍋子加油將蒜末以小火炒香後，放入鹹蛋黃碎，炒至蛋黃溶解膨漲起泡。
5. 將炸好的杏鮑菇條、蔥花、調味料放入，與鹹蛋黃拌炒均勻起鍋即成。

 重點步驟

將鹹蛋黃以蒸籠鍋蒸 10 分鐘蒸熟、小心夾出，用片刀壓扁，再剁切成末。

取杏鮑菇洗淨，以片刀長度一切為二後，再切 1 公分厚片，再順紋切 1 公分條狀。

杏鮑菇以片刀切成條狀後，裹上粉漿，均勻包覆每一條杏鮑菇。

一條一條放入油鍋炸，中大火炸約 1.5 分鐘，炸到呈金黃色。

炒香蒜末後加入鹹蛋黃，以小火炒散至發泡。

放入炸好的杏鮑菇、蔥花、調味料，拌勻起鍋。

 注意事項

1. 測試油溫可以蔥段測試，放入油鍋後兩邊冒泡就可以炸了。
2. 調製麵糊建議用中筋麵粉調好後，再加入沙拉油才會酥脆。
3. 杏鮑菇條，要裹麵糊炸熟（杏鮑菇條可參考 51 頁切法）。
4. 油炸溫度，宜高溫約 180 度中大火炸約 1.5 分鐘。
5. 鹹蛋黃需先蒸熟再壓碎或剁碎使用。
6. 拌炒鹹蛋黃碎需以小火慢炒至發泡後，再加入炸酥的杏鮑菇、蔥花與調味料等。

1. 鹹酥雞 中 　　**2. 家常煎豆腐** 中 　　**3. 木耳炒三絲** 中

名稱	數量	刀工
1. 乾木耳	4大片	切絲
2. 板豆腐	400克	切片
3. 蔥	50克	切段
4. 蒜頭	30克	切末、切片
5. 紅辣椒	1條	切絲，切盤飾
6. 九層塔	20克	去梗取葉
7. 紅蘿蔔	1條／300克	切2種水花（各6片）、切絲
8. 薑	100克	切菱形片、切絲
9. 青椒	1/2個	切絲
10. 小黃瓜	1條	切盤飾
11. 大黃瓜	一截／6公分長	切盤飾
12. 大里肌肉	150克	切絲
13. 雞胸肉	1付／360克	帶骨剁塊

受評刀工（公分）（高＝厚度）

1. 木耳絲（25克以上）⋯⋯⋯⋯⋯⋯⋯
   寬0.2~0.4，長4~6

2. 豆腐片（切完）⋯⋯⋯⋯⋯⋯
   長4~6，寬2~4，
   高0.8~1.5

3. 薑片（10克以上）⋯⋯⋯⋯⋯
   長2~3，寬1~2，高0.2~0.4

4. 青椒絲（切完）⋯⋯⋯⋯⋯
   寬、高0.2~0.4，長4~6

5. 紅蘿蔔絲（20克以上）⋯⋯⋯⋯
   寬、高0.2~0.4，長4~6

6. 紅辣椒絲（切完）⋯⋯⋯⋯⋯
   寬、高0.3以下，長4~6

7. 薑絲（10克以上）⋯⋯⋯⋯⋯⋯
   寬、高0.3以下，長4~6

8. 甲肌肉絲（切完）⋯⋯⋯⋯
   寬、高0.2~0.4，長4~6

9. 雞塊（切完）⋯⋯⋯⋯⋯⋯⋯
   邊長2~4的不規則塊狀，需帶骨

指定水花（3選1）

①
②  ✓
③

指定盤飾（3選2）

①
②  ✓
③  ✓

(1) 大黃瓜、小黃瓜、紅辣椒　　(2) 大黃瓜、紅蘿蔔　　(3) 大黃瓜

鹹酥雞

材 料
蒜頭 10 克、九層塔 20 克、雞胸肉 1 付
醃肉料
料理米酒 2 大匙、太白粉 1 大匙、五香粉 1/2 茶匙
沾 粉
地瓜粉 1/2 量杯
調味料
沙拉油 1 茶匙（另備鹽 1/2 茶匙、砂糖 1 茶匙、白胡椒粉 1/2 茶匙混合拌勻成胡椒鹽）

 作過程【塊】&【炸、拌炒】

1. 以片刀將蒜頭去皮切末；九層塔洗淨、去除枯萎葉片及硬梗；備用。
2. 雞胸肉以剁刀剁塊，大小以一口為基準，用醃肉料醃約 5 分鐘，沾裹 1/2 量杯地瓜粉。
3. 起油鍋，油溫約 160 度，將雞塊放入炸熟，約炸 4 分鐘瀝油，再以高油溫炸酥九層塔。
4. 另取鍋子加入沙拉油，以小火爆香蒜末，再放入已炸好的雞塊，將調味料混合後，熄火加入炸雞塊內拌炒，與炸好的九層塔拌均勻即可。

 重點步驟

將蒜頭以剪刀剪除頭尾，泡入清水中待表皮軟化、去皮，以片刀橫切片狀、再剁末。

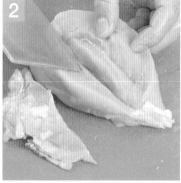

取洗淨去皮的雞胸，以剁刀直切肉到骨頭處剁斷、切條，轉 90 度再剁一口大小的塊。

雞胸肉剁塊後，用醃料醃約 5 分鐘，均勻沾上地瓜粉，備用。

將雞塊一塊、一塊放入油鍋炸到金黃酥脆熟透，撈出瀝乾油分，需確定有熟。

以油溫 180 度，將擦乾的九層塔炸酥，撈出濾油。

另取鍋子炒香蒜末後，再放入雞塊、調味料、胡椒鹽拌炒均勻，最後放入九層塔略拌即成。

 注意事項

1. 雞塊油炸溫度約為 140~160 度，炸好後，再用油溫約 180 度炸到上色，亦可逼油搶酥，口感更佳（雞塊切法可參考 63 頁）。
2. 九層塔需擦乾後再炸，溫度亦為 180℃之高油溫。
3. 炒香辛香料時，需以小火炒香、殺青，避免燒焦。
4. 雞肉沾上地瓜粉後，靜置待反潮，粉會黏得更緊實。
5. 九層塔需與雞塊拌均勻，需小心略拌，避免九層塔破裂。

家常煎豆腐

材料

板豆腐 400 克、蔥 15 克、薑 10 克、蒜頭 10 克、紅蘿蔔水花片 2 式（各 6 片）

調味料

沙拉油 2 大匙、醬油 2 大匙、料理米酒 1 大匙、黑醋 1 大匙、砂糖 1 茶匙、香油 1 茶匙、水 1/2 量杯

製作過程【片】&【煎】

1. 將板豆腐以片刀去豆腐邊，切成長四方形的豆腐片。
2. 將蔥切段、蒜頭切片、薑去皮切片、紅蘿蔔切成指定的 2 種水花片，備用。
3. 取鍋子燒鍋後，加入沙拉油將豆腐片煎至雙面呈金黃色。
4. 另取鍋子，放入 2 大匙的沙拉油，依序放蔥段、蒜片、薑片炒香後，放入紅蘿蔔水花片及調味料煮開，再將豆腐放入。
5. 以中小火燒約 4 分鐘拌勻收汁，即可盛盤。

重 點 步 驟

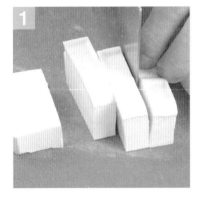

取板豆腐一塊，以片刀小心取中心線一切為二，再二切為四。

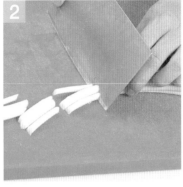

取洗淨去頭的青蔥，以片刀斜切 3 公分的蔥段。

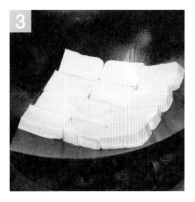

燒鍋 1 分鐘、回溫 20 秒後，加入沙拉油，放入切成長四方形的豆腐片再開火。

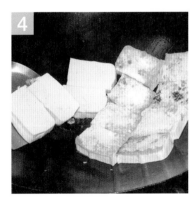

豆腐入鍋中以中小火煎成金黃色，以鍋鏟小心翻面，不可破裂。

餘油放入蔥段、蒜片、薑片炒香後，放入紅蘿蔔水花片及所有調味料。

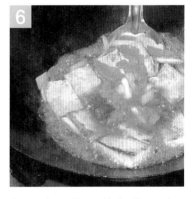

煮開後，放入煎好的豆腐片，以中小火燒煮至收汁即成。

注意事項

1. 豆腐不得沾粉，一定要用煎的方式烹調（可參考 52 頁切法）。
2. 煎豆腐一定要熱鍋熱油，否則不易成形，易破裂。
3. 煎豆腐需有 60% 以上上色且不得變形，焦黑處不可超過 10%。
4. 將豆腐以中小火煎約 2 分鐘，翻面續煎 2 分鐘。
5. 以鍋鏟將豆腐翻面需小心，可一次兩片、兩片翻面。

木耳炒三絲

材料
乾木耳 4 大片、青椒 1/2 個、紅蘿蔔 1/4 條、紅辣椒 1 條、薑 10 克、蒜頭 5 克、大里肌肉 150 克

醃肉料
料理米酒 1 大匙、太白粉 1 茶匙

調味料
沙拉油 2 大匙、鹽 1 茶匙、砂糖 1 茶匙、香油 1 大匙、水 1/3 量杯

芡汁
太白粉水 1 茶匙

製作過程【絲】&【炒、爆炒】

1. 乾木耳泡脹發切絲，青椒、紅辣椒去籽切絲，紅蘿蔔切絲，中薑切絲，蒜頭剁末；備用。
2. 大里肌肉去除白色筋膜後逆紋切絲，放入醃料抓醃 5 分鐘備用。
3. 起油鍋 1/4 鍋，熱鍋冷油，將豬肉絲油泡到七、八分熟，撈出瀝油備用。
4. 另取鍋子放入 2 大匙的沙拉油，依序放入薑絲、蒜末爆香，續入紅蘿蔔絲、木耳絲、紅辣椒絲、青椒絲及水 1/3 量杯炒熟。
5. 最後放入豬肉絲與調味料，拌炒均勻後以太白粉水勾薄芡，即可盛盤。

 重點步驟

1 取鍋子加水煮沸，放入木耳燙煮至脹發，撈出過冷後，以片刀切除蒂頭，捲起切 0.4 公分內的絲。

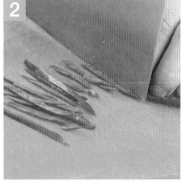

2 取紅辣椒，以片刀切除頭部，橫切為二、輕拍去籽，再切成絲狀。

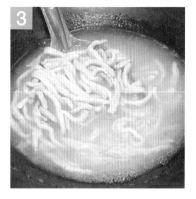

3 里肌肉逆紋切絲，以醃料抓醃後，過油燙熟或熱水燙熟。

4 另取鍋子加入沙拉油，以中小火炒香蒜末、中薑絲。

5 將蒜末、中薑絲略炒出香氣後，放入紅蘿蔔絲炒熟。

6 續加入木耳絲、青椒絲、紅辣椒絲及水拌炒均勻，再加入肉絲、調味料拌炒至熟，微勾薄芡即可。

 注意事項

1. 豬肉絲一定要逆紋切口感較佳（可參考切法 64 頁）。
2. 豬肉絲過油時，一定要熱鍋冷油，肉質才會嫩。
3. 以爆炒的方式烹調，不可有過多的湯汁。
4. 所有的材料一起爆炒，含木耳絲共有四種絲。
5. 太白粉勾芡勿太濃，以免結塊。

1. 三色雞絲羹 難　　　　**2. 炒梳片鮮筍** 中　　　　**3. 西芹拌豆乾絲** 易

名稱	數量	刀工	受評刀工（公分）（高＝厚度）
1. 乾香菇	5朵／直徑4公分	切絲、切片	1. 薑水花片（6片）……厚0.3~0.4 
2. 洋菜	5克	泡軟剝絲	2. 筍絲（40克以上）……寬、高0.2~0.4，長4~6
3. 桶筍	1.5支	切絲、切梳子片	3. 桶筍梳子片（12片以上）長4~6，寬2~4，高0.2~0.4
4. 五香大豆乾	1塊	切絲	4. 豆乾絲（切完）……寬、高0.2~0.4，長4~6
5. 紅蘿蔔	1條／300克	切絲、切1種水花（6片）	5. 紅蘿蔔絲（30克以上）…寬、高0.2~0.4，長4~6
6. 蔥	50克	切絲	6. 蔥絲（10克以上）寬、高0.3以下，長4~6
7. 薑	80克	切水花片（6片）、切絲	7. 薑絲（10克以上）……寬、高0.3以下，長4~6
8. 紅辣椒	1條	切圓片盤飾	8. 西芹絲（切完）……寬、高0.2~0.4，長4~6
9. 小黃瓜	2條	1條切菱形片、1條切盤飾	9. 里肌肉片（切完）……長4~6，寬2~4，高0.4~0.6
10. 大黃瓜	1截／6公分長	切盤飾	10. 雞絲（100克以上）……寬、高0.2~0.4，長4~6
11. 蒜頭	20克	切片、切末	
12. 西芹	1單支	刮皮切絲	
13. 大里肌肉	120克	切片	
14. 雞胸肉	1/2付	去骨切絲	
15. 雞蛋	1個	洗淨取蛋白	

指定水花（3選1）

　❶

　❷ ✓

　❸

指定盤飾（3選2）

　❶ ✓

　❷ ✓

　❸

(1) 大黃瓜　　　　(2) 大黃瓜、紅辣椒　　　　(3) 大黃瓜、小黃瓜、紅辣椒

三色雞絲羹

材料
乾香菇 2 朵、桶筍 1/2 支、紅蘿蔔 30 克、蔥 10 克、雞胸肉 1/2 付、雞蛋 (只取蛋白)1 個

醃肉料
料理米酒 1 大匙、太白粉 1 茶匙

調味料
沙拉油 1 大匙、鹽 2 茶匙、砂糖 2 大匙、胡椒粉 1/4 茶匙、香油 1 大匙、水 5 量杯

芡汁
太白粉 2 大匙、水 4 大匙

製作過程【絲】&【羹】

1. 乾香菇泡軟切絲；桶筍及紅蘿蔔取長度 4~6 公分切絲汆燙至熟；蔥洗淨切絲；備用。
2. 雞胸肉去皮去骨後，斜刀切成厚約 0.2~0.4 公分、長約 4~6 公分片狀，再順紋切成絲，以醃料醃約 5 分鐘，汆燙熟後備用。
3. 取一鍋子，加入水 5 量杯及香菇絲、桶筍絲、紅蘿蔔絲。
4. 煮開後放入雞肉絲，加入所有調味料後，以太白粉水勾芡，再加入打散的蛋白，最後放入蔥絲、淋上香油，即可盛盤。

225

   重 點 步 驟

取桶筍，以片刀切取頭部 6 公分內的塊，再順紋切成 0.4 公分內的片，再切絲。

以片刀將蔥切成 6 公分段後輕拍，轉 90 度，切割 0.3 公分蔥絲。

帶骨雞胸去皮去骨後，直刀切成薄片，再順紋將每片切絲。

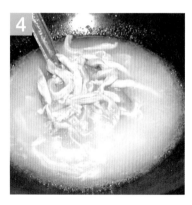

雞肉絲加入醃肉料略醃，汆燙熟後，去除髒汙泡沫。

取鍋子加入 1/3 鍋水，待沸，放入桶筍絲煮 5 分鐘，去除酸味。

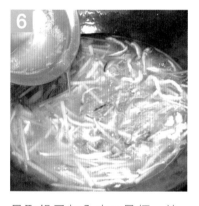

另取鍋子加入水 5 量杯，放入三絲材料及調味料煮開後，放入雞肉絲再次煮開，以太白粉水勾芡，續淋入蛋白、加入蔥絲及香油即可。

 注意事項

1. 雞肉順紋切成絲狀，如此口感較佳也不容易斷裂（可參考 61 頁切法）。
2. 香菇需泡軟再切絲，桶筍一定要燙過去除酸味。
3. 勾芡時，需等水煮開，再加入太白粉水以小火勾芡。
4. 蛋白需等到勾芡後再加入，需小火、小心拌合。
5. 蛋白需打散，慢慢的淋入湯中，才不會結塊，蛋黃可另醃肉片（也可不用）。

炒梳片鮮筍

材料
乾香菇 3 朵、桶筍 1 支、小黃瓜 1 條、紅蘿蔔水花片 1 式（6 片）、薑水花片 1 式（6 片）、蒜頭 5 克、大里肌肉 120 克

醃肉料
料理米酒 1 大匙、太白粉 1 茶匙（亦可加入蛋黃 1 個）

調味料
沙拉油 2 大匙、鹽 1 茶匙、砂糖 1 茶匙、香油 1 大匙、水 1/3 量杯

芡汁
太白粉 1 茶匙、水 2 大匙

製作過程【片、梳子片】&【炒、爆炒】

1. 蒜頭切片、薑去皮切 1 種水花片、小黃瓜切菱形片、香菇泡軟去蒂斜切片，紅蘿蔔切成指定的 1 種水花片。

2. 桶筍切成梳子片，以開水燙除酸味，約燙 5 分鐘，再以熱油 180 度略炸（亦可不炸）。

3. 大里肌肉逆紋切成薄片，用醃料醃入味，以熱鍋冷油過油至熟，撈起瀝油（也可以開水燙熟）。

4. 取鍋子放入沙拉油，爆香蒜片、薑水花片，加入香菇片炒香後，依序加入桶筍片、紅蘿蔔水花片、小黃瓜片，續入水 1/3 量杯煮熟。

5. 放入大里肌肉片，加入調味料，拌炒均勻後以太白粉水勾芡，淋上香油即可盛盤。

 重點步驟

取桶筍，以片刀切取頭部 6 公分內塊，再切割寬 4 公分內的長方塊，在長方塊上切割間隔 0.5 公分的刀痕後，轉 90 度切片。

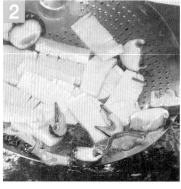

起鍋加入開水汆燙桶筍片、去除酸味，再以熱油 180 度將香菇、竹筍梳子片略炸。

取大里肌肉，以片刀去除筋膜，再逆紋切割 0.4 公分內的薄片，加入醃肉料醃。

大里肌肉切片後，以醃料抓醃，熱鍋冷油過油至熟。

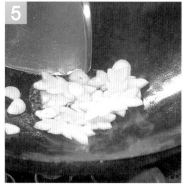

另取鍋子炒香蒜片、薑片（撈除，不撈除亦可），依序放入竹筍香菇等食材，再加入調味料。

將所有材料放入，加入調味料拌均勻，以太白粉水勾芡，即可盛盤。

注意事項

1. 豬肉片要逆紋切，口感較佳（可參考 64 頁切法）。
2. 豬肉片過油時，一定要熱鍋冷油，肉質才會軟嫩。
3. 桶筍刀工為梳子片，勿切太薄太深，以免炒時容易斷掉。
4. 桶筍梳子片須汆燙去除酸味（可參考 55 頁切法）。
5. 炒梳子片需小心拌炒，避免梳子片斷裂；規定的材料需加入。

西芹拌豆乾絲

材料
洋菜 5 克、五香大豆乾 1 塊、蒜頭 5 克、薑 20 克、西芹 1 單支、紅蘿蔔 1/5 條

調味料
鹽 1 茶匙、砂糖 1 大匙、香油 2 大匙、白醋 1 大匙

作過程【絲】&【涼拌】

1. 將五香大豆乾切除四邊表皮，再直刀切割 0.4 公分片，改刀切絲。
2. 將西芹去除粗纖維表皮，切 4~6 公分段，再直刀切絲；紅蘿蔔去皮切絲，蒜頭去皮剁末，薑去皮切絲；洋菜切段泡礦泉水；備用。
3. 取鍋子加入水 1/4 鍋待沸，汆燙豆乾絲、西芹絲、紅蘿蔔絲、薑絲及蒜末至熟後，放入礦泉水中冷卻（需放瓷碗公中）；泡軟的洋菜條瀝乾水分，汆燙 5 秒撈出，一同泡入礦泉水中。
4. 將所有材料燙熟後，泡入礦泉水待冷，以漏杓瀝乾水分。
5. 取瓷碗公，將所有材料放入，加入調味料小心拌勻，續入香油盛盤即成。

 重點步驟

取大黑豆乾，以片刀切割 0.4 公分內的片狀，再直刀切成絲狀。

取西芹，去除葉梗、刮除表皮後，切割 6 公分內的段，再轉 90 度切 0.4 公分的絲狀。

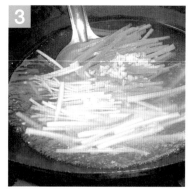

將全部食材切絲，待鍋子水沸，含薑絲、蒜末放入燙熟。

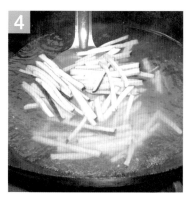

將所有食材放入，完全燙熟撈出；續燙豆乾絲，需避免斷裂；再將洋菜條入鍋略燙後撈出。

將所有材料以中大火燙煮約 2 分鐘後，撈出浸泡礦泉水過冷。

將過冷的食材濾乾水分，加入調味料小心拌勻，避免豆乾絲斷裂。

 注意事項

1. 西芹為求刀工精緻，可以切段後平剖、再改刀切絲。
2. 切割豆乾絲，刀子需前後推拉切，避免壓切而碎掉（可參考 53 頁切法）。
3. 燙熟材料，需浸泡礦泉水過冷，避免西芹變黃，影響觀感。
4. 因是涼拌菜，注意製作時的衛生手法。
5. 燙煮豆乾絲與拌合豆乾絲需小心略拌，避免斷裂。

1. 三絲魚捲 難　　**2. 焦溜豆腐塊** 中　　**3. 竹筍炒三絲** 中

名稱	數量	刀工	受評刀工（公分）（高=厚度）
1. 乾香菇	2朵／直徑4公分	切絲	1. 乾香菇絲（切完）⋯⋯⋯⋯ 寬、高0.2~0.4
2. 桶筍	1.5支	切絲	2. 桶筍絲（切完）⋯⋯⋯ 寬、高0.2~0.4，長4~6
3. 板豆腐	400克	切塊	3. 豆腐塊（切完）⋯⋯⋯ 邊長2~4正方塊
4. 青椒	1/2個	切絲	4. 青椒絲（切完）⋯⋯⋯ 寬、高0.2~0.4，長4~6
5. 紅蘿蔔	1條／300克	切絲、切2種水花（各6片）	5. 紅蘿蔔絲（30克以上）⋯⋯ 寬、高0.2~0.4，長4~6
6. 薑	80克	切絲、切菱形片	6. 中薑絲（20克以上）⋯⋯ 寬、高0.3以下，長4~6
7. 蒜頭	10克	切末	7. 小黃瓜丁（1條切完）⋯⋯ 長、寬、高1.5~2
8. 紅辣椒	1條	切絲、切圓片盤飾	8. 里肌肉絲（切完）⋯⋯⋯ 寬、高0.2~0.4，長4~6
9. 小黃瓜	2條	切丁、切盤飾	9. 魚片（切完）⋯⋯⋯ 長4~6，寬3，高0.8~1.2雙飛片
10. 大黃瓜	一截／6公分長	切盤飾	
11. 大里肌肉	120克	切絲	
12. 鱸魚	1條	切雙飛片	

指定水花（3選1）

❶ 　❷  ✓　❸

指定盤飾（3選2）

❶  ✓　❷  ✓　❸

(1) 大黃瓜、紅辣椒　　(2) 小黃瓜　　(3) 大黃瓜、小黃瓜、紅辣椒

三絲魚捲

材料
乾香菇 2 朵、桶筍 1/2 支、紅蘿蔔 30 克、薑 20 克、
鱸魚 1 條

醃肉料
料理米酒 1 大匙、太白粉 1 大匙

調味料
鹽 1 茶匙、砂糖 1 茶匙、香油 1 茶匙、料理米酒 1 大匙、水
1/2 量杯

芡汁
太白粉 1 大匙、水 2 大匙

作過程【絲、雙飛片】&【蒸】

1. 乾香菇泡軟切絲，桶筍切絲略燙過，紅蘿蔔去皮切絲、略燙過，薑去皮後切絲；備用。

2. 魚刮去魚麟，去除內臟、魚鰓後洗淨，去除魚頭、魚尾，沿著魚背鰭旁切出左右兩片魚腓肋，再切割出雙飛片，至少 6 片，放入醃肉料醃 5 分鐘（可參考 70 頁切法）。

3. 魚片在砧板上攤開，撒上乾太白粉，放入香菇絲、紅蘿蔔絲、筍絲、薑絲，包緊捲成捲筒狀，放入蒸籠蒸約 5~6 分鐘。

4. 取水 1/2 量杯，放入鍋中煮開後加入調味料，待沸，以太白粉水勾芡淋在魚捲上，滴上香油即成。

 重點步驟

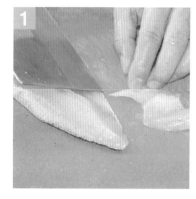

1 將鱸魚魚腓肋切出後，斜45度、長4~6公分斜切第一片不要。

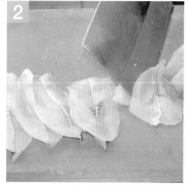

2 將鱸魚兩側魚腓肋切出後，以片刀斜切每塊兩片併連的雙飛片各3片。

3 魚肉切成雙飛片後，皮朝上，將四種絲放在魚片一端，撒上少許太白粉。

4 撒上太白粉後，將每條魚捲捲緊，接口朝下略壓定形。

5 先將魚頭蒸2分鐘後，將魚捲放入盤中整齊排列，成「全魚狀」蒸5~6分鐘。

6 大火蒸約5~6分鐘至熟後，小心夾出蒸籠，取鍋子加入調味料勾芡，淋在魚捲上即成。

 注意事項

1. 此道菜餚需排入魚頭、魚尾，以魚盤盛裝。
2. 片魚肉要多練習，長度約為4~6公分，方便捲絲（可參考68~69頁切法）。
3. 蒸魚要大火蒸，先將魚頭蒸2分鐘後，排入魚捲續蒸5~6分鐘。
4. 捲摺魚捲前，內面魚肉撒少許太白粉，可捲得比較緊實。
5. 煮好的醬汁淋在魚捲上，勾芡勿太濃稠，看起來較美觀。

焦溜豆腐塊

材料
板豆腐 400 克、小黃瓜 1 條、紅蘿蔔水花片 2 式（各 6 片）、
薑 40 克

調味料
沙拉油 1 大匙、醬油 2 大匙、砂糖 2 小匙、料理米酒 1 大匙、
香油 1 大匙、水 2/3 量杯

芡汁
太白粉 1 大匙、水 2 大匙

製作過程【塊】&【焦溜】

1. 將板豆腐切除邊皮後，再以片刀小心切成大小約 2~4 公分、厚約 1.5 公分的正方塊備用。
2. 小黃瓜一切四長條，去籽再斜切 1.5~2 公分丁狀；蔥切段；中薑切菱形片；紅蘿蔔切水花片；備用。
3. 取鍋加油 1/4 鍋，將豆腐油炸至呈金黃色，以中大火炸約 3 分鐘後撈出。
4. 取鍋子加入 1 大匙的沙拉油，爆香薑片、紅蘿蔔水花片。
5. 放入炸好的豆腐塊、水與調味料，煮開後以中小火略燒 3 分鐘，放入小黃瓜煮熟，再以太白粉水勾芡，淋上香油即可。

 重 點 步 驟

取小黃瓜，以片刀直切為四長條，去籽後切 1.5~2 公分丁狀。

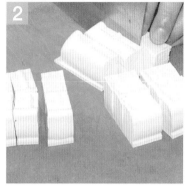

取豆腐，以片刀小心的將豆腐一切為六。

起油鍋，油溫 180 度，放入豆腐炸至金黃色撈出。

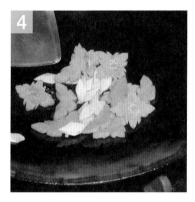

另取鍋子加入沙拉油，以中小火炒香薑片、紅蘿蔔水花片。

炒香後，放入炸好的豆腐及所有調味料，以中大火燒煮。

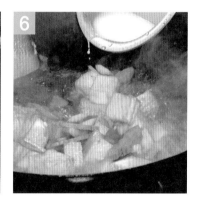

略煮 3 分鐘後放入小黃瓜滾刀塊煮熟，以太白粉水勾芡略縮汁，淋上香油即可。

 注意事項

1. 油炸豆腐：油溫要高，且炸豆腐時要將豆腐表面水分擦乾，以免油爆。
2. 油炸時，要注意豆腐完整度，不可缺角、破裂。
3. 指定的水花需加入一起烹調，不可煮太久，避免爛掉。
4. 小黃瓜丁需注意勿切太大，以一口大小為宜，勿烹調過久而變色。
5. 炸豆腐需高溫，放入後略翻動，避免豆腐黏住而沒有炸成金黃色。

302~6 組 3　竹筍炒三絲

材 料
桶筍1支、紅蘿蔔1/3條、青椒1/2個、蒜頭8克、薑20克、紅辣椒1條、大里肌肉120克

醃肉料
料理米酒1大匙、太白粉1大匙

調味料
沙拉油2大匙、鹽1茶匙、料理米酒1大匙、砂糖1茶匙、香油1大匙、水1/3量杯

芡 汁
太白粉1茶匙、水2茶匙

製　作過程【絲】&【炒、爆炒】

1. 桶筍切絲，紅蘿蔔切絲，青椒、紅辣椒去籽直切成絲，中薑切絲，蒜頭去皮切末，備用。
2. 大里肌肉逆紋切片後，改刀切絲，用醃料醃約5分鐘。
3. 桶筍汆燙5分鐘去除酸味，大里肌肉絲亦汆燙熟後備用。
4. 另取鍋子，放入沙拉油，以中小火炒香中薑絲、蒜末。
5. 續加入肉絲、所有材料及調味料拌勻煮熟，以太白粉水微勾薄芡，即可盛盤。

 重點步驟

取桶筍，以片刀切取頭部 6 公分內塊狀，再順紋切 0.4 公分內薄片，再切成絲狀。

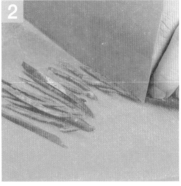

取紅辣椒，以片刀去除頭部、橫切為二後輕拍，刮除內籽再切割絲狀。

取鍋子加水待沸，放入桶筍絲燙煮 5 分鐘去除酸味。

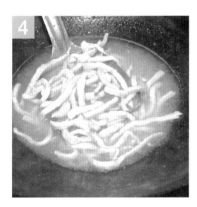

另取鍋子加入清水待沸，燙熟大里肌肉絲後，撈出。

取一鍋子，加入沙拉油，以中小火爆香中薑絲、蒜末。

爆香後，加入所有材料絲炒熟，放入肉絲，以太白粉水微勾薄芡，漏杓撈出即成。

 注意事項

1. 桶筍需以順紋切絲，長度為4~6公分、寬為0.4公分（可參考55頁切法）。
2. 桶筍切絲後需汆燙，才可以去除酸味。
3. 大里肌肉絲一定要逆紋切，口感較佳（可參考 64 頁切法）。
4. 青椒勿烹煮過熟而變黃變色，否則影響觀感。
5. 菜餚起鍋前，需以漏杓濾乾水分，避免湯汁太多。

1. 薑味麻油肉片 （易）　　2. 醬燒煎鮮魚 （中）　　3. 竹筍炒肉丁 （中）

名稱	數量	刀工	受 評 刀 工 （公分）（高＝厚度）	
1. 乾香菇	2朵／直徑4公分	切丁	1. 薑水花片（6片）⋯⋯⋯⋯⋯⋯⋯ 厚0.3~0.4	
2. 桶筍	1支／200克	切丁	2. 筍丁（切完）⋯⋯⋯⋯⋯⋯ 長、寬、高0.8~1.2	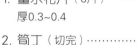
3. 杏鮑菇	1支	切片	3. 杏鮑菇片（切完）⋯⋯⋯⋯⋯ 長4~6，寬2~4，高0.4~0.6	
4. 薑	120克	切1種水花（6片）、切絲	4. 薑絲（20克以上）⋯⋯⋯⋯ 寬、高0.3以下，長4~6	
5. 紅蘿蔔	1條／300克	切1種水花（6片）、切丁	5. 紅辣椒絲（1條切完）⋯⋯⋯⋯ 寬、高0.3以下，長4~6	
6. 紅辣椒	2條	切絲、切菱形片	6. 青椒丁（切完）⋯⋯⋯⋯⋯⋯ 長、寬0.8~1.2	
7. 青椒	1/2個	切丁	7. 紅蘿蔔丁（40克以上）⋯⋯⋯ 長、寬、高0.8~1.2	
8. 蔥	20克	切段	8. 里肌肉丁（100克以上）⋯⋯ 長、寬、高0.8~1.2	
9. 蒜頭	20克	切片	9. 里肌肉片（300克以上）⋯⋯⋯⋯ 長4~6，寬2~4，高0.4~0.6	
10. 小黃瓜	2條	切盤飾		
11. 大黃瓜	1截／6公分長	切盤飾		
12. 大里肌肉	500克	切片、切丁		
13. 吳郭魚	1條／600克	剞刀切割		

指定水花（3選1）

❶ 　　❷ 　　❸  ✓

指定盤飾（3選2）

❶  ✓　　❷  ✓　　❸

(1) 大黃瓜、紅辣椒　　　　(2) 大黃瓜　　　　(3) 大黃瓜、小黃瓜、紅辣椒

薑味麻油肉片

材 料
薑水花片 1 式（6 片）、紅蘿蔔水花片 1 式（6 片）、杏鮑菇 1 支、大里肌肉 300 克

醃肉料
料理米酒 1 茶匙、太白粉 1 茶匙

調味料
黑麻油 3 大匙、鹽 1.5 茶匙、砂糖 1 茶匙、料理米酒 2 大匙、水 5 量杯

作過程【片】&【煮】

1. 中薑切自選水花片、紅蘿蔔去皮切成指定水花片，備用。
2. 杏鮑菇洗淨，斜切薄片狀，每片 0.4~0.6 公分厚，備用。
3. 大里肌肉逆紋切成肉片，加入醃肉料醃 3 分鐘入味。
4. 取鍋子加入清水，待沸，放入肉片汆燙至七、八分熟，撈出備用。
5. 另取鍋子，加入黑麻油，以中小火爆香薑片後，將所有材料及調味料、水放入，混合拌勻，煮開後，加入杏鮑菇煮熟，即可盛盤。

 **重．點．步．驟**

1 取薑去皮，以片刀切割出長四方塊，在上下兩側切割鋸齒蝴蝶結形，最後切割 6 片。

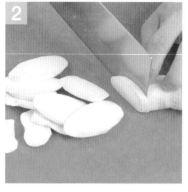

2 取杏鮑菇，以片刀斜切長 6 公分內、厚 0.6 公分內的斜片狀。

3 大里肌肉切成薄片，加入醃肉料醃 3 分鐘。

4 取鍋子加水，待沸，汆燙大里肌肉片至七、八分熟，撈出。

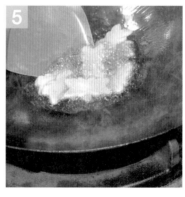

5 另取鍋子，放入黑麻油，以中小火爆香中薑水花片。

6 放入所有材料、水、調味料拌勻，煮開至熟即成。

 注意事項

1. 中薑要炒出香味，一定要用黑麻油以中小火煸炒後，才會有足夠的香味。
2. 大里肌肉一定要逆紋切片，觀感與口感較佳（可參考 64 頁切法）。
3. 切割大里肌肉片厚薄要均勻，且一定要完全煮熟。
4. 烹煮杏鮑菇片，需特別注意煮熟，避免夾生。
5. 煮熟菜餚，避免過油或湯汁太多，以及泡沫雜質。

醬燒煎鮮魚

材 料
蔥 15 克、薑 20 克、紅辣椒 1 條、蒜頭 10 克、吳郭魚 1 條

沾 粉
太白粉 2 茶匙（左右各 1 茶匙）

調味料
沙拉油 2 大匙、醬油 2 大匙、砂糖 1 茶匙、白胡椒粉 1/3 茶匙、香油 1 大匙、清水 1.5 杯

製作過程【絲】&【煎、燒】

1. 分別將蔥切蔥段、薑去皮切薑絲、紅辣椒去籽切絲、蒜頭切片。
2. 取吳郭魚，以刮鱗刀刮除魚鱗，再以剪刀剪開魚肚，清除魚鰓及肉臟。
3. 將吳郭魚清除肉臟後，以片刀在魚的兩側各斜切四刀，以紙巾吸乾水分。
4. 取鍋子，燒鍋 1 分鐘、回溫 20 秒後，加入 2 炒鏟的沙拉油，潤鍋後，將魚沾上太白粉，入鍋以中小火煎熟兩面，每面約煎 3 分鐘。
5. 取鍋子加入沙拉油，爆香香辛料（蔥綠段最後放）後，加入調味料，再放入煎熟的魚，每面略煮 1 分鐘，即成。

 重點步驟

1

蔥以剪刀剪除頭部，再以片刀切割長 3 公分的蔥段。

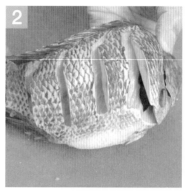
2

將吳郭魚洗淨，以片刀在魚的兩側各斜切四刀。

3

燒鍋後加入沙拉油，將洗淨、斜切四刀的吳郭魚撒上太白粉後入鍋煎。

4

將吳郭魚沾上麵粉，放入鍋中以中小火煎熟，一面煎約 3 分鐘，翻面再煎另一面。

5

取鍋子加入沙拉油，以中小火爆香蔥段、薑絲、紅辣椒絲、蒜片。

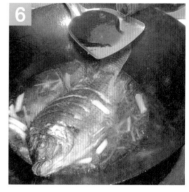
6

爆香後，加入調味料，再放入煎過的魚，以中小火每面燒煮 1 分鐘。

注意事項

1. 吳郭魚的魚鱗、魚鰓、魚內臟都需清除乾淨。
2. 吳郭魚兩面各切割四刀後，吸乾水分、撒上太白粉後再煎熟，不可用炸的。
3. 以片刀斜切魚面四刀時，需注意勿把魚腹切破。
4. 烹煮炸魚時，指定的香辛料都需加入，不可缺少。
5. 煎魚時，魚皮脫落不得大於總面積的 1/8（不包含兩側魚背部自然爆裂）。

竹筍炒肉丁

材 料

乾香菇 2 朵、桶筍 1 支、青椒 1/2 個、紅蘿蔔 40 克、紅辣椒 1 條、蒜頭 5 克、大里肌肉 200 克

醃肉料

料理米酒 1 茶匙、太白粉 1 茶匙

調味料

沙拉油 2 大匙、鹽 1 茶匙、砂糖 1 茶匙、料理米酒 1 大匙、香油 1 茶匙、水 1/3 量杯

芡 汁

太白粉 1 茶匙、水 2 茶匙

作過程【丁】&【炒、爆炒】

1. 香菇泡軟切丁，桶筍切丁，青椒去除內側筋膜切丁，紅蘿蔔切丁，紅辣椒切丁，蒜頭切片。

2. 大里肌肉切成 1 公分的正四方丁，加入醃肉料醃入味約五分鐘。

3. 取鍋子加水，待沸，放入大里肌肉丁，以中小火燙熟大里肌肉丁。

4. 將桶筍丁汆燙去除酸味、撈出瀝水，紅蘿蔔亦汆燙，備用。

5. 取鍋子加入沙拉油 1.5 大匙，以中小火爆香蒜片，將所有材料及調味料混合炒熟、拌炒均勻，再以太白粉水微勾薄芡，即可盛盤。

 重 點 步 驟

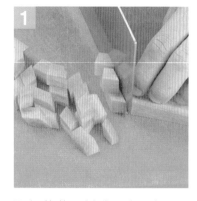

取紅蘿蔔,以片刀直刀切厚約 1 公分片狀,再直切寬 1 公分的條狀,再斜切 1 公分小丁狀。

取竹筍,以片刀直刀切割厚 1 公分片狀,再直切寬 1 公分條狀,轉 90 度斜切小丁狀。

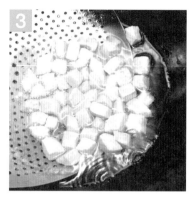

豬肉丁醃入味,汆燙熟,瀝乾備用。

桶筍丁入水鍋汆燙,去除酸味,紅蘿蔔丁亦先汆燙至熟。

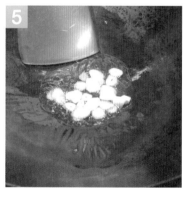

取鍋子,加入沙拉油以中小火爆香蒜片。

爆香後,加入所有材料、水、調味料拌炒均勻,以太白粉水勾薄芡即可。

 注意事項

1. 桶筍丁一定要汆燙去除酸味,口感較佳(可參考 54 頁切法)。
2. 主題為丁狀,刀工一定要切成丁狀,且所有材料大小力求近似。
3. 香菇一定要泡軟,以免切開夾生而扣分。
4. 太白粉水比例為太白粉 1 大匙:水 2 大匙。
5. 芡汁不宜過濃黏稠,以免影響菜餚外觀。

1. 豆薯炒豬肉鬆 難　　　**2. 麻辣溜雞丁** 中　　　**3. 香菇素燴三色** 中

名稱	數量	刀工
1. 乾辣椒	8條	一切二，去籽切丁
2. 乾香菇	7朵／直徑4公分	2朵切鬆，5朵切片
3. 桶筍	1支	切鬆、切片
4. 五香大豆乾	1/2塊	切片
5. 豆薯	1/4個約100克	切鬆
6. 芹菜	40克	切鬆
7. 蔥	20克	切段
8. 薑	60克	切片、切1種水花（6片）
9. 紅辣椒	1條	切圓片盤飾
10. 小黃瓜	2條	切丁、切盤飾
11. 大黃瓜	1截／6公分長	切盤飾
12. 紅蘿蔔	1條／300克	切鬆、切1種水花（6片）
13. 蒜頭	20克	切末、切片
14. 西芹	1單支	刮皮斜切菱形片
15. 大里肌肉	150克	剁碎鬆
16. 仿雞腿	1支	去皮去骨後切丁

受評刀工（公分）（高＝厚度）

1. 薑水花片（6片）⋯⋯⋯⋯⋯⋯
   厚0.3~0.4
2. 乾香菇片（5朵）⋯⋯⋯⋯
   斜切寬2~4
3. 豆乾片（切完）⋯⋯⋯⋯⋯
   長4~6，寬2~4，高0.4~0.6
4. 筍片（10片以上）⋯⋯⋯
   長4~6，寬2~4，高0.2~0.4
5. 筍鬆（40克以上）⋯⋯⋯⋯
   長、寬、高0.1~0.3
6. 豆薯鬆（切完）⋯⋯⋯⋯
   長、寬、高0.1~0.3
7. 紅蘿蔔鬆（30克以上）⋯⋯
   長、寬、高0.1~0.3
8. 小黃瓜丁（切完）⋯⋯⋯
   長、寬、高1.5~2
9. 西芹片（1支切完）⋯⋯⋯
   長3~5，寬2~4
10. 雞腿丁（切完）⋯⋯⋯⋯
    去骨取肉，長、寬、高1.5~2

指定水花（3選1）

　①

　② ✓

　③

指定盤飾（3選2）

　①

　② ✓

　③ ✓

(1) 大黃瓜、小黃瓜、紅辣椒　　　(2) 紅蘿蔔　　　(3) 大黃瓜

豆薯炒豬肉鬆

材料
乾香菇 2 朵、桶筍 40 克、豆薯 40 克、紅蘿蔔 30 克、芹菜 40 克、蒜頭 5 克、大里肌肉 150 克

醃肉料
料理米酒 1/2 茶匙、太白粉 1 茶匙

調味料
沙拉油 2 大匙、鹽 1 茶匙、砂糖 1 茶匙、白胡椒粉少許、香油 1 茶匙、水 1/4 量杯

製作過程【鬆】&【炒】

1. 乾香菇泡軟切小粒，桶筍、豆薯、紅蘿蔔、芹菜都切成米粒大小，蒜頭切末。
2. 取鍋子，加入水待沸，略燙桶筍粒 3 分鐘，去除酸味。
3. 將大里肌肉亦切成米粒大小（亦可剁碎），用醃肉料醃入味。
4. 取鍋子，加入水待沸，將剁碎的大里肌肉末燙熟，撈出。
5. 取鍋子，加入沙拉油，以中小火炒香蒜末，將所有的材料及調味料混合拌炒均勻至熟，即可盛盤。

 重 點 步 驟

取豆薯，以刮皮刀刮除表皮，再以片刀切割 0.3 公分內的片狀，再切絲後，轉 90 度切米粒狀。

取紅蘿蔔，以片刀切割 0.3 公分內片狀，再切絲後，轉 90 度切米粒狀。

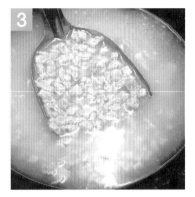

大里肌肉切成米粒大小，鍋中加入清水，待沸，汆燙至熟。

取鍋子加入沙拉油，以中小火炒香蒜末，再加芹菜粒及香菇粒拌炒。

放入除肉粒外的所有材料及水，拌炒均勻至熟。

最後放入肉粒、調味料等拌炒鬆散，不結團即可。

 注意事項

1. 桶筍一定要汆燙去除酸味，口感較佳。
2. 主題刀工皆要切成米粒狀，刀工一定要符合主題。
3. 大里肌肉粒可切、可剁，但要剁碎，避免筋膜連結而結塊。
4. 菜餚成品，不得結團、濕軟或塌陷。
5. 菜餚一定要炒鬆散均勻，且粒粒分明。

麻辣溜雞丁

材 料

乾辣椒 8 條、花椒粒 1 茶匙、小黃瓜 1 條、蔥 10 克、薑 10 克、蒜頭 10 克、仿雞腿 1 支

醃肉料

料理米酒 1 茶匙、太白粉 1 茶匙

沾 粉

太白粉 2 大匙

調味料

沙拉油 1 大匙、醬油 1.5 大匙、砂糖 2 茶匙、料理米酒 1 大匙、香油 1 茶匙、水 1/4 量杯

作過程【丁】&【滑溜】

1. 乾辣椒以剪刀剪成小段，小黃瓜以片刀直切四長條、去籽再切菱形丁，蒜頭去皮切片，蔥切段，薑切薑片，備用。

2. 仿雞腿以文武刀去骨（建議去皮），再剁切成丁狀，加入醃肉料醃入味，過油備用。

3. 取鍋子，加入炸油1/4鍋，待油溫達140度，將醃過的雞肉丁沾上太白粉入鍋，炸約2分鐘熟透，撈出。

4. 取鍋子，放 1 大匙的沙拉油，用中小火炒香花椒粒、蒜片、薑片、乾辣椒，再放入雞肉丁、小黃瓜丁、蔥段拌炒均勻。

5. 最後加入調味料、水，拌炒均勻即可盛盤。

 重 點 步 驟

取小黃瓜，以片刀直切一切
為四、再橫切去籽後，斜切
為大小 2 公分內的丁狀。

取仿雞腿，以片刀去骨、去
皮後，直切寬 2 公分的條狀，
再切割丁狀。

仿雞腿丁，放入醃肉料醃入
味，再沾太白粉入油鍋中炸
熟。

以中大火將雞肉丁炸熟，撈
起前放入小黃瓜丁炸熟，一
同撈出。

取鍋子加入沙拉油，以中小
火炒香花椒粒、蒜片、薑
片、乾辣椒。

爆香後加入所有材料、水、
調味料，拌炒均勻，略煮收
汁即成。

注意事項

1. 仿雞腿去骨後，可以去皮、亦可以不去皮（切法可參考 62 頁）。
2. 乾辣椒若要味道較辣，可以不去籽，且要小火慢炒。
3. 花椒粒亦要小火慢炒，不要炒焦，建議炒香後撈除，以免影響口感。
4. 小黃瓜丁，亦可以油泡方式炸熟，再一同拌抄。
5. 這道菜為乾炒滑炒菜，放入盤內時，湯汁勿太多，避免影響觀感。

香菇素燴三色

材 料

乾香菇 5 朵、豆乾 1/2 塊、桶筍 2/3 支、紅蘿蔔水花片 1 式（6 片）、西芹 1 單支、薑水花片 1 式（6 片）

調味料

沙拉油 2 大匙、鹽 1 茶匙、砂糖 1 茶匙、香油 1 大匙、水 1/2 量杯

芡 汁

太白粉 2 大匙、水 4 大匙

製 作過程【片】&【燴】

1. 乾香菇泡軟去蒂頭，以片刀斜刀切片；豆乾切成片，紅蘿蔔切指定水花片，中薑切自選水花片式，桶筍切片。

2. 取西芹以刨皮刀去除粗纖維，縱剖分為二長條，再以片刀切成菱形片，備用。

3. 起水鍋，汆燙桶筍約 3 分鐘去除酸味，瀝乾備用。

4. 取鍋子放入 2 大匙的沙拉油，以中小火爆香薑水花片，續放入桶筍片、西芹片、紅蘿蔔水花片、香菇片、豆乾片略炒，將所有材料與調味料煮開後，以太白粉水勾芡，起鍋前再滴上少許香油，即可盛盤。

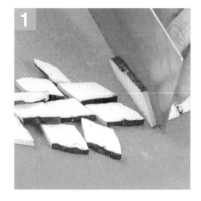

1 取大黑豆乾，以片刀斜切 2 公分菱形塊，再轉 90 度直切 0.6 公分內的片狀。

2 將香菇以熱水燙熟、脹發後撈出，去蒂頭，以片刀斜 45 度切割斜片狀。

3 桶筍片先以熱開水汆燙 3 分鐘，去除酸味後撈出。

4 取鍋子，加入 2 大匙沙拉油，以中小火爆香薑水花片。

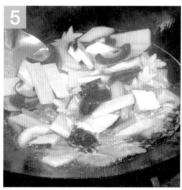

5 爆香後，將全部食材、調味料、水放入，煮開拌炒均勻。

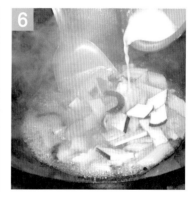

6 待沸，將材料完全煮熟，改中小火以太白粉水勾芡，滴入香油即可。

注意事項

1. 此道菜為素菜，不可加蔥、蒜頭、洋蔥等香辛料。
2. 桶筍要汆燙去除酸味，口感較佳。
3. 三色不能用香辛料取代，例如：薑水花片。
4. 指定的食材及紅蘿蔔水花片需加入，不可缺少。
5. 勾芡濃度不宜太過濃稠，以免影響外觀。

1. 鹹蛋黃炒薯條 難　　**2. 燴素什錦** 中　　**3. 脆溜荔枝肉** 中

名稱	數量	刀工	受評刀工（公分）（高＝厚度）
1. 乾香菇	2朵／直徑4公分	斜切片	1. 薑水花片（6片）…… 厚0.3~0.4
2. 麵筋泡	12個	洗淨	2. 乾香菇片（切完）…… 寬2~4
3. 桶筍	1/2支	切片	3. 筍片（10片以上）…… 長4~6，寬2~4，高0.2~0.4
4. 五香大豆乾	1/2塊	切片	4. 豆乾片（切完）…… 長4~6，寬2~4 高0.4~0.6
5. 鹹蛋黃	2個	蒸熟剁碎	
6. 馬鈴薯	2個	切條	5. 馬鈴薯條（切完）…… 寬、高0.5~1，長4~6
7. 蔥	50克	切蔥花	6. 蔥花（30克）…… 長、寬、高0.2~0.4
8. 蒜頭	20克	切末、切片	7. 蒜末（5克以上）…… 0.3以下
9. 紅蘿蔔	1條／300克	切1種水花（6片）	
10. 薑	60克	切1種水花（6片）	8. 青椒片（切完）…… 長3~5，寬2~4
11. 荸薺	6個／100克	一切三	
12. 青椒	1/2個	切片	9. 荔枝肉球（切完）…… 剞切菊花花刀間隔0.5~1
13. 紅辣椒	1條	切圓片盤飾	
14. 小黃瓜	1條	切盤飾	
15. 大黃瓜	一截／6公分長	切盤飾	
16. 大里肌肉	300克	切剞切菊花花刀	

指定水花（3選1）

① 　②  ✓　③

指定盤飾（3選2）

① 　②  ✓　③  ✓

(1) 大黃瓜、小黃瓜、紅辣椒　　(2) 大黃瓜　　(3) 大黃瓜、紅辣椒

鹹蛋黃炒薯條

材料
鹹蛋黃 2 個、馬鈴薯 2 個、蔥 30 克、蒜頭 10 克

調味料
沙拉油 2 大匙、鹽 1/4 茶匙、砂糖 1/2 茶匙

酥炸粉
中筋麵粉 2/3 杯、太白粉 1/3 杯、泡打粉 1 茶匙、沙拉油 1
大匙、水 1/2 杯

製作過程【條】&【炸、拌炒】

1. 馬鈴薯去皮切成長條狀，蔥切蔥花、蒜頭切末，備用。
2. 將麵粉加水拌勻成麵糊，醒 10 分鐘待用。將馬鈴薯泡水清洗後，擦乾水分，放入麵糊中，均勻包裹住薯條備用。
3. 將鹹蛋黃以蒸鍋蒸熟取出，以片刀剁成末。
4. 起油鍋將薯條放入，以中小火炸約 2.5 分鐘，炸到金黃色，即可撈起瀝油。
5. 另取鍋子，將蒜末用中小火炒香，放入鹹蛋黃炒鬆散後，放入薯條、調味料拌炒均勻，再放入蔥花炒熟，即可盛盤。

 重點步驟

1. 將蔥頭剪除洗淨,以片刀切割 0.4 公分的蔥花狀。

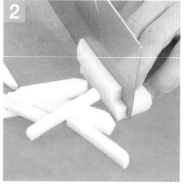

2. 將馬鈴薯去皮,以片刀直切 1 公分內的片,再直切 1 公分內的條狀。

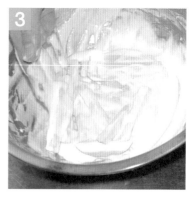

3. 調成麵糊不可太稀,放入馬鈴薯條需完全拌勻。

4. 起油鍋,以 180 度油溫將薯條炸成金黃色。

5. 取鍋子放入沙拉油,以中小火炒香蒜末,再放入鹹蛋黃炒鬆。

6. 放入薯條、調味料拌炒均勻,再加入蔥花炒熟即可。

 注意事項

1. 薯條切條後,可先泡鹽水或醋水,以免變色(可參考 44 頁切法)。
2. 炸薯條油溫須高,約 180 度,改中小火炸。
3. 鹹蛋黃已有鹹度,注意調味勿過鹹。
4. 鹹蛋黃一定要加油小火炒香,炒到脹發膨鬆,味道才會好。
5. 蔥花需最後再放入,避免過熟而變色。

燴素什錦

材 料
麵筋泡 8~12 個、桶筍 1/2 支、五香大豆乾 1/2 塊、紅蘿蔔水花片 1 式（6 片）、乾香菇 2 朵、薑水花片 1 式（6 片）

調味料
沙拉油 2 大匙、醬油 2 大匙、砂糖 1 茶匙、香油 1 茶匙、胡椒粉少許、水 1 量杯

芡 汁
太白粉 2 大匙、水 4 大匙

製 作過程【片】&【燴】

1. 將乾香菇燙熟斜切成片狀，桶筍切片，紅蘿蔔切成指定的水花片，大豆乾切成片狀。
2. 中薑去皮切自創水花片備用。
3. 取鍋子加入清水 1/4 鍋，待沸，汆燙桶筍片（去除酸味）。
4. 另取鍋子，放入 2 大匙沙拉油，以中小火炒香薑水花片，再加入全部食材、調味料、水煮開。
5. 加入太白粉水勾芡，淋上香油即可盛盤。

 重點步驟

1

取大黑豆乾,以片刀斜切 45 度、間隔 2 公分的菱形塊,再轉 90 度切 0.4 公分的片狀。

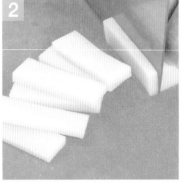
2

取桶筍,以片刀切取頭部 6 公分內,再切割 4 公分內的厚片,轉 90 度切割 0.4 公分片狀。

3

將香菇以開水燙熟軟化後去蒂,以片刀斜 45 度切成片狀。

4

取鍋子加入沙拉油,以中小火爆炒香薑水花片。

5

爆香後,將所有材料、調味料、水放入一同烹煮。

6

待所有材料完全煮熟,以太白粉水勾薄芡即成。

 注意事項

1. 桶筍需汆燙去除酸味,口感較佳。
2. 此道菜為素菜,不可以加蔥、蒜頭、洋蔥等香辛料。
3. 勾芡芡汁不要太過濃稠,以免影響外觀與口感。
4. 「什錦」的涵意代表材料的種類多。

脆溜荔枝肉

材 料
紅糖醬 1 茶匙、荸薺 6 個、蒜頭 8 克、青椒 1/2 個、大里肌肉 300 克

醃肉料
料理米酒 1 大匙、太白粉 1 大匙、紅糖醬 1 茶匙

沾 粉
太白粉 3 大匙

調味料
沙拉油 1 大匙、砂糖 1 茶匙、番茄醬 1 大匙、水 1/3 量杯、鹽 1/2 茶匙

作過程【剞刀厚片】&【脆溜】

1. 蒜頭切片、荸薺切塊狀（可一開三），青椒切菱形片，大里肌肉去筋膜切 1 公分厚片，再切成十字花刀片（剞切菊花花刀片），間隔 0.5 公分、深約厚度的 2/3。

2. 將肉片以紅糖醬等醃肉料，醃至入味備用。

3. 將醃好的肉片兩面沾上太白粉，切花刀處捲在外面，捲成荔枝球狀捏緊備用。

4. 取鍋子加入炸油 1/3 鍋，將荔枝肉球放入油鍋以中小火炸至全熟，呈金黃色即可撈起、瀝油備用。

5. 另取鍋子炒香蒜片，將調味料、全部食材、水拌炒均勻，待醬汁收乾即可盛盤。

 重點步驟

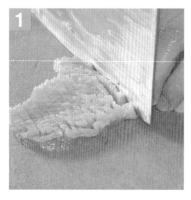

分別將大里肌肉切割交叉花刀後,再如圖一切四片

以片刀切取豬里肌肉 1 公分片狀,在切面切割間隔 0.5 公分交叉花刀後,再一切為四。

將大里肌肉切成十字花刀後,加入紅槽醬等醃肉料醃入味。

肉片前後兩面均勻沾上太白粉,捲成荔枝球形狀(刀痕捲在外面)。

起油鍋將荔枝肉球以油溫 140 度中小火炸 2 分鐘呈金黃色(可自行剪開確定是否炸熟,油溫不可太高避免炸焦黑)。

另取鍋子爆香蒜片,加入所有材料、水、調味料,拌炒均勻至醬汁收乾即可。

 注意事項

1. 豬肉切成十字花刀片,油炸前,需將太白粉均勻沾裹在肉片上捲摺成荔枝肉球,炸時才會紋路清晰,亦可以牙籤串好再炸(可參考 65 頁切法)。
2. 脆溜需注意湯汁少或無醬汁,但必須是濕潤狀。
3. 若考場只提供紅麴粉,需調水溶解再烹調,注意粉勿結塊、不均勻。
4. 青椒需最後放入一同拌炒至熟,才不會炒太久而變黃。

302-10 組

1. 滑炒三椒雞柳 中　　2. 酒釀魚片 中　　3. 麻辣金銀蛋 難

名稱	數量	刀工	受 評 刀 工（公分）（高＝厚度）
1. 乾木耳	1大片	切片	1. 薑水花片（6片）·············· 厚薄度0.3~0.4
2. 乾辣椒	8條	一切二、去籽切小段	
3. 炸花生	20克		2. 木耳片（6片以上）········· 長3~5，寬2~4
4. 皮蛋	4個	煮熟1切4	
5. 熟鹹蛋	1個	1切4	3. 蒜片（切完）················· 寬0.2~0.4
6. 青椒	1/2個	切條	
7. 紅甜椒	1/3個	切條	4. 青椒條（切完）············· 寬0.5~1，長4~6
8. 黃甜椒	1/3個	切條	
9. 蒜頭	30克	切片（三道菜用）	5. 紅甜椒條（切完）········· 寬0.5~1，長4~6
10. 紅辣椒	1條	切圓片盤飾	
11. 蔥	30克	切段	6. 黃甜椒條（切完）········· 寬0.5~1，長4~6
12. 小黃瓜	2條	1條切菱形片、1條切盤飾	7. 小黃瓜片（6片以上）········· 長4~6，寬2~4，高0.2~0.4
13. 大黃瓜	1截／6公分長	切盤飾	
14. 紅蘿蔔	1條／300克	切1種水花（6片）	8. 雞柳（切完）················· 寬、高1.2~1.8，長5~7
15. 中薑	50克	切1種水花（6片）	
16. 雞胸肉	1/2付	去骨切條	9. 魚片（切完）················· 長4~6，寬2~4，高0.8~1.5
17. 吳郭魚	1條	切片	

指定水花（3選1）

❶ 　❷ 　❸  ✓

指定盤飾（3選2）

❶  ✓　❷ 　❸  ✓

(1) 小黃瓜　　(2) 大黃瓜、小黃瓜、紅辣椒　　(3) 大黃瓜、紅辣椒

259

滑炒三椒雞柳

材 料
青椒 1/2 個、紅甜椒 1/3 個、黃甜椒 1/3 個、蒜頭 8 克、雞胸肉 1/2 付

醃肉料
料理米酒 1 大匙、太白粉 1 大匙

調味料
沙拉油 2 大匙、鹽 1 茶匙、砂糖 1 茶匙、水 1/4 量杯

芡 汁
太白粉 1 大匙、水 2 大匙

製作過程【柳】&【炒、滑炒】

1. 蒜頭切片；青椒、紅甜椒、黃甜椒皆去蒂、去籽、去內側白色筋膜，切成順紋的柳條狀。
2. 雞胸肉去皮去骨後，以片刀斜刀切成 1.8 公分內薄片，再改刀順紋切柳條狀，加入醃料備用。
3. 雞柳醃入味後，放入水鍋中汆燙，去除髒汙、血水泡沫，瀝乾水分備用。
4. 取鍋子，放入 2 大匙的沙拉油，以中小火炒香蒜片。
5. 將蒜片爆香後，放入全部食材、調味料、水，拌炒均勻後微勾薄芡、淋上香油即可盛盤。

 重點步驟

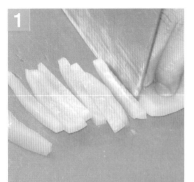

1. 取去籽的紅、黃、青椒，以片刀順紋切割長 4~6 公分、寬 1 公分內的條狀。

2. 取雞胸去骨去皮，以片刀切割 1.8 公分內的片狀，再直刀切割條狀。

3. 取切成柳條狀的雞胸肉，加入醃料醃入味，約 5 分鐘。

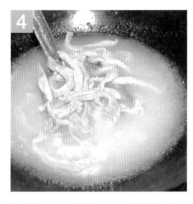

4. 取鍋子加入清水，汆燙雞柳至熟，撈出備用。

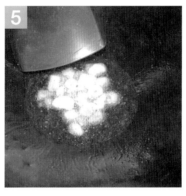

5. 另取鍋子，放入 2 大匙沙拉油，以中小火炒香蒜片。

6. 將全部食材、調味料、水放入拌炒均勻，微勾薄芡、淋上香油即可。

 注意事項

1. 雞柳：先平刀切成片狀後，再改刀順紋切柳條狀，口感較佳（可參考 61 頁切法）。
2. 刀工一定要力求近似，三柳配色取量要適當。
3. 雞柳可汆燙、亦可過油，湯汁會較清澈。
4. 蒜頭可撈除，亦可不撈除。
5. 芡汁不宜過濃，否則影響外觀與口感。

酒釀魚片

材 料

酒釀 40 克、乾木耳 1 大片、小黃瓜 1 條、紅蘿蔔水花片 1 式（6 片）、蒜頭 8 克、薑水花片 1 式（6 片）、吳郭魚 1 條

醃肉料

料理米酒 1 大匙

沾 粉

太白粉 2 大匙

調味料

沙拉油 2 大匙、酒釀 2 大匙、砂糖 1 茶匙、鹽 1 茶匙、水 1 量杯

芡 汁

太白粉 1.5 大匙、水 3 大匙

製作過程【片】&【滑溜】

1. 乾木耳泡軟、切菱形片，小黃瓜切菱形片，紅蘿蔔與薑切指定水花片各 1 式，蒜頭切片。
2. 將吳郭魚去除魚鱗、內臟、魚鰓後，再切除魚頭、魚尾，切取左右魚腓肋、去骨後，將魚肉切成魚片加入醃料，醃 5 分鐘入味備用。
3. 將每片醃味後的魚片均勻沾上乾太白粉，魚頭、魚尾亦沾上太白粉。
4. 起油鍋 1/3 鍋，將魚片炸熟至呈金黃色，瀝油備用；另將魚頭、魚尾炸熟。
5. 取鍋子，放入 2 大匙的沙拉油，以中小火炒香蒜片、薑水花片，放入全部食材（除魚片、魚頭尾外）、水、調味料煮開拌勻，再放入魚片煮開，以太白粉水勾芡，加入魚頭、魚尾略拌，即可盛盤。

 重點步驟

1 取鍋子加水，燙煮木耳至脹發，撈出過冷，以片刀切寬條，再切菱形片狀。

2 取吳郭魚洗淨，切出魚腓肋，將魚腓肋一切為二，轉90度斜切片狀。

3 起油鍋，油溫180度，將魚片炸到呈金黃色，撈出瀝油後，續放入魚頭、魚尾炸熟。

4 取鍋子加入沙拉油，以中小火爆香薑水花片、蒜片。

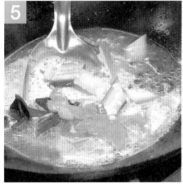

5 炒香蒜片、薑水花片後，放入木耳片、小黃瓜片、紅蘿蔔水花片、水、調味料煮開。

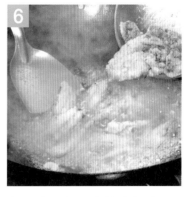

6 煮開後，加入炸熟的魚片，再以太白粉水勾薄芡，加入魚頭、魚尾略拌，淋上香油即可。

 注意事項

1. 魚片最後再放入拌勻，比較不會散掉（可參考 67 頁切法）。
2. 勾芡濃度需注意，不要太過濃稠。
3. 炒香蒜片可撈除，亦可不撈除。
4. 炸魚肉時油溫需高約 180 度，炸約 2.5 分鐘。
5. 魚片放入鍋中炸時，前 1 分鐘勿拌，以免魚片未定形而破裂。

麻辣金銀蛋

材料
炸花生 20 克、乾辣椒 8 條、花椒粒 1 茶匙、皮蛋 4 個、熟鹹蛋 1 個、蒜頭 10 克、蔥 10 克

沾粉
太白粉 3 大匙

調味料
沙拉油 1 大匙、醬油 2 大匙、砂糖 1 茶匙、烏醋 1 大匙、香油 1 大匙、水 1/3 杯

製作過程【塊】&【炒】

1. 取鍋子加入清水，放入皮蛋，待沸，以中小火燙煮 8 分鐘後，撈出待微冷，剝殼後一切四長片。
2. 取熟鹹蛋以片刀連殼一切為二，再以鐵湯匙挖出鹹蛋，再一切為二。
3. 分別將蒜頭去皮切片，蔥切蔥段，乾辣椒一切二、去籽切小段。
4. 取鍋子，加入 1/3 鍋油炸油，將皮蛋、鹹蛋沾上太白粉；待油溫 180 度，將沾粉的皮蛋及鹹蛋放入漏杓，再置入鍋中以大火炸 30 秒，撈出濾油。
5. 另取鍋子加入沙拉油，爆香蒜片、蔥白後，加乾辣椒、花椒粒略炒，再加入所有調味料，待沸，放入炸皮蛋、鹹蛋，最後放入蔥綠段及炸花生，拌勻即成。

 重點步驟

取洗淨熟鹹蛋，以片刀小心的一切為二，用湯匙挖出，再一切為二。燙熟皮蛋剝殼，一切為四，沾上太白粉。

將鹹蛋、皮蛋一切為四後，沾上乾太白粉，放在漏杓待炸。

將皮蛋、鹹蛋沾上乾太白粉，放入漏杓內油溫180度，倒入油鍋，油炸至定形後約30秒撈出。

再以鍋中餘油中小火爆香蒜片、乾辣椒、花椒粒、蔥白。

以中小火爆香蒜片、蔥白、乾辣椒及花椒粒後，加入調味料，混合均勻，再放入炸鹹蛋、皮蛋。

將炸皮蛋、炸鹹蛋和所有調味料放入一同拌炒至醬汁略乾，加入蔥綠段及炸花生，小心拌炒至熟即成。

 注意事項

1. 皮蛋可用蒸的、也可以用水煮的，煮熟後皮蛋會變硬，較方便後續烹煮。
2. 煮熟後的皮蛋一切為四，需沾上乾太白粉再炸。
3. 鹹蛋不用蒸煮，連殼一切二，以鐵湯匙挖出後，再一切二沾乾太白粉炸。
4. 炸花生米不可清洗或太早放入烹煮，口感會變得不脆。
5. 爆炒蒜片、蔥白段、乾辣椒、花椒粒時，火勿太大，以免容易燒焦。
6. 炒出的金銀蛋，不可破碎嚴重及不成形。

1. 黑胡椒溜雞片 中

2. 蔥燒豆腐 中

3. 三椒炒肉絲 中

名稱	數量	刀工	受評刀工（公分）（高＝厚度）
1. 板豆腐	400克	切片	1. 薑水花片（6片）厚薄度0.3~0.4
2. 西芹	1單支	刮皮切片	2. 豆腐片（切完）長4~6，寬2~4，高0.8~1.5
3. 洋蔥	1/4個	切片	3. 西芹片（整支切完）長3~5，寬2~4
4. 紅蘿蔔	1條／300克	切1種水花（6片）	4. 洋蔥片（20克以上）長3~5，寬2~4
5. 蔥	80克	切段	5. 蔥段（50克以上）長3~5直段或斜段
6. 蒜頭	30克	切片，三道菜用	6. 青椒絲（切完）寬、高0.2~0.4，長4~6
7. 薑	100克	切1種水花（6片）、切絲	7. 紅甜椒絲（切完）寬、高0.2~0.4，長4~6
8. 青椒	1/2個	切絲	8. 黃甜椒絲（切完）寬、高0.2~0.4，長4~6
9. 紅甜椒	1/3個	切絲	9. 里肌肉絲（切完）寬、高0.2~0.4，長4~6
10. 黃甜椒	1/3個	切絲	10. 雞片（切完）長4~6，寬2~4，高0.4~0.6
11. 紅辣椒	1條	切圓片盤飾	
12. 大黃瓜	1截／6公分長	切盤飾	
13. 大里肌肉	180克	切絲	
14. 雞胸肉	1/2付	去骨切片	

指定水花（3選1）

① 　② 　③  ✓

指定盤飾（3選2）

① 　②  ✓　③  ✓

(1) 大黃瓜、紅辣椒　　(2) 大黃瓜　　(3) 大黃瓜、紅辣椒

黑胡椒溜雞片

材料
粗黑胡椒粉 1 茶匙、蒜頭 10 克、西芹 1 單支、洋蔥 1/4 個、雞胸肉 1/2 付

醃肉料
料理米酒 1 大匙、太白粉 1 大匙

調味料
沙拉油 2 大匙、粗黑胡椒粉 1 茶匙、醬油 2 大匙、砂糖 1 茶匙、水 1/4 量杯

芡汁
太白粉 1 大匙、水 2 大匙

作過程【片】&【滑溜】

1. 西芹以刮皮刀去除表皮，以片刀切成菱形片，洋蔥亦去皮切成菱形片，蒜頭去皮切片，備用。
2. 雞胸肉去骨、去皮，以片刀切成厚 0.6 公分、長約 4~6 公分、寬約 2~4 公分的薄片。
3. 以醃肉料醃入味約 5 分鐘，起水鍋 1/4 鍋汆燙、燙熟雞片備用。
4. 取鍋子，放入 2 大匙的沙拉油，以中火炒香洋蔥片、蒜片及粗黑胡椒粉。
5. 炒香後加入西芹片、調味料、水拌炒至熟，放入雞肉片拌炒均勻，勾芡後即可盛盤。

 重點步驟

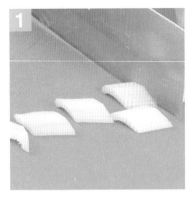

取西芹，以手剝除分岔枝葉，再刮除表皮，以片刀斜切 4 公分內的菱形片。

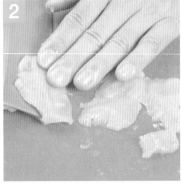

取雞胸肉，以片刀斜切長 4~6 公分、寬 2~4 公分、厚 0.6 公分內的薄片狀。

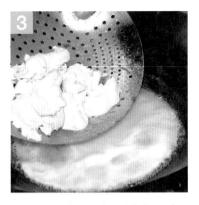

取雞肉片加入醃肉料醃入味後，以熱開水燙熟撈出。

取鍋子加入沙拉油，以中小火爆炒洋蔥片、蒜片、粗黑胡椒粉。

以中小火炒香洋蔥片、蒜片、粗黑胡椒粉後，加入西芹片及調味料拌炒。

將西芹片煮熟後，加入雞肉片拌炒均勻，以太白粉水勾芡，略呈濃稠即可。

 注意事項

1. 西芹一定要刮除表皮粗纖維，口感才會脆嫩順口。
2. 雞胸肉切除邊緣不規則餘肉，再斜刀切成薄片（可參考 62 頁切法）。
3. 西芹不可烹煮太久，而過熟變黃。
4. 此處「黑胡椒」指粗粒黑胡椒粉，不可用白胡椒代替。
5. 滑溜非燴菜，汁應稍濃而少，不可太多汁。

302~11 組 2　蔥燒豆腐

材料
板豆腐 400 克、紅蘿蔔水花片 1 式（6 片）、蔥 10 克、蒜頭 10 克、薑水花片 1 式（6 片）

調味料
沙拉油 2 大匙、醬油 2 大匙、砂糖 1 大匙、烏醋 1 大匙、香油 1 大匙、水 1/2 量杯

芡汁
太白粉 1 大匙、水 2 大匙

作過程【片】&【紅燒】

1. 板豆腐 1 切 4 成長方形，蔥切段，蒜頭切片，薑切成水花片 1 式、紅蘿蔔切水花片 1 式，備用。
2. 起油鍋放入 1/4 鍋油，油溫 180 度，將板豆腐炸成金黃色，瀝乾水分備用。
3. 起鍋子，放入 2 大匙的沙拉油，以中小火炒香蒜片、蔥白。
4. 爆香蒜片、蔥白後，再放入全部食材、調味料、水，煮開後，用小火燒至入味。
5. 最後以太白粉水勾薄芡收汁，加入蔥綠段煮熟，淋上少許香油，即可盛盤。

   重 點 步 驟

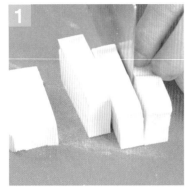

取豆腐，小心的以片刀一切為二後，再次將每塊一切為二，呈四片。

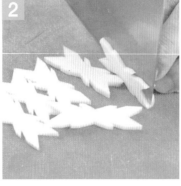

取去皮的薑塊，以片刀切割長四方塊再切出水花形狀，轉 90 度切成水花片。

起油鍋，油溫 180 度時放入豆腐油炸。

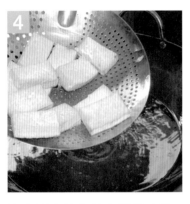

注意豆腐油炸的色澤及完整性，呈金黃色後撈出備用。

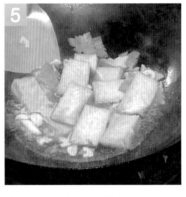

取鍋子，放入沙拉油，以中小火炒香蒜片、蔥白，將全部食材、水、調味料加入煮至入味。

將豆腐以中小火燒約 4 分鐘，再用太白粉水微勾薄芡，放入蔥綠段煮熟，淋上香油即可。

 注意事項

1. 油炸豆腐時，先將豆腐表面的水分擦乾，以免油爆受傷（切法可參考 52 頁）。
2. 油炸豆腐的油溫偏高，大約 180 度左右。
3. 炸好的豆腐可最後放入一起煮，較不易碎裂，但需燒煮入味且上色。
4. 蔥綠可最後放入，保持色澤的翠綠鮮豔。
5. 芡汁不宜過濃而結塊，以免影響外觀。

三椒炒肉絲

材 料
青椒 1/2 個、紅甜椒 1/3 個、黃甜椒 1/3 個、薑 10 克、蒜頭 5 克、大里肌肉 180 克

醃肉料
料理米酒 1 茶匙、太白粉 1 大匙（上漿用）

調味料
沙拉油 2 大匙、鹽 1 茶匙、砂糖 1 茶匙、香油 1 大匙、水 1/4 量杯

芡 汁
太白粉 1 茶匙、水 2 茶匙

作過程【絲】&【炒、爆炒】

1. 蒜頭切片、薑去皮切絲，青椒、紅甜椒、黃甜椒去頭、去尾、去除內側筋膜，直刀切成絲。
2. 大里肌肉去除白色筋膜，切片後再改刀切絲，以醃肉料醃入味，上漿備用。
3. 取鍋子加入水 1/4 鍋待沸，汆燙豬肉絲，瀝乾水分備用。
4. 另取鍋子，放入 2 大匙的沙拉油，以中小火炒香蒜片及薑絲至有香氣。
5. 放入紅甜椒、黃甜椒、青椒、水、調味料煮開後，加入肉絲拌炒均勻，以太白粉水微勾薄芡即可盛盤。

 重 點 步 驟

取紅甜椒去籽洗淨,以片刀直刀切割間隔 0.4 公分內的絲狀。

取黃甜椒去籽洗淨,以片刀直刀切割間隔 0.4 公分內的絲狀。

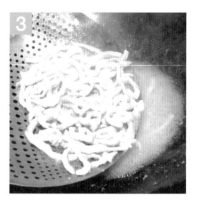

大里肌肉切絲起水鍋汆燙,去除血水髒汙。

取鍋子放入 2 大匙沙拉油,以中小火炒香蒜片及薑絲。

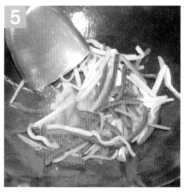

將三椒放入,加水、調味料煮開拌勻。

將肉絲拌炒均勻,勾薄芡即可。

 注意事項

1. 豬肉絲要逆紋切絲,且要上漿,汆燙或過油都可以(可參考 64 頁切法)。
2. 四色刀工(豬肉絲、紅甜椒絲、黃甜椒絲、青椒絲)力求近似且取量適當。
3. 辛香料不可以算一種菜色或一種絲。
4. 豬肉若是過油,一定要熱鍋冷油,口感較佳。
5. 青椒避免烹煮過久,否則易變色、變黃。

1. 馬鈴薯燒排骨 中　　**2. 香菇蛋酥燗白菜** 難　　**3. 五彩杏菇丁** 中

名稱	數量	刀工	受評刀工（公分）（高＝厚度）
1. 乾香菇	6朵／直徑4公分	2朵切丁、4朵切片	1. 乾香菇片（4朵）…………… 斜切寬2~4
2. 扁魚	2片	剪小塊	
3. 蝦米	15克	洗淨	2. 筍丁（切完）…………… 長、寬、高0.8~1.2
4. 桶筍	1/2支	切丁	
5. 馬鈴薯	1個	滾刀塊	3. 蔥段（30克以上）………… 長3~5直段或斜段
6. 紅蘿蔔	1條／300克	切丁、切2種水花（各6片）、切塊	4. 馬鈴薯滾刀塊（切完）…… 邊長2~4的滾刀塊
7. 蔥	50克	切段	
8. 薑	20克	切片	5. 杏鮑菇丁（切完）………… 長、寬、高0.8~1.2
9. 大白菜	1個／500克	去頭切塊	
10. 杏鮑菇	1支／100克	切丁	6. 紅蘿蔔丁（40克以上）…… 長、寬、高0.8~1.2
11. 紅辣椒	1條	切丁、切盤飾	
12. 小黃瓜	2條	1條切丁、1條切盤飾	7. 小黃瓜丁（切完）………… 長、寬、高0.8~1.2
13. 大黃瓜	1截／6公分長	切盤飾	8. 里肌肉丁（80克以上）…… 長、寬、高0.8~1.2
14. 蒜頭	30克	切片	
15. 小排骨	300克	剁塊	9. 小排骨塊（剁完）………… 邊長2~4的不規則塊狀，須帶骨
16. 大里肌肉	150克	切丁	
17. 雞蛋	2個	洗淨（待炸蛋酥）	

指定水花（3選1）

① 　②  ✓　③

指定盤飾（3選2）

①

②  ✓

③  ✓

(1) 大黃瓜、紅辣椒　　(2) 大黃瓜、紅辣椒　　(3) 小黃瓜

馬鈴薯燒排骨

材 料
馬鈴薯 1 個、紅蘿蔔 1/3 條、蔥 30 克、薑 10 克、蒜頭 10 克、小排骨 300 克

醃肉料
料理米酒 1 大匙、太白粉 2 大匙

調味料
沙拉油 1 大匙、醬油 2 大匙、砂糖 2 小匙、白胡椒粉 1/4 茶匙、水 2 量杯

芡 汁
太白粉 1 大匙、水 2 大匙

製作過程【塊】&【燒】

1. 蔥切段,薑切片,蒜頭切片,馬鈴薯切滾刀塊,紅蘿蔔切滾刀塊;備用。
2. 小排骨剁成每塊約 2~4 公分四方塊,入醃肉料醃入味,沾上太白粉備用。
3. 起油鍋 1/4 鍋,油溫 180 度,放入紅蘿蔔、馬鈴薯,用中大火炸到上色,瀝乾油分備用;再將小排骨放入油鍋,亦用中大火炸到上色,備用。
4. 另取鍋子,放入沙拉油 1.5 大匙,以中小火炒香蔥白、中薑片、蒜片,再放入調味料、水及小排骨,燜煮 3 分鐘。
5. 將紅蘿蔔、馬鈴薯放入,以小火煮到熟,湯汁略收乾,加入太白粉水勾芡,加入蔥綠段略煮,即可盛盤。

 重點步驟

1

取馬鈴薯去皮,以片刀直切一開四,再將每一長條切割一口大小的滾刀塊。

2

取油鍋 1/4 鍋,油溫 180 度,放入馬鈴薯炸至金黃撈出。

3

取排骨,以剁刀小心剁切 4 公分內的塊狀。

4

排骨塊以醃料醃入味,沾上乾太白粉,起油鍋待油溫 180 度,將排骨一塊、一塊放入,炸成金黃色。

5

取鍋子加入沙拉油,爆香蔥白、蒜片、中薑片,加入排骨、調味料煮 3 分鐘後,再加馬鈴薯、紅蘿蔔。

6

將所有材料放入燜煮熟,以太白粉水勾芡,加速醬汁的濃度,加入蔥綠段略煮,縮汁即成。

 注意事項

1. 馬鈴薯、排骨需炸上色,且一定要煮熟(切法可參考排骨 65 頁、馬鈴薯 44 頁)。
2. 馬鈴薯在烹調時容易焦掉,因此小火烹煮之外,亦要注意不時的翻動。
3. 先將排骨煮 3 分鐘後,再放馬鈴薯、紅蘿蔔,避免糊掉。
4. 起鍋前放入蔥綠段提綠,避免太早放入而使蔥綠段變黃。
5. 芡汁不宜太濃而影響觀感與口感。

香菇蛋酥燜白菜

材 料

蝦米 15 克、乾香菇 4 朵、扁魚 2 片、大白菜 1 個、紅蘿蔔
水花片 2 式（各 6 片）、蒜頭 10 克、雞蛋 2 個

調味料

沙拉油 2 大匙、醬油 2 大匙、砂糖 1 茶匙、烏醋 1 大匙、白
胡椒粉 1/3 茶匙、清水 2 杯

製作過程【片、塊】&【燜煮】

1. 將蝦米洗淨，乾香菇燙至脹發、去蒂頭斜切片，大白菜一切為二、去蒂再切 4 個長方塊、再對切
   為 8，蒜頭切片，紅蘿蔔切水花片 2 式。
2. 雞蛋以三段式打蛋法打出；扁魚洗淨，以剪刀每片一剪六片。
3. 取鍋子加入水 1/2 鍋，待沸，燙熟太白菜，撈出備用。
4. 另取鍋子，加入油炸油 1/3 鍋，待油溫 180 度，將蛋液以細濾網直接濾入鍋中炸成蛋絲，撈出後，
   續炸扁魚片。
5. 取鍋子，加入沙拉油爆香蝦米、乾香菇片、蒜片後，加入所有調味料，再加入白菜、蛋酥、扁魚
   及紅蘿蔔水花片，燒至入味，盛盤即成。

 重 點 步 驟

取鍋子，加入清水煮沸，燙熟香菇後去蒂，再以片刀斜切 2~4 公分寬的斜切片狀。

取大白菜，以片刀一切為二，切除頭部，再將每個半顆一切為四，對切成塊狀。

鍋子加入水 1/2 鍋，燙熟白菜塊後撈出。

取油炸油，油溫 180 度，將打散的蛋液透過濾網倒入鍋中，以中大火炸成蛋酥。

蛋酥炸至香酥撈出，續炸扁魚片至金黃色後撈出。

取鍋子加入沙拉油，爆香蝦米、蒜片、乾香菇片後，將所有材料及調味料放入，燒至入味即成。

注意事項

1. 大白菜去心、切寬長方塊，再轉 90 度切成塊狀，不可太大、太長。
2. 雞蛋以三段式打蛋法打出，全蛋需打散，再以濾網過濾、炸成蛋酥，不可黏結成團。
3. 扁魚須切塊後再炸酥，避免火候太大而燒焦。
4. 此道菜以燜煮為重點，所有材料都需燜煮入味。
5. 大白菜須軟且入味，規定的材料不得短少、缺乏。
6. 燒至入味即將完成時，亦可以太白粉水略為勾芡，加速湯汁縮汁。

五彩杏菇丁

材 料
乾香菇 2 朵、桶筍 1/2 支、杏鮑菇 1 支、紅蘿蔔 30 克、小黃瓜 1 條、紅辣椒 1 條、蒜頭 8 克、大里肌肉 150 克

醃肉料
料理米酒 1 大匙、太白粉 1 茶匙

調味料
沙拉油 2 大匙、鹽 1 茶匙、砂糖 1 茶匙、香油 1 茶匙、水 1/4 量杯

芡汁
太白粉 1 茶匙、水 2 茶匙

製作過程【丁】&【炒、爆炒】

1. 乾香菇泡軟或熱水燙軟去蒂頭切丁，桶筍、杏鮑菇、紅蘿蔔、小黃瓜、紅辣椒（去頭尾、對切去籽）皆切成丁狀（約 0.8~1.2 公分），蒜頭切片。

2. 大里肌肉以片刀切除筋膜後，切厚片、再切條、再切丁，加入醃肉料醃入味備用。

3. 取鍋子，加入水 1/3 鍋，待沸，將桶筍丁、紅蘿蔔丁汆燙備用。

4. 另取鍋子加入水 1/4 鍋，燙煮肉丁至熟。

5. 取鍋子，放入沙拉油 2 大匙，以中小火炒香蒜片、紅辣椒片，再加入全部食材、調味料、水，待煮開拌炒均勻，以太白粉水微勾薄芡，淋上香油即可盛盤。

重點步驟

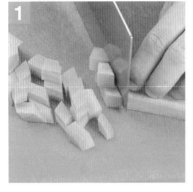

1

取紅蘿蔔，以片刀直切1公分的片狀，再切割1公分條狀，轉 90 度切割小丁狀。

2

取杏鮑菇，以片刀小心直切1公分片狀，再直切 1 公分條狀，轉 90 度切割小丁狀。

3

鍋子加入清水待沸，汆燙桶筍丁、紅蘿蔔丁至熟，撈出備用。

4

另起鍋子加入清水，待沸，汆燙肉丁至熟，撈出備用。

5

取鍋子，放入 2 大匙沙拉油，以中小火炒香蒜片、紅辣椒片。

6

將全部材料、水、調味料放入以中大火炒熟，以太白粉水略勾薄芡即可。

注意事項

1. 桶筍一定要沸水鍋汆燙去除酸味，口感較佳。
2. 豬肉丁可汆燙、亦可過油，烹煮時能讓湯汁較澄清無雜質。
3. 全部食材刀工皆為丁，力求刀工近似。
4. 小黃瓜在拌炒時需注意色澤，不要變黃。
5. 起鍋前勾薄芡可增加賣相、亮度，但不可太濃稠。

術科試題組合菜單速簡表

301-1	青椒炒肉絲　p.113	茄汁燴魚片　p.115	乾煸四季豆　p.117
完成圖			
材料	青椒1個、紅辣椒1條、蒜頭10克、薑10克、大里肌肉200克	小黃瓜1/2條、紅蘿蔔水花片2式（各6片）、薑10克、洋蔥1/4個、鱸魚1條	蝦米10克、冬菜10克、四季豆200克、蔥10克、薑10克、蒜頭10克、豬絞肉50克
主要刀工	絲	片	末
烹飪法	炒、爆炒	燴	煸
調味料	沙拉油2大匙、鹽1茶匙、砂糖2茶匙、香油1茶匙、水1/3量杯	沙拉油1大匙、番茄醬3大匙、白醋2大匙、砂糖2大匙、香油1茶匙、水1/2量杯	料理米酒2大匙、醬油2大匙、砂糖1茶匙、香油1茶匙
其他	醃肉料：太白粉1茶匙、料理米酒1大匙；芡汁：太白粉水1茶匙	醃肉料：料理米酒1大匙、太白粉2茶匙；沾粉：太白粉3大匙	醃肉料：料理米酒1大匙、太白粉1/2茶匙
簡易製作流程	※ 青椒、中薑、紅辣椒→洗淨→切絲，蒜頭→去皮切末 ※ 大里肌肉洗淨→切除筋膜→逆紋切絲→醃→汆燙 ※ 爆香蒜末、中薑絲、紅辣椒絲→將所有生食材料、調味料拌炒均勻至熟→放入肉絲→拌炒→盛盤	※ 洋蔥、小黃瓜→洗淨→切菱形片；紅蘿蔔→洗淨→切水花片；中薑切菱形片 ※ 鱸魚去鱗、鰓、內臟等→洗淨、去骨、斜切片→醃→上粉→油炸→油炸魚頭尾 ※ 爆香洋蔥、薑片→加所有食材、調味料炒勻煮開→盛盤	※ 蝦米洗淨泡水→剁細末 ※ 冬菜洗淨切末 ※ 中薑切末，蒜頭切末，蔥切蔥花 ※ 四季豆洗淨、去側筋→過油 ※ 爆香中薑末、冬菜末、蒜末、蝦米→加絞肉炒熟→所有食材加入、調味料拌炒均勻→盛盤

301-2	燴三色肉片　p.120	五柳溜魚條　p.122	馬鈴薯炒雞絲　p.124
完成圖			
材料	桶筍 1/2 支、小黃瓜 1 條、紅蘿蔔水花片 2 式（各 6 片）、蔥 10 克、薑 10 克、大里肌肉 200 克	乾木耳 10 克、桶筍 1/2 支、青椒 1/2 個、紅蘿蔔 1/4 條、紅辣椒 1 條、蔥 5 克、中薑 5 克、鱸魚 1 條	馬鈴薯 1 個、紅辣椒 1 條、蒜頭 8 克、雞胸肉 1/2 付
主要刀工	片	條、絲	絲
烹飪法	燴	脆溜	炒、爆炒
調味料	沙拉油 2 大匙、鹽 1 茶匙、砂糖 1 大匙、料理米酒 1 大匙、香油 1 大匙、白胡椒粉 1/4 茶匙、水 1 量杯	沙拉油 2 大匙、醬油 3 大匙、砂糖 1 大匙、白胡椒粉 1/4 茶匙、黑醋 2 大匙、香油 1 大匙、水 1/2 量杯	沙拉油 2 大匙、鹽 1 茶匙、砂糖 1 大匙、香油 1 大匙、水 1/2 量杯
其他	醃肉料：料理米酒 1 大匙、太白粉 1 茶匙	醃肉料：料理米酒 1 大匙、太白粉 2 茶匙；沾粉：太白粉 3 大匙	醃肉料：料理米酒 1 大匙、太白粉 1 茶匙
簡易製作流程	※ 小黃瓜洗淨→切菱形片；紅蘿蔔切水花片 2 款；蔥切蔥段，薑切片 ※ 桶筍洗淨→切菱形片→汆燙 ※ 大里肌肉洗淨→去除筋膜，逆紋切片→醃→汆燙 ※ 爆香蔥段→加所有材料、調味料煮熟→放入肉片→勾芡→盛盤	※ 乾木耳、青椒、紅蘿蔔、紅辣椒、蔥、中薑洗淨→切絲 ※ 桶筍洗淨→切絲→汆燙 ※ 鱸魚去鱗、鰓、內臟→洗淨、去骨、切條→醃味→沾乾太白粉→酥炸→油炸魚頭尾 ※ 爆香中薑絲、蔥絲、紅辣椒絲→加其他食材、調味料煮開→勾薄芡→盛盤	※ 馬鈴薯洗淨→去皮→切薄片→再切絲；紅辣椒洗淨→切絲；蒜頭切末 ※ 雞胸肉去皮去骨→順紋切片再切絲→醃→汆燙 ※ 爆香蒜末、紅辣椒絲→加所有食材、調味料拌炒均勻至熟→放入雞絲→勾薄芡→盛盤

301-3	蛋白雞茸羹　p.127	菊花溜魚球　p.129	竹筍炒肉絲　p.131
完成圖			
材料	雞胸肉 1/2 付，雞蛋（只取蛋白）2 個	鳳梨 1 片、紅蘿蔔水花片 2 式各 6 片、青椒 1/2 個、紅辣椒 1 條、洋蔥 1/4 個、薑 10 克、鱸魚 1 條	桶筍 120 克、蔥 10 克、薑 10 克、紅辣椒 1 條、大里肌肉 200 克
主要刀工	茸	剞刀厚片	絲
烹飪法	羹	脆溜	炒、爆炒
調味料	鹽 1 茶匙、砂糖 1 茶匙、香油 1 大匙、清水 4/5 湯碗	沙拉油 1 大匙、番茄醬 3 大匙、白醋 2 大匙、砂糖 2 大匙、水 1/2 量杯	沙拉油 2 大匙、鹽 1 茶匙、砂糖 2 茶匙、香油 1 大匙、水 1/3 量杯
其他	醃肉料：太白粉 1 茶匙、料理米酒 1 大匙；芡汁：太白粉 2 大匙、水 4 大匙	醃肉料：鹽 1/2 茶匙、料理米酒 1 大匙；沾粉：太白粉 4 大匙；芡汁：太白粉 1 茶匙、水 2 茶匙	醃肉料：料理米酒 1 大匙、太白粉 1 茶匙；芡汁：太白粉 1 茶匙、水 2 茶匙
簡易製作流程	※ 雞胸肉洗淨→去皮→去骨→切片→剁茸→醃料備用 ※ 雞蛋三段式打出→撈出蛋黃→打散蛋白 ※ 取鍋子→加水 1/4 鍋燙熟雞茸→撈出 ※ 另取鍋子→加入水 4/5 湯碗→加入雞茸→加入調味料→太白粉水勾芡→加入蛋白略拌→滴入香油即成	※ 鳳梨片一切為六 ※ 紅蘿蔔切水花片 ※ 洋蔥、青椒、薑、紅辣椒洗淨→切菱形片 ※ 鱸魚去鱗、鰓、內臟→洗淨去骨、切魚球→醃→沾乾粉油炸魚球→油炸魚頭尾 ※ 爆香洋蔥、薑片→加調味料煮開→加其他食材炒勻→勾薄芡→加魚球拌勻→盛盤	※ 蔥、中薑、紅辣椒洗淨→切絲 ※ 桶筍洗淨→切絲→汆燙 ※ 豬肉去筋膜→切絲→醃→汆燙 ※ 爆香中薑絲、紅辣椒絲→加所有食材、調味料拌炒均勻→勾芡→加蔥絲略拌→加香油→盛盤

301-4	黑胡椒豬柳　p.134	香酥花枝絲　p.136	薑絲魚片湯　p.138
完成圖			
材料	蒜頭 8 克、洋蔥 1/4 個、紅蘿蔔 1/4 條、西芹 1 單支、大里肌肉 200 克	蔥 10 克、蒜頭 10 克、紅辣椒 1 條、花枝（清肉）1 隻	中薑 25 克、紅蘿蔔水花片 2 式（各 6 片）、鱸魚 1 條
主要刀工	條	絲	片
烹飪法	滑溜	炸、拌炒	煮（湯）
調味料	沙拉油 2 大匙、黑胡椒粉 1 茶匙、蠔油 1 大匙、砂糖 1 茶匙、水 1/4 量杯	沙拉油 1 大匙（另備：鹽 1 茶匙、砂糖 1 茶匙、胡椒粉 1/2 茶匙混合拌勻成胡椒鹽）	料理米酒 1 大匙、鹽 2 茶匙、砂糖 1 茶匙、白胡椒粉少許、香油 1 茶匙、水 4/5 湯碗
其他	醃肉料：料理米酒 1 大匙、太白粉 1 茶匙；芡汁：太白粉 1 茶匙、水 2 茶匙	醃肉料：料理米酒 1 大匙、麵粉 2 大匙；沾粉：地瓜粉 3 大匙	醃肉料：料理米酒 1 大匙、太白粉 1 茶匙
簡易製作流程	※ 洋蔥、紅蘿蔔洗淨→切條 ※ 西芹洗淨去粗纖維→切條 ※ 蒜頭去皮→切末 ※ 大里肌肉切除筋膜→逆紋切條→醃→汆燙或過油 ※ 爆香洋蔥、蒜末、紅蘿蔔→加所有食材、調味料拌炒均勻→勾芡→盛盤	※ 蒜頭、紅辣椒洗淨→切末；蔥洗淨切蔥花 ※ 花枝切絲加入醃料→拍粉（地瓜粉）→油炸酥 ※ 爆香蒜末、紅辣椒末→加花枝絲炒勻→加蔥花、調味料拌勻→盛盤	※ 紅蘿蔔洗淨→切水花片 2 式 ※ 中薑洗淨→切絲 ※ 鱸魚去鱗、鰓、內臟→洗淨、去骨→斜切片→醃味→魚片、魚頭、魚尾略汆燙半熟 ※ 水 4/5 湯碗倒入鍋中煮開→加入所有材料、調味料煮開→盛盤

301-5	香菇肉絲油飯　p.141	炸鮮魚條　p.143	燴三鮮　p.145
完成圖			
材料	長糯米 220 克、乾香菇 4 朵、蝦米 15 克、乾魷魚身 1/3 隻、紅蔥頭 3 顆、老薑 50 克、大里肌肉 100 克	麵粉 2/3 杯、太白粉 1/3 杯、鱸魚 1 條	乾香菇 2 朵、紅蘿蔔水花片 1 式（6 片）、小黃瓜 1 條、薑水花片 1 式（6 片）、蔥 20 克、大里肌肉 100 克、鮮蝦（中型草蝦）6 隻、花枝（清肉）100 克
主要刀工	絲	條	片
烹飪法	蒸、熟拌	軟炸	燴
調味料	黑麻油 3 大匙、醬油 2 大匙、砂糖 1 大匙、白胡椒粉少許、水 1/2 量杯	鹽 1 茶匙、砂糖 1 茶匙、白胡椒粉 1/2 茶匙	沙拉油 1 大匙、鹽 1 茶匙、砂糖 1 大匙、白胡椒粉少許、香油 1 大匙、料理米酒 1 大匙、水 1 量杯
其他	醃肉料：料理米酒 1 茶匙、太白粉 1 茶匙	醃肉料：料理米酒 1 大匙、太白粉 1 大匙；酥炸粉：麵粉 2/3 杯、太白粉 1/3 杯、泡打粉 1 茶匙、水 1/2 量杯、沙拉油 1 大匙	醃肉料：料理米酒 1 大匙、太白粉 1 茶匙；芡汁：太白粉 1 大匙、水 2 大匙
簡易製作流程	※ 乾香菇、乾魷魚洗淨泡軟→切絲 ※ 蝦米洗淨泡軟；紅蔥頭去皮→切片；老薑洗淨→切絲 ※ 大里肌肉切絲→醃 ※ 長糯米 1 杯→加入水 1/2 量杯→入蒸籠鍋蒸約 35 分鐘 ※ 炒香老薑絲→加肉絲炒熟→炒香紅蔥頭→加入所有食材（糯米外）、調味料拌炒均勻→糯米飯（熄火）加入拌勻→盛盤	※ 酥炸粉→麵粉 2/3 杯＋太白粉 1/3 杯＋泡打粉 1 茶匙＋水 1/2 量杯＋沙拉油 1 大匙→拌勻 ※ 鱸魚去鱗、鰓、內臟等→洗淨、去骨、切條→加入調味料、醃肉料拌勻→酥炸粉→油炸至呈金黃色→撈出→魚頭尾沾乾太白粉→炸熟→排盤	※ 乾香菇洗淨→燙熟→去蒂頭→斜切片 ※ 小黃瓜→切菱形片 ※ 中薑、紅蘿蔔→切水花片各 1 式；蔥→切段 ※ 大里肌肉去筋膜→逆紋切片→醃→汆燙 ※ 蝦子去殼→去腸泥→切片；花枝切梳子片→醃→汆燙 ※ 爆香蔥段、薑水花片→加所有食材、調味料煮開→勾芡盛盤

301-6	糖醋瓦片魚　p.148	燜燒辣味茄條　p.150	炒三色肉丁　p.152
完成圖			
材料	紅蘿蔔水花片 2 式（各 6 片）、青椒 1/2 個、洋蔥 1/4 個、薑 10 克、鱸魚 1 條	茄子 2 條、蔥 20 克、薑 10 克、紅辣椒 1 條、蒜頭 10 克、絞肉 50 克	五香大豆乾 1/2 塊、青椒 1/2 個、蒜頭 5 克、紅蘿蔔 40 克、紅辣椒 1 條、大里肌肉 200 克
主要刀工	片	條、末	丁
烹飪法	脆溜	燒	炒、爆炒
調味料	沙拉油 1 大匙、番茄醬 3 大匙、白醋 2 大匙、砂糖 2 大匙、香油 1 茶匙、水 1/2 量杯	沙拉油 1 大匙、辣豆瓣醬 1 大匙、醬油 1 大匙、砂糖 1 大匙、料理米酒 1 大匙、水 1/2 量杯	沙拉油 1 大匙、鹽 1 茶匙、砂糖 1 茶匙、白胡椒粉少許、香油 1 大匙、水 1/3 量杯
其他	醃肉料：料理米酒 1 大匙、太白粉 2 茶匙；沾粉：太白粉 3 大匙	醃肉料：料理米酒 1 大匙、太白粉 1 茶匙；芡汁：太白粉 1 茶匙、水 2 茶匙	醃肉料：料理米酒 1 大匙、太白粉 1 茶匙；芡汁：太白粉 1 茶匙、水 2 茶匙
簡易製作流程	※ 青椒、洋蔥洗淨→切菱形片；薑去皮切菱形片 ※ 紅蘿蔔洗淨→切水花片 2 款 ※ 鱸魚去鱗、鰓、內臟等→洗淨、去骨、斜切片→醃味→沾乾粉→炸魚片→炸魚頭尾 ※ 爆香洋蔥及薑片→加所有食材、調味料煮開→盛盤	※ 中薑、蒜頭洗淨→切末；紅辣椒去籽洗淨→切末；蔥切蔥花 ※ 茄子切條約 6~7 公分→再一切四→過油定色 ※ 爆香薑末、蒜末、辣椒末→絞肉炒香→加茄條→加調味料燜煮至軟→勾薄芡→加蔥花略拌→盛盤	※ 五香大豆乾、青椒、紅蘿蔔、紅辣椒洗淨→切丁 ※ 蒜頭洗淨→切末 ※ 大里肌肉洗淨切除筋膜→切丁→醃→過油（或汆燙皆可） ※ 爆香蒜末→加所有調味料、材料拌炒均勻→勾芡→盛盤

301-7	榨菜炒肉片 p.155	香酥杏鮑菇 p.157	三色豆腐羹 p.159
完成圖			
材料	榨菜 200 克、紅辣椒 1 條、蔥 10 克、薑 10 克、蒜頭 5 克、紅蘿蔔水花片 2 式（各 6 片）、大里肌肉 200 克	杏鮑菇 3 支、蔥 20 克、蒜頭 10 克、紅辣椒 1 條	乾香菇 1 朵、盒豆腐 1/2 盒、桶筍 40 克、紅蘿蔔 30 克、蔥 15 克、雞蛋（只取蛋白）2 個
主要刀工	片	片	指甲片
烹飪法	炒、爆炒	炸、拌炒	羹
調味料	沙拉油 2 大匙、砂糖 1 茶匙、白胡椒粉 1/3 茶匙、香油 1 大匙、清水 1/2 杯	沙拉油 1 茶匙（另備鹽 1 茶匙、砂糖 1 茶匙、白胡椒粉 1/2 茶匙混合拌勻成胡椒鹽）	鹽 2 茶匙、砂糖 1 大匙、白胡椒粉 1/2 茶匙、香油 1 大匙、清水 4/5 湯碗
其他	醃肉料：料理米酒 1 大匙、太白粉 1 茶匙	沾粉：蛋黃 2 個、麵粉 2 大匙、水 2 大匙、地瓜粉 1/2 量杯（乾沾用）	芡汁：太白粉 3 大匙、水 6 大匙
簡易製作流程	※ 榨菜切除圓弧凹凸表面→一切二→再切成片狀→鍋中加水燙除鹹味 ※ 紅辣椒→去籽→切菱形片；薑→去皮→切菱形片；蔥→切段；蒜頭切片 ※ 大里肌肉→去筋膜→切片→醃味→燙熟撈出 ※ 取鍋子→加入沙拉油→爆香薑、蒜、辣椒→加入所有材料→加入調味料及肉片→拌炒至熟即成	※ 蒜頭→去皮切末；紅辣椒洗淨一開二→去籽切末；蔥切蔥花 ※ 杏鮑菇洗淨→切斜片→混合蛋黃、麵粉、水→沾地瓜粉→中大火油炸酥 ※ 小火爆香蒜末、紅辣椒末→加入所有食材、調味料拌炒均勻→盛盤	※ 乾香菇洗淨、泡軟、去蒂頭→切丁 ※ 桶筍、紅蘿蔔洗淨→切菱形片（小）→汆燙 ※ 盒豆腐洗淨→切小片 ※ 蔥洗淨→切蔥花 ※ 將所有材料、調味料煮開勾薄芡→加入豆腐片小心拌開→蛋白依三段式打蛋（蛋黃撈出）→順時鐘倒入蛋白（小火）→攪拌成蛋花→加香油→盛入湯碗

301-8	脆溜麻辣雞球　p.162	銀芽炒雙絲　p.164	素燴三色杏鮑菇　p.166
完成圖			
材料	乾辣椒 8 條、花椒粒 1 茶匙（自取）、小黃瓜 1 條、薑 10 克、蔥 30 克、蒜頭 10 克、雞胸肉 1 付	桶筍 1/2 支、青椒 1/2 個、綠豆芽 200 克、紅辣椒 1 條、薑 10 克、蒜頭 5 克	桶筍 1/2 支、五香大豆乾 1/2 塊，杏鮑菇 1 支、紅蘿蔔水花片 2 式（各 6 片）、小黃瓜 1 條、薑 10 克
主要刀工	剞刀厚片	絲	片
烹飪法	脆溜	炒、爆炒	燴
調味料	沙拉油 1 大匙、醬油 2 大匙、砂糖 1 大匙、胡椒粉少許、料理米酒 2 大匙、烏醋 1 茶匙、香油 1 大匙、水 1/4 量杯	沙拉油 2 大匙、鹽 1 茶匙、砂糖 1 茶匙、香油 1 大匙、水 1/4 量杯	沙拉油 2 大匙、鹽 1 茶匙、砂糖 1 茶匙、白胡椒粉少許、香油 1 大匙、水 1 量杯
其他	醃肉料：料理米酒 1 大匙、鹽 1/2 茶匙；沾粉：太白粉 1/2 量杯；芡汁：太白粉 1 茶匙、水 2 大匙	芡汁：太白粉 1 茶匙、水 2 茶匙	芡汁：太白粉 1 大匙、水 2 大匙
簡易製作流程	※ 小黃瓜洗淨→切菱形丁塊 ※ 乾辣椒剪段、蔥切段 ※ 蒜頭洗淨→切片 ※ 薑去皮→切片 ※ 雞胸肉去皮去骨→切花刀→醃完（拍乾粉）→過油 ※ 爆香蔥段、蒜片、薑片、乾辣椒、花椒粒→加入所有食材、調味料拌炒均勻→勾芡→盛盤	※ 桶筍洗淨→切絲→汆燙 ※ 青椒、紅辣椒、中薑洗淨→切絲 ※ 蒜頭去皮→切末 ※ 綠豆芽洗淨→摘去頭尾成銀芽 ※ 爆香中薑絲、紅辣椒絲、蒜末→加其他食材、調味料拌炒均勻→勾薄芡→盛盤	※ 桶筍洗淨→切菱形片→汆燙 ※ 五香大豆乾、小黃瓜、杏鮑菇、薑洗淨→切菱形片 ※ 紅蘿蔔洗淨→切水花片 2 式 ※ 爆香薑片→加入所有食材、調味料、水→煮開→勾芡→盛盤

301-9	五香炸肉條　p.169	三色煎蛋　p.171	三色冬瓜捲　p.173
完成圖			
材料	蔥 5 克、薑 5 克、蒜頭 5 克、大里肌肉 200 克	玉米粒 40 克、紅蘿蔔 20 克、四季豆 60 克、蔥 10 克、雞蛋 4 個	乾香菇 3 朵、桶筍 1/2 支、冬瓜 1 台斤、紅蘿蔔 1/6 條、紅蘿蔔水花片 2 式（各 6 片）、薑 10 克
主要刀工	條	片	絲、片
烹飪法	軟炸	煎	蒸
調味料	鹽 1/2 茶匙、砂糖 1 茶匙、白胡椒粉 1/2 茶匙	沙拉油 3 大匙、鹽 1 茶匙、白胡椒粉 1/2 茶匙、香油 1 茶匙	鹽 1/2 茶匙、砂糖 1/2 茶匙、香油 1 大匙、水 1/2 量杯
其他	醃肉料：五香粉 1 茶匙、米酒 2 大匙、太白粉 1 茶匙；麵糊料：麵粉 2/3 杯、太白粉 1/3 杯、泡打粉 1 茶匙、沙拉油 1 大匙、水 1/2 杯	無	芡汁：太白粉 2 茶匙、水 4 茶匙
簡易製作流程	※ 分別將蔥→切蔥末，薑→切薑末，蒜頭→去皮切末 ※ 大里肌肉→去筋膜→逆紋切厚片→再切成條狀 ※ 取容器→加調味料、醃肉料大里肌肉條→醃 ※ 取容器，加入麵糊料→混合成麵糊→醒 10 分鐘 ※ 取油 1/2 鍋→油溫 180 度→香辛料混合里肌肉條加入麵糊→一條一條放入→炸熟撈出即成	※ 紅蘿蔔洗淨→切指甲片→汆燙 ※ 四季豆洗淨→去側筋→切小段→汆燙 ※ 蔥洗淨→切蔥花；玉米粒洗淨 ※ 蛋依三段式打蛋拌勻蛋液→加所有食材、調味料拌勻 ※ 加入蛋液→煎成大圓片→放熟食砧板，以衛生手法切 6 片→盛盤	※ 香菇泡軟→切絲 ※ 紅蘿蔔洗淨→切絲與指定水花片 ※ 薑洗淨→切絲 ※ 桶筍切絲→汆燙 ※ 冬瓜洗淨→切長薄片→放上香菇絲、紅蘿蔔絲、桶筍絲、薑絲（至少各 2 條）→捲緊蒸約 5 分鐘至熟 ※ 水 1 量杯煮開→放入調味料→勾芡（水晶芡）→淋上蒸好的冬瓜捲，以紅蘿蔔水花片裝飾即可

301-10	涼拌豆乾雞絲　p.176	辣豉椒炒肉丁　p.178	醬燒筍塊　p.180
完成圖			
材料	五香大豆乾 1 塊、小黃瓜1條、紅蘿蔔30克、紅辣椒 1 條、蔥 5 克、薑 5 克、雞胸肉 1/2 付	豆豉 15 克、辣椒醬 1 大匙、青椒 1 個、紅辣椒 1 條、蒜頭 5 克、大里肌肉 200 克	冬瓜醬 1 大匙、黃豆醬 1 大匙、桶筍 1.5 支、紅蘿蔔水花片 1 式（6 片）、蔥 30 克、薑水花片 1 式（6 片）、蒜頭 10 克
主要刀工	絲	丁	滾刀塊
烹飪法	涼拌	炒、爆炒	紅燒
調味料	鹽 1 茶匙、香油 2 大匙、砂糖 2 茶匙、白醋 1 大匙	沙拉油 2 大匙、辣椒醬 1 大匙、砂糖 2 茶匙、鹽 1/4 茶匙、水 1/4 量杯	沙拉油 2 大匙、冬瓜醬 1 大匙、黃豆醬 1 大匙、砂糖 1 大匙、料理米酒 1 大匙、香油 1 大匙、醬油 1/2 大匙、水 1 量杯
其他	醃肉料：料理米酒 1 茶匙、太白粉 1 大匙	醃肉料：料理米酒 1 茶匙、太白粉 2 茶匙；芡汁：太白粉 1 茶匙、水 2 茶匙	芡汁：太白粉 1 大匙、水 2 大匙
簡易製作流程	※ 五香大豆乾、小黃瓜、紅蘿蔔、紅辣椒、蔥、中薑→洗淨→一律切絲 ※ 雞胸肉洗淨→去皮去骨→順紋切片再切絲→醃→汆燙 ※ 大碗公內放入礦泉水→全部食材汆燙後泡涼→瀝乾水分→加調味料拌勻→滴入香油→盛盤	※ 青椒、紅辣椒洗淨→切菱形片；蒜頭→去皮切末 ※ 大里肌肉洗淨切除筋膜→逆紋切丁→醃→炸熟（或汆燙） ※ 爆香蒜末、黑豆豉→加入食材、調味料炒熟→加入肉丁續炒→勾薄芡→盛盤	※ 桶筍洗淨→切滾刀塊→汆燙→炸上色 ※ 蔥洗淨 → 切段；薑、紅蘿蔔洗淨去皮→切水花片；蒜頭切片 ※ 爆香蔥白段、薑水花片、蒜片→加所有食材、調味料煮開→收汁放入蔥綠段→勾芡→盛盤

301-11	燴咖哩雞片　p.183	酸菜炒肉絲　p.185	三絲淋蛋餃　p.187
完成圖			
材料	咖哩粉 1/2 大匙、椰漿 2 大匙、洋蔥 1/4 個、青椒 1/2 個、紅蘿蔔水花片 2 式（各 6 片）、雞胸肉 1/2 付	酸菜 180 克、蒜頭 5 克、蔥 10 克、薑 5 克、紅辣椒 1 條、大里肌肉 160 克	乾木耳 1 大片、蝦米 2 克、桶筍 1/2 支、紅蘿蔔 20 克、蔥 5 克、薑 5 克、絞肉 80 克、雞蛋 4 個
主要刀工	片	絲	絲
烹飪法	燴	炒、爆炒	淋溜
調味料	沙拉油 1 大匙、咖哩粉 1/2 大匙、椰漿 2 大匙、鹽 1/2 茶匙、砂糖 1 茶匙、香油 1 茶匙、水 1/2 量杯	沙拉油 2 大匙、鹽 1/6 茶匙、砂糖 1 大匙、香油 1 大匙、水 1/3 量杯	淋汁：沙拉油 1 大匙、鹽 1 茶匙、砂糖 1 大匙、香油 1 大匙、水 1 量杯 蛋皮：太白粉 1 大匙、水 1 大匙
其他	醃肉料：料理米酒 1 大匙、太白粉 1 茶匙；芡汁：太白粉 1 大匙、水 2 大匙	醃肉料：料理米酒 1 大匙、太白粉 1 茶匙	醃肉料：料理米酒 1 大匙、太白粉 1 茶匙；芡汁：太白粉 2 大匙、水 4 大匙
簡易製作流程	※ 青椒洗淨→切菱形片；洋蔥洗淨→切菱形片→剝鬆 ※ 紅蘿蔔洗淨→切水花片 ※ 雞胸肉洗淨→去皮去骨→逆紋切片→醃→汆燙（或過油）至熟 ※ 爆香洋蔥片→加入所有食材、調味料煮開→加入煮熟雞片→勾薄芡→淋上香油→盛盤	※ 酸菜心切絲、蔥切段、中薑、紅辣椒洗淨→切絲 ※ 蒜頭洗淨→去皮切末 ※ 取鍋子加水，燙煮酸菜絲 5 分鐘撈出 ※ 大里肌肉洗淨去筋膜→順紋切絲→醃→汆燙或過油 ※ 爆香蒜末、中薑絲、蔥白段→加入所有食材、調味料拌炒均勻→放入肉絲、蔥綠段炒勻→盛盤	※ 蝦米泡軟→剁細；木耳→切絲；紅蘿蔔洗淨→切絲 ※ 桶筍洗淨→切絲→汆燙；蔥切末；薑洗淨→切末 ※ 蝦米＋絞肉＋蔥末＋薑末→加調味料→拌勻→餡料 ※ 蛋依三段式打蛋法拌勻蛋液→煎成蛋皮→放入餡料→整型成蛋餃形→入蒸籠鍋→蒸熟 ※ 加調味料煮開→食材炒勻→勾薄芡→淋在盛盤的蛋餃上

301-12	雞肉麻油飯　p.190	玉米炒肉末　p.192	紅燒茄段　p.194
完成圖			
材料	米酒 1/2 量杯、胡麻油 4 大匙、長糯米 220 克、乾香菇 4 朵、老薑 60 克、仿雞腿 1 支	玉米粒 150 克、五香大豆乾 1/2 塊、青椒 1/3 個、紅蘿蔔 1/3 條、蒜頭 10 克、豬絞肉 80 克	茄子 2 條、紅蘿蔔水花片 2 式（各 6 片）、蔥 20 克、老薑 10 克、蒜頭 8 克、大里肌肉 100 克
主要刀工	塊	末、粒	段、片
烹飪法	生米燜煮	炒	紅燒
調味料	胡麻油 4 大匙、料理米酒 1/2 量杯、醬油 2 大匙、砂糖 1 茶匙、水 1 量杯	沙拉油 2 大匙、鹽 1 茶匙、香油 1 茶匙、胡椒粉 1/2 茶匙、砂糖 1 茶匙、水 1/3 量杯	沙拉油 1 大匙、醬油 2 大匙、砂糖 1 大匙、香油 1 小匙、水 1 量杯
其他	無	芡汁：太白粉 1 茶匙、水 2 茶匙	醃肉料：料理米酒 1 大匙、太白粉 1 茶匙；芡汁：太白粉 1 茶匙、水 2 茶匙
簡易製作流程	※ 乾香菇洗淨、泡軟→切片 ※ 老薑洗淨→不去皮→切片 ※ 仿雞腿洗淨→以剁刀剁塊 ※ 胡麻油小火爆香老薑片→炒雞塊→加所有食材、調味料拌炒→蓋鍋蓋，以小火燜煮 25~30 分鐘至熟→盛盤	※ 五香大豆乾、青椒、紅蘿蔔→切粒 ※ 蒜頭洗淨→去皮切末 ※ 爆香蒜末、紅蘿蔔粒→加入豬絞肉煮熟→加入所有食材、調味料拌炒均勻→勾薄芡→盛盤	※ 茄子洗淨→切段→再對剖→高溫過油→炸軟定色 ※ 紅蘿蔔洗淨→切水花片 ※ 蒜頭、薑洗淨→切片 ※ 蔥洗淨→切段 ※ 大里肌肉洗淨→逆紋切片→醃→汆燙 ※ 爆香蒜片、蔥白、薑片→加所有食材、水、調味料燜煮至熟→略收汁→勾芡→滴上香油→盛盤

302-1	西芹炒雞片　p.197	三絲淋蒸蛋　p.199	紅燒杏菇塊　p.201
完成圖			
材料	西芹 1 單支、紅蘿蔔水花片 2 式（各 6 片）、紅辣椒 1 條、蒜頭 10 克、薑 10 克、雞胸肉 1/2 付	乾香菇 1 朵、桶筍 1/2 支、蔥 1 支、中薑 1 小塊、大里肌肉 100 克、雞蛋 4 個	杏鮑菇 2 支、紅蘿蔔 1/2 條、蔥 5 克、薑 5 克、蒜頭 5 克
主要刀工	片	絲	滾刀塊
烹飪法	炒、爆炒	蒸、羹	紅燒
調味料	沙拉油 2 大匙、鹽 1 茶匙、砂糖 1 茶匙、香油 1 大匙、水 1/3 量杯	三絲：鹽 1 茶匙、砂糖 1 茶匙、香油 1 大匙、水 1 量杯 蒸蛋：鹽 1 茶匙、砂糖 1 大匙、料理米酒 1 大匙、水 1.5 量杯	沙拉油 2 大匙、砂糖 1 大匙、白胡椒粉少許、料理米酒 1 大匙、蠔油 1 大匙、香油 1 茶匙、水 1 量杯
其他	醃肉料：料理米酒 1 大匙、太白粉 1 茶匙；芡汁：太白粉 1 茶匙、水 2 茶匙	醃肉料：料理米酒 1 茶匙、太白粉 1 茶匙；芡汁：太白粉 1 大匙、水 2 大匙	芡汁：太白粉 1 茶匙、水 2 茶匙
簡易製作流程	※ 西芹洗淨→去粗纖維→切菱形片 ※ 紅辣椒洗淨→切菱形片；薑→切菱形片 ※ 紅蘿蔔洗淨→切水花片；蒜頭洗淨→切片 ※ 雞胸肉洗淨→去皮去骨→逆紋切片→醃→過油或汆燙 ※ 爆香蒜片、薑片→加所有材料、調味料拌炒均勻→勾薄芡→盛盤	※ 香菇泡軟→切絲 ※ 桶筍切絲→汆燙 ※ 蔥、薑洗淨→切絲 ※ 大里肌肉洗淨→逆紋切絲→醃→汆燙 ※ 蛋洗淨→依三段式打蛋拌勻蛋液→加水→加調味料拌勻→入蒸籠鍋以中大火蒸約 10~12 分鐘 ※ 爆香中薑絲、香菇絲→加其他食材、調味料拌勻→勾薄芡→加蔥絲、香油→淋上蒸蛋→盛盤	※ 蔥洗淨→切斜段 ※ 薑洗淨→切菱形片 ※ 蒜頭→切片 ※ 紅蘿蔔洗淨→切滾刀塊 ※ 杏鮑菇洗淨→切滾刀塊→過油→炸上色 ※ 爆香蔥白段、薑片、蒜片→加入所有食材、調味料拌炒均勻→勾薄芡→加蔥綠段→盛盤

302-2	糖醋排骨　p.204	三色炒雞片　p.206	麻辣豆腐丁　p.208
完成圖			
材料	罐頭鳳梨 1 圓片、洋蔥 1/4 個、青椒 1/2 個、小排骨 300 克	乾香菇 2 朵、桶筍 1/2 支、小黃瓜 1 條、紅蘿蔔水花片 2 式（各 6 片）、薑 5 克、蒜頭 5 克、雞胸肉 1/2 付	板豆腐 400 克、蔥 20 克、紅辣椒 1 條、中薑 10 克、蒜頭 10 克、豬絞肉 50 克、辣豆瓣醬 1 大匙
主要刀工	塊、片	片	丁、末
烹飪法	溜	炒、爆炒	燒
調味料	沙拉油 1 大匙、番茄醬 3 大匙、砂糖 3 大匙、白醋 3 大匙、香油 1 茶匙、水 1/3 量杯	沙拉油 2 大匙、鹽 1/2 茶匙、砂糖 1 茶匙、香油 1 大匙、水 1/4 量杯	沙拉油 2 大匙、醬油 1 大匙、花椒粒 1 茶匙、香油 1 大匙、辣豆瓣醬 1 大匙、砂糖 1 茶匙、水 1/2 量杯
其他	醃肉料：料理米酒 1 大匙、太白粉 2 大匙；沾粉：太白粉 2 大匙；芡汁：太白粉 1 大匙、水 2 大匙	醃肉料：料理米酒 1 大匙、太白粉 1 大匙；芡汁：太白粉 1 茶匙、水 2 茶匙	芡汁：太白粉 1 大匙、水 2 大匙
簡易製作流程	※ 鳳梨片→切 6 等分 ※ 青椒洗淨→切菱形片 ※ 洋蔥去皮→切菱形片 ※ 小排骨洗淨→剁塊約 3×3 公分→醃→過油炸熟 ※ 爆香洋蔥片→加所有食材（青椒外）、調味料炒勻煮開→加青椒→勾芡→盛盤	※ 乾香菇燙熟→去蒂斜切片 ※ 桶筍洗淨→切片→汆燙 ※ 小黃瓜洗淨→切片 ※ 紅蘿蔔洗淨→切水花片；蒜頭洗淨→切片；薑切菱形片 ※ 雞胸肉洗淨→去皮去骨、切片→醃→汆燙或過油 ※ 爆香蒜片、薑片→加所有材料、調味料拌炒均勻→盛盤	※ 板豆腐洗淨切丁→約 1×1 公分 ※ 蔥洗淨→切蔥花 ※ 蒜頭、中薑洗淨→切末；紅辣椒去籽→切末 ※ 爆香花椒粒、中薑末、蒜末、紅辣椒末→加絞肉炒熟→續加豆腐丁炒勻→加調味料煮開→勾芡→加蔥花、香油→盛盤

302-3	三色炒雞絲　p.211	火腿冬瓜夾　p.213	鹹蛋黃炒杏菇條　p.215
完成圖			
材料	乾木耳2大片、青椒1/2個、紅蘿蔔1/4條、紅辣椒1條、薑30克、蒜頭5克、雞胸肉1/2付	家鄉肉1塊、冬瓜1台斤、紅蘿蔔水花片1式（6片）、薑水花片1式（6片）	鹹蛋黃2個、杏鮑菇2支、蔥20克、蒜頭10克
主要刀工	絲	雙飛片、片	條
烹飪法	炒、爆炒	蒸	炸、拌炒
調味料	沙拉油2大匙、鹽1茶匙、砂糖1茶匙、香油1大匙、水1/3量杯	鹽1茶匙、料理米酒1大匙、砂糖1茶匙、香油1大匙、水1量杯	沙拉油2大匙、鹽1/4茶匙、砂糖1茶匙
其他	醃肉料：料理米酒1大匙、太白粉1大匙；芡汁：太白粉1茶匙、水2茶匙	芡汁：太白粉1大匙、水2大匙	麵粉糊：麵粉2/3杯、太白粉1/3杯、泡打粉1茶匙、沙拉油1大匙、水1/2量杯
簡易製作流程	※ 乾木耳洗淨泡軟→切絲 ※ 青椒、紅辣椒洗淨去籽→切絲 ※ 中薑、紅蘿蔔洗淨→切絲；蒜頭→切末 ※ 雞胸肉洗淨→去皮去骨→順紋切絲→醃→汆燙 ※ 爆香蒜末、薑絲、紅辣椒絲→放入所有食材、調味料、水拌炒均勻→勾芡→盛盤	※ 家鄉肉洗淨→切片 ※ 中薑洗淨→切水花片 ※ 紅蘿蔔洗淨→切水花片 ※ 冬瓜洗淨→切雙飛片 ※ 冬瓜夾中放入家鄉肉、薑片→入蒸籠鍋蒸約10分鐘 ※ 加水、調味料煮開→勾薄芡、加香油→淋在冬瓜夾上	※ 蒜頭洗淨→切末 ※ 蔥洗淨→切蔥花 ※ 杏鮑菇洗淨→切條→裹上麵糊→炸到金黃色 ※ 鹹蛋黃蒸熟→切末 ※ 爆香蒜末→加入鹹蛋黃炒至發泡→放入炸杏鮑菇、蔥花、調味料拌炒均勻→盛盤

302-4	鹹酥雞　p.218	家常煎豆腐　p.220	木耳炒三絲　p.222
完成圖			
材料	蒜頭 10 克、九層塔 20 克、雞胸肉 1 付	板豆腐 400 克、蔥 15 克、薑 10 克、蒜頭 10 克、紅蘿蔔水花片 2 式（各 6 片）	乾木耳 4 大片、青椒 1/2 個、紅蘿蔔 1/4 條、紅辣椒 1 條、薑 10 克、蒜頭 5 克、大里肌肉 150 克
主要刀工	塊	片	絲
烹飪法	炸、拌炒	煎	炒、爆炒
調味料	沙拉油 1 茶匙（另備鹽 1/2 茶匙、砂糖 1 茶匙、白胡椒粉 1/2 茶匙混合拌勻成胡椒鹽）	沙拉油 2 大匙、醬油 2 大匙、料理米酒 1 大匙、黑醋 1 大匙、砂糖 1 茶匙、香油 1 茶匙、水 1/2 量杯	沙拉油 2 大匙、鹽 1 茶匙、砂糖 1 茶匙、香油 1 大匙、水 1/3 量杯
其他	醃肉料：料理米酒 2 大匙、太白粉 1 大匙、五香粉 1/2 茶匙；沾粉：地瓜粉 1/2 量杯	無	醃肉料：料理米酒 1 大匙、太白粉 1 茶匙；芡汁：太白粉水 1 茶匙
簡易製作流程	※ 蒜頭洗淨→切末 ※ 九層塔洗淨→去除枯萎葉片硬梗 ※ 雞胸肉洗淨→剁塊約 3×3 公分→醃→沾粉→油炸成金黃色→撈出→炸酥九層塔 ※ 爆香蒜末→加入雞塊、調味料拌炒均勻→放入炸好九層塔拌勻→盛盤	※ 豆腐洗淨去硬邊→切長方塊 ※ 蔥洗淨→切段；蒜頭洗淨→切片；薑去皮切片；紅蘿蔔洗淨→切水花片 ※ 豆腐煎成雙面金黃 ※ 爆香蔥段、蒜片、薑片→加其他食材、調味料煮開→收汁→盛盤	※ 乾木耳洗淨、泡軟→切絲 ※ 青椒、紅辣椒、紅蘿蔔洗淨→切絲 ※ 蒜頭洗淨→切末，薑洗淨→切絲 ※ 大里肌肉洗淨→逆紋切絲→醃→汆燙或過油 ※ 爆香蒜末、中薑絲→加所有食材炒勻→加調味料煮開→勾芡→盛盤

302-5	三色雞絲羹　p.225	炒梳片鮮筍　p.227	西芹拌豆乾絲　p.229
完成圖			
材料	乾香菇 2 朵、桶筍 1/2 支、紅蘿蔔 30 克、蔥 10 克、雞胸肉 1/2 付、雞蛋（只取蛋白）1 個	乾香菇 3 朵、桶筍 1 支、小黃瓜 1 條、紅蘿蔔水花片 1 式（6 片）、薑水花片 1 式（6 片）、蒜頭 5 克、大里肌肉 120 克	洋菜 5 克、五香大豆乾 1 塊、蒜頭 5 克、薑 20 克、西芹 1 單支、紅蘿蔔 1/5 條
主要刀工	絲	片、梳子片	絲
烹飪法	羹	炒、爆炒	涼拌
調味料	沙拉油 1 大匙、鹽 2 茶匙、砂糖 2 大匙、胡椒 1/4 茶匙、香油 1 大匙、水 5 量杯	沙拉油 2 大匙、鹽 1 茶匙、砂糖 1 茶匙、香油 1 大匙、水 1/3 量杯	鹽 1 茶匙、砂糖 1 大匙、香油 2 大匙、白醋 1 大匙
其他	醃肉料：料理米酒 1 茶匙、太白粉 1 茶匙；芡汁：太白粉 2 大匙、水 4 大匙	醃肉料：料理米酒 1 大匙、太白粉 1 茶匙（亦可加入蛋黃 1 個）；芡汁：太白粉 1 茶匙、水 2 大匙	無
簡易製作流程	※ 香菇泡軟、洗淨→切絲 ※ 桶筍、紅蘿蔔洗淨→切絲→汆燙 ※ 蔥洗淨→切絲 ※ 雞胸肉洗淨、去皮去骨→順紋切絲→醃→過油或汆燙 ※ 取鍋子放入水 5 量杯→加所有食材、調味料煮開→勾薄芡→蛋白拌勻（蛋依三段式打蛋取蛋白）打入→加蔥花、香油→盛盤	※ 香菇泡軟洗淨→去蒂切片；蒜頭洗淨→切片；薑去皮切水花片 ※ 桶筍洗淨→切梳子片→汆燙 ※ 小黃瓜洗淨→切片 ※ 紅蘿蔔洗淨→切水花片 ※ 大里肌肉洗淨→逆紋切片→醃→過油或汆燙 ※ 爆香蒜片、薑水花片→加所有食材、調味料炒勻→勾薄芡→淋香油後盛盤	※ 蒜頭去皮切末；薑去皮→切絲 ※ 洋菜切段→泡礦泉水至軟→汆燙 5 秒 ※ 五香大豆乾洗淨→去硬邊→切絲→汆燙 ※ 西芹洗淨→去粗纖維→切絲→汆燙 ※ 紅蘿蔔洗淨→切絲→汆燙 ※ 大碗公內放入礦泉水→全部食材汆燙後→泡涼→瀝乾→加調味料拌勻→盛盤

302-6	三絲魚捲　p.232	焦溜豆腐塊　p.234	竹筍炒三絲　p.236
完成圖			
材料	乾香菇 2 朵、桶筍 1/2 支、紅蘿蔔 30 克、薑 20 克、鱸魚 1 條	板豆腐 400 克、小黃瓜 1 條、紅蘿蔔水花片 2 式（各 6 片）、薑 40 克	桶筍 1 支、紅蘿蔔 1/3 條、青椒 1/2 個、蒜頭 8 克、薑 20 克、紅辣椒 1 條、大里肌肉 120 克
主要刀工	絲、雙飛片	塊	絲
烹飪法	蒸	焦溜	炒、爆炒
調味料	鹽 1 茶匙、砂糖 1 茶匙、香油 1 茶匙、料理米酒 1 大匙、水 1/2 量杯	沙拉油 1 大匙、醬油 2 大匙、砂糖 2 小匙、料理米酒 1 大匙、香油 1 大匙、水 2/3 量杯	沙拉油 2 大匙、鹽 1 茶匙、料理米酒 1 大匙、砂糖 1 茶匙、香油 1 大匙、水 1/3 量杯
其他	醃肉料：料理米酒 1 大匙、太白粉 1 大匙；芡汁：太白粉 1 大匙、水 2 大匙	芡汁：太白粉 1 大匙、水 2 大匙	醃肉料：料理米酒 1 大匙、太白粉 1 大匙；芡汁：太白粉 1 茶匙、水 2 茶匙
簡易製作流程	※ 香菇泡軟、洗淨→切絲 ※ 紅蘿蔔、桶筍洗淨→切絲→汆燙 ※ 中薑洗淨去皮→切絲 ※ 鱸魚去鱗、鰓、內臟後洗淨→去骨→切雙飛片→醃→魚片鋪平（上灑太白粉）→放入香菇絲、紅蘿蔔絲、桶筍絲、薑絲→捲緊→入蒸籠鍋蒸 5 分鐘→鍋子加入調味料勾薄芡→淋上魚捲即可	※ 豆腐洗淨→去硬邊→切長 3~5 公分的立方塊 ※ 中薑洗淨→切片 ※ 紅蘿蔔洗淨→切水花片 ※ 小黃瓜洗淨→切四長條→去籽切丁 ※ 豆腐→油溫 180 度→炸成金黃色 ※ 爆香中薑片、紅蘿蔔水花片→加所有材料、調味料煮開→勾芡→盛盤	※ 桶筍洗淨→切絲→汆燙 ※ 青椒、紅辣椒、紅蘿蔔、中薑洗淨→切絲 ※ 蒜頭去皮→切末 ※ 大里肌肉洗淨、去除筋膜→逆紋切絲→醃→汆燙 ※ 爆香薑絲、蒜末→加入所有食材、調味料拌炒均勻煮熟→勾芡→盛盤

302-7	薑味麻油肉片　p.239	醬燒煎鮮魚　p.241	竹筍炒肉丁　p.243
完成圖			
材料	薑水花片1式（6片）、紅蘿蔔水花片1式（6片）、杏鮑菇1支、大里肌肉300克	蔥15克、薑20克、紅辣椒1條、蒜頭10克、吳郭魚1條	乾香菇2朵、桶筍1支、青椒1/2個、紅蘿蔔40克、紅辣椒1條、蒜頭5克、大里肌肉200克
主要刀工	片	絲	丁
烹飪法	煮	煎、燒	炒、爆炒
調味料	黑麻油3大匙、鹽1.5茶匙、砂糖1茶匙、料理米酒2大匙、水5量杯	沙拉油2大匙、醬油2大匙、砂糖1茶匙、白胡椒粉1/3茶匙、香油1大匙、清水1.5杯	沙拉油2大匙、鹽1茶匙、砂糖1茶匙、料理米酒1大匙、香油1茶匙、水1/3量杯
其他	醃肉料：料理米酒1茶匙、太白粉1茶匙	沾粉：太白粉2茶匙（左右各1茶匙）	醃肉料：料理米酒1茶匙、太白粉1茶匙；芡汁：太白粉1茶匙、水2茶匙
簡易製作流程	※ 中薑、紅蘿蔔洗淨→切水花片 ※ 杏鮑菇洗淨→切成片狀 ※ 豬肉洗淨→逆紋切片→醃→汆燙 ※ 胡麻油爆香薑片→放入所有食料、調味料拌炒均勻→盛盤	※ 蔥→切蔥段；薑→切薑絲；紅辣椒→去籽切絲；蒜頭→切片 ※ 吳郭魚→刮鱗→清除肉臟、魚鰓→片刀將魚肉斜切四刀→吸乾水分→撒太白粉→鍋子燒鍋1分鐘，回溫20秒→加入沙拉油→煎魚兩面至金黃熟透 ※ 另取油鍋爆香→加入調味料→放入煎好的魚，每面燒一分鐘即成	※ 香菇洗淨→泡軟、切丁 ※ 紅蘿蔔、桶筍洗淨→切丁狀→汆燙 ※ 青椒洗淨→切丁 ※ 紅辣椒洗淨→切菱形片 ※ 蒜頭洗淨→切片 ※ 豬肉洗淨→逆紋切丁→醃→汆燙 ※ 爆香蒜片→加入所有食材、調味料拌炒均勻→勾芡→盛盤

302-8	豆薯炒豬肉鬆　p.246	麻辣溜雞丁　p.248	香菇素燴三色　p.250
完成圖			
材料	乾香菇 2 朵、桶筍 40 克、豆薯 40 克、紅蘿蔔 30 克、芹菜 40 克、蒜頭 5 克、大里肌肉 150 克	乾辣椒 8 條、花椒粒 1 茶匙、小黃瓜 1 條、蔥 10 克、薑 10 克、蒜頭 10 克、仿雞腿 1 支	乾香菇 5 朵、豆乾 1/2 塊、桶筍 2/3 支、紅蘿蔔水花片 1 式（6 片）、西芹 1 單支、薑水花片 1 式（6 片）
主要刀工	鬆	丁	片
烹飪法	炒	滑溜	燴
調味料	沙拉油 2 大匙、鹽 1 茶匙、砂糖 1 茶匙、白胡椒粉少許、香油 1 茶匙、水 1/4 量杯	沙拉油 1 大匙、醬油 1.5 大匙、砂糖 2 茶匙、料理米酒 1 大匙、香油 1 茶匙、水 1/4 量杯	沙拉油 2 大匙、鹽 1 茶匙、砂糖 1 茶匙、香油 1 大匙、水 1/2 量杯
其他	醃肉料：料理米酒 1/2 茶匙、太白粉 1 茶匙	醃肉料：料理米酒 1 茶匙、太白粉 1 茶匙；沾粉：太白粉 2 大匙	芡汁：太白粉 2 大匙、水 4 大匙
簡易製作流程	※ 香菇洗淨→泡軟→切粒 ※ 紅蘿蔔、桶筍洗淨→切粒狀→汆燙 ※ 豆薯、芹菜洗淨→切粒 ※ 蒜頭洗淨→切末 ※ 豬里肌肉洗淨→去除筋膜→逆紋切粒→醃→汆燙 ※ 爆香蒜末→加入所有材料、調味料拌炒均勻→盛盤	※ 乾辣椒洗淨→切段 ※ 小黃瓜洗淨→一切四長條去籽切菱形丁 ※ 蒜頭洗淨→切片 ※ 蔥→切段，薑去皮→切片 ※ 仿雞腿洗淨→去骨去皮→切丁→醃→過油 ※ 小火爆香花椒粒、薑片、乾辣椒、蒜片→加入所有食材、調味料拌炒均勻→盛盤	※ 乾香菇洗淨→泡軟、切片 ※ 紅蘿蔔、中薑洗淨→切成水花片 ※ 桶筍洗淨→切長四方片→汆燙 ※ 西芹洗淨→去粗纖維→切菱形片 ※ 豆乾洗淨→切菱形片 ※ 爆香中薑水花片→加入所有食料、調味料煮開→勾芡→滴上香油→盛盤

302-9	鹹蛋黃炒薯條　p.253	燴素什錦　p.255	脆溜荔枝肉　p.257
完成圖			
材料	鹹蛋黃 2 個、馬鈴薯 2 個、蔥 30 克、蒜頭 10 克	麵筋泡 8~12 個、桶筍 1/2 支、五香大豆乾 1/2 塊、紅蘿蔔水花片 1 式（6 片）、乾香菇 2 朵、薑水花片 1 式（6 片）	紅糟醬 1 茶匙、荸薺 6 個、蒜頭 8 克、青椒 1/2 個、大里肌肉 300 克
主要刀工	條	片	剞刀厚片
烹飪法	炸、拌炒	燴	脆溜
調味料	沙拉油 2 大匙、鹽 1/4 茶匙、砂糖 1/2 茶匙	沙拉油 2 大匙、醬油 2 大匙、砂糖 1 茶匙、香油 1 茶匙、胡椒粉少許、水 1 量杯	沙拉油 1 大匙、砂糖 1 茶匙、番茄醬 1 大匙、鹽 1/2 茶匙、水 1/3 量杯
其他	酥炸粉：中筋麵粉 2/3 杯、太白粉 1/3 杯、泡打粉 1 茶匙、沙拉油 1 大匙、水 1/2 杯	芡汁：太白粉 2 大匙、水 4 大匙	醃肉料：料理米酒 1 大匙、太白粉 1 大匙、紅糟醬 1 茶匙；沾粉：太白粉 3 大匙
簡易製作流程	※ 馬鈴薯洗淨→切條 ※ 蒜頭洗淨→切末 ※ 蔥洗淨→切蔥花 ※ 鹹蛋黃蒸熟→切末 ※ 酥炸粉→拌勻為麵糊 ※ 薯條拍太白粉→均勻沾麵糊→炸成金黃色 ※ 爆香蒜末→加入鹹蛋黃炒至發泡→放入所有食材拌炒均勻（蔥花最後放）→盛盤	※ 乾香菇洗淨燙熟→切片 ※ 紅蘿蔔、中薑洗淨→切成水花片 ※ 桶筍洗淨→切片→汆燙 ※ 五香大豆乾洗淨→切片→汆燙 ※ 爆香中薑水花片→放入所有食材、調味料煮開→勾芡→淋上香油→盛盤	※ 蒜頭洗淨→切片 ※ 荸薺洗淨→切塊→過油 ※ 青椒洗淨→切菱形片 ※ 大里肌肉洗淨去除筋膜→切片→切交叉花刀→醃→炸熟 ※ 爆香蒜片→加入所有食材、調味料拌炒均勻→盛盤

302-10	滑炒三椒雞柳　p.260	酒釀魚片　p.262	麻辣金銀蛋　p.264
完成圖			
材料	青椒 1/2 個、紅甜椒 1/3 個、黃甜椒 1/3 個、蒜頭 8 克、雞胸肉 1/2 付	酒釀 40 克、乾木耳 1 大片、小黃瓜 1 條、紅蘿蔔水花片 1 式（6 片）、蒜頭 8 克、薑水花片 1 式（6 片）、吳郭魚 1 條	炸花生 20 克、乾辣椒 8 條、花椒粒 1 茶匙、皮蛋 4 個、熟鹹蛋 1 個、蒜頭 10 克、蔥 10 克
主要刀工	柳	片	塊
烹飪法	炒、滑炒	滑溜	炒
調味料	沙拉油 2 大匙、鹽 1 茶匙、砂糖 1 茶匙、水 1/4 量杯	沙拉油 2 大匙、酒釀 2 大匙、砂糖 1 茶匙、鹽 1 茶匙、水 1 量杯	沙拉油 1 大匙、醬油 2 大匙、砂糖 1 茶匙、烏醋 1 大匙、香油 1 大匙、水 1/3 杯
其他	醃肉料：料理米酒 1 大匙、太白粉 1 大匙；芡汁：太白粉 1 大匙、水 2 大匙	醃肉料：料理米酒 1 大匙；沾粉：太白粉 2 大匙；芡汁：太白粉 1.5 大匙、水 3 大匙	沾粉：太白粉 3 大匙
簡易製作流程	※ 蒜頭洗淨→切片 ※ 青椒、紅甜椒、黃甜椒洗淨→切條 ※ 雞胸肉洗淨→去皮去骨→切條→醃→汆燙 ※ 爆香蒜片→加所有食材炒勻→加調味料煮開→勾芡→盛盤	※ 乾木耳洗淨→泡軟、切菱形片 ※ 小黃瓜洗淨→切菱形片 ※ 中薑、紅蘿蔔洗淨→切水花片 ※ 蒜頭洗淨→切片 ※ 吳郭魚去鱗、鰓、內臟→洗淨去骨→斜切片→醃→油炸至熟（含魚頭尾） ※ 爆香蒜片、中薑水花片→加其他食材、調味料煮開→放入魚片→勾薄芡→加魚頭尾→盛盤	※ 鍋中加水→燙皮蛋→撈出微冷→去殼一切四 ※ 鹹蛋一切二→湯匙挖出→再切為二 ※ 蒜頭→切片；蔥→切段；乾辣椒一切二去籽→切段 ※ 取油鍋，油溫 180 度，皮蛋、鹹蛋沾粉大火炸 30 秒撈出 ※ 另鍋中小火爆香蒜片、蔥白、乾辣椒、花椒→加調味料→加皮蛋、鹹蛋→加蔥綠段、花生拌勻即成

302-11	黑胡椒溜雞片　p.267	蔥燒豆腐　p.269	三椒炒肉絲　p.271
完成圖			
材料	粗黑胡椒粉 1 茶匙、蒜頭 10 克、西芹 1 單支、洋蔥 1/4 個、雞胸肉 1/2 付	板豆腐 400 克、紅蘿蔔水花片 1 式（6 片）、蔥 10 克、蒜頭 10 克、薑水花片 1 式（6 片）	青椒 1/2 個、紅甜椒 1/3 個、黃甜椒 1/3 個、薑 10 克、蒜頭 5 克、大里肌肉 180 克
主要刀工	片	片	絲
烹飪法	滑溜	紅燒	炒、爆炒
調味料	沙拉油 2 大匙、粗黑胡椒粉 1 茶匙、醬油 2 大匙、砂糖 1 茶匙、水 1/4 量杯	沙拉油 2 大匙、醬油 2 大匙、砂糖 1 大匙、烏醋 1 大匙、香油 1 大匙、水 1/2 量杯	沙拉油 2 大匙、鹽 1 茶匙、砂糖 1 茶匙、香油 1 大匙、水 1/4 量杯
其他	醃肉料：料理米酒 1 大匙、太白粉 1 大匙；芡汁：太白粉 1 大匙、水 2 大匙	芡汁：太白粉 1 大匙、水 2 大匙	醃肉料：料理米酒 1 茶匙、太白粉 1 大匙；芡汁：太白粉 1 茶匙、水 2 茶匙
簡易製作流程	※ 西芹洗淨→刮去表皮粗纖維→切菱形片 ※ 洋蔥洗淨→切菱形片，蒜頭去皮切片 ※ 雞胸肉洗淨→去骨去皮→逆紋切片→醃→汆燙 ※ 爆香洋蔥片、蒜片、粗黑胡椒粉→加所有食材、調味料拌炒均勻→勾薄芡→盛盤	※ 板豆腐洗淨→切成長方形→炸成金黃色 ※ 蔥洗淨→切段 ※ 蒜頭洗淨→切片 ※ 薑洗淨→切成水花片；紅蘿蔔→切水花片 ※ 爆香蒜片、蔥白→加所有材料、調味料、水煮開→勾薄芡收汁→加蔥綠段→淋上香油→盛盤	※ 蒜頭洗淨→切片 ※ 薑去皮切絲 ※ 青椒、紅甜椒、黃甜椒洗淨→切絲 ※ 大里肌肉洗淨→去除筋膜→順紋切絲→醃→上漿→汆燙 ※ 爆香蒜片及薑絲→加所有食材炒勻→加調味料煮開→勾芡→盛盤

302-12	馬鈴薯燒排骨　p.274	香菇蛋酥燜白菜　p.276	五彩杏菇丁　p.278
完成圖			
材料	馬鈴薯 1 個、紅蘿蔔 1/3 條、蔥 30 克、薑 10 克、蒜頭 10 克、小排骨 300 克	蝦米 15 克、乾香菇 4 朵、扁魚 2 片、大白菜 1 個、紅蘿蔔水花片 2 式（各 6 片）、蒜頭 10 兌、雞蛋 2 個	乾香菇 2 朵、桶筍 1/2 支、杏鮑菇 1 支、紅蘿蔔 30 克、小黃瓜 1 條、紅辣椒 1 條、蒜頭 8 克、大里肌肉 150 克
主要刀工	塊	片、塊	丁
烹飪法	燒	燜煮	炒、爆炒
調味料	沙拉油 1 大匙、醬油 2 大匙、砂糖 2 小匙、白胡椒粉 1/4 茶匙、水 2 量杯	沙拉油 2 大匙、醬油 2 大匙、砂糖 1 茶匙、烏醋 1 大匙、白胡椒粉 1/3 茶匙、清水 2 杯	沙拉油 2 大匙、鹽 1 茶匙、砂糖 1 茶匙、香油 1 茶匙、水 1/4 量杯
其他	醃肉料：料理米酒 1 大匙、太白粉 2 大匙；芡汁：太白粉 1 大匙、水 2 大匙	無	醃肉料：料理米酒 1 大匙、太白粉 1 茶匙；芡汁：太白粉 1 茶匙、水 2 茶匙
簡易製作流程	※ 蔥洗淨→切段 ※ 中薑洗淨→切片；蒜頭去皮→切片 ※ 馬鈴薯、紅蘿蔔洗淨→切滾刀塊→過油 ※ 小排骨洗淨→剁 3×3 公分塊狀→醃→過油炸成金黃色 ※ 爆香蔥白段、中薑片、蒜片→加所有食材、調味料煮開略收汁→勾芡→加蔥綠段→盛盤	※ 蝦米→洗淨；乾香燙脹發→去蒂→斜切片；蒜頭切片 ※ 大白菜一切二→去心→切長方片塊 ※ 雞蛋三段式打出；扁魚→剪刀一剪六片 ※ 鍋子加水→燙熟白菜撈出 ※ 另取油炸鍋→濾網過濾炸好蛋酥撈出→續炸扁魚至金黃色 ※ 取鍋子爆香蝦米、乾香菇、蒜片→加入所有材料、調味料燜煮入味即成	※ 乾香菇洗淨→泡軟→去蒂→切丁 ※ 小黃瓜、杏鮑菇、紅辣椒洗淨→切丁 ※ 蒜頭洗淨→去皮→切片 ※ 桶筍、紅蘿蔔去皮洗淨→切丁→汆燙 ※ 大里肌肉洗淨→去除筋膜→切丁→醃味→汆燙 ※ 爆香蒜片、紅辣椒片→加入所有食材、調味料拌炒均勻→加入燙熟肉丁拌炒→勾芡→盛盤

 *Memo*

Chinese
Food Cooking

Chinese
Food Cooking

E

Part

學科試題：
題庫與解析

工作項目 01
食物性質之認識

1. (3) 下列何種食物不屬堅果類？(1) 核桃 (2) 腰果 (3) 黃豆 (4) 杏仁。
   【解析】：黃豆屬於種子類。

2. (2) 以發酵方法製作泡菜，其酸味是來自於醃漬時的 (1) 碳酸菌 (2) 乳酸菌 (3) 酵母菌 (4) 酒釀。

3. (4) 醬油膏比一般醬油濃稠是因為 (1) 釀酵時間較久 (2) 加入了較多的糖與鹽 (3) 濃縮了，水分含量較少 (4) 加入修飾澱粉在內。
   【解析】：醬油膏在製作時添加糯米澱粉，故較一般醬油濃稠。

4. (1) 深色醬油較適用於何種烹調法？(1) 紅燒 (2) 炒 (3) 蒸 (4) 煎。
   【解析】：深色醬油又名老抽，適合使用在紅燒、滷等需要有醬色的菜餚。

5. (4) 食用油若長時間加高溫，其結果是 (1) 能殺菌、容易保存 (2) 增加油色之美觀 (3) 增長使用期限 (4) 產生有害物質。

6. (2) 沙拉油品質越好則 (1) 加熱後越容易冒煙 (2) 加熱後不易冒煙 (3) 一經加熱即很快起泡沫 (4) 不加熱也會泡沫。
   【解析】：品質好的沙拉油具有：加熱後不易冒煙，穩定性高，不易起泡。沙拉油若起泡則代表油的品質差。

7. (3) 通常所稱之奶油 (Butter) 係由 (1) 牛肉中抽出之油 (2) 牛肉中之肥肉部分，油炸而出之油 (3) 牛乳內抽出之油脂 (4) 由植物油精製而成。

8. (2) 添加相同比例量的水於糯米中，烹煮後的圓糯米比尖糯米之質地 (1) 較硬 (2) 較軟 (3) 較鬆散 (4) 相同。
   【解析】：

種類	特性	米與水的比例	用途
圓糯米	米粒圓短，不透明。 比長糯米黏性大。 烹煮後比長糯米軟。	1：1/2-2/3	八寶飯、湯圓、年糕、麻糬
尖糯米（長糯米）	米粒長，不透明。 比蓬萊米黏性大。	1：2/3	油飯、粽子

9. (1) 含有筋性的粉類是 (1) 麵粉 (2) 玉米粉 (3) 太白粉 (4) 甘藷粉。

10. (2) 下列何種澱粉以手捻之有滑感？(1) 麵粉 (2) 太白粉 (3) 泡達粉 (4) 在來米粉。

11. (1) 麵糰添加下列何種調味料可促進其延展性？(1) 鹽 (2) 胡椒粉 (3) 糖 (4) 醋。

12. (1) 「粉蒸肉」之材料宜用 (1) 五花肉 (2) 里肌肉 (3) 豬蹄 (4) 豬頭肉。

13. (2) 製作包子之麵粉宜選用下列何者？(1) 低筋麵粉 (2) 中筋麵粉 (3) 高筋麵粉 (4) 澄粉。
   【解析】：低筋麵粉適合製作蛋糕、餅乾；中筋麵粉適合製作麵條、包子、饅頭、水餃皮等中式點心；高筋麵粉適合製作麵包；澄粉又稱為無筋性的粉，是麵粉加水揉成 - 後置水中沖洗，沖掉的白色澱粉即為澄粉，適合製作水晶餃。

14. (3) 花生與下列何種食物性質差異最大？(1) 核桃 (2) 腰果 (3) 綠豆 (4) 杏仁。
   【解析】：綠豆屬於雜糧類；核桃、腰果及杏仁皆屬於硬殼粿類，含有高脂肪及高熱量。

15. (4) 如貯藏不當易產生黃麴毒素的食品是 (1) 蛋 (2) 肉 (3) 魚 (4) 花生。
   【解析】：黃麴毒素屬於黴菌毒素食物中毒，花生、玉米及稻米穀類等五穀類及豆類易因保存不當會發霉汙染而產生黃麴毒素。

16. (3) 因存放日久而發芽以致產生茄靈毒素，不能食用之食物是 (1) 洋蔥 (2) 胡蘿蔔 (3) 馬鈴薯 (4) 毛豆。

17. (2) 下列食品何者含澱粉質較多？ (1) 荸薺 (2) 馬鈴薯 (3) 蓮藕 (4) 豆薯（刈薯）。

18. (4) 下列食品何者為非發酵食品？ (1) 醬油 (2) 米酒 (3) 酸菜 (4) 牛奶。

19. (1) 大茴香俗稱 (1) 八角 (2) 丁香 (3) 花椒 (4) 甘草。

20. (3) 腐竹是用下列何種食材加工製成的？ (1) 綠豆 (2) 紅豆 (3) 黃豆 (4) 花豆。
   【解析】：所有豆類製品皆由黃豆加工而成，例如豆腐、百頁、豆皮、豆漿、腐竹等。

21. (2) 豆腐是以 (1) 花豆 (2) 黃豆 (3) 綠豆 (4) 紅豆 為原料製作而成的。

22. (3) 經烹煮後顏色較易保持綠色的蔬菜為 (1) 小白菜 (2) 空心菜 (3) 芥蘭菜 (4) 青江菜。

23. (3) 魚類的脂肪分布在 (1) 皮下 (2) 魚背 (3) 腹部 (4) 魚肉　為多。

24. (3) 低脂奶是指牛奶中 (1) 蛋白質 (2) 水分 (3) 脂肪 (4) 鈣　含量低於鮮奶。

25. (2) 下列何種食物切開後會產生褐變？ (1) 木瓜 (2) 楊桃 (3) 鳳梨 (4) 釋迦。
   【解析】：楊桃因含有多酚氧化酶，切開後與空氣接觸會產生氧化褐變，可將楊桃切開後泡鹽水以防褐變。

26. (4) 肝臟比肉類容易煮熟是因 (1) 脂肪成分少 (2) 蛋白質成分少 (3) 醣分少 (4) 結締組織少 的關係。
   【解析】：肝臟因結締組織少故較易煮熟，只要大火短時間烹調即可。

27. (2) 下列哪一種物質是禁止作為食品添加物使用？ (1) 小蘇打 (2) 硼砂 (3) 味素 (4) 紅色 6 號色素。
   【解析】：硼砂因其毒性強，已公告為禁止使用的食品添加物；硝通常用於製作香腸、臘肉、火腿等食品，用量必須在安全的使用量範圍內；紅色 6 號色素為合法可以使用之紅色色素。

28. (2) 假設製作下列菜餚的魚在烹調前都一樣新鮮，你認為烹調後何者可放置較長的時間？ (1) 清蒸魚 (2) 糖醋魚 (3) 紅燒魚 (4) 生魚片。
   【解析】：糖醋魚因調味料中有多量的糖及醋，細菌較不易繁殖。

29. (2) 「走油扣肉」應用 (1) 排骨肉 (2) 五花肉 (3) 里肌肉 (4) 梅花肉（胛心肉）來做為佳。
   【解析】：用五花肉做走油扣肉、梅干扣肉，口感較油嫩，不澀。

30. (3) 菜名中含有「雙冬」二字，常見的是哪二項材料？ (1) 冬瓜、冬筍 (2) 冬菇、冬菜 (3) 冬菇、冬筍 (4) 冬菇、冬瓜。

31. (4) 菜名中有「發財」二字的菜，其所用材料通常會有 (1) 香菇 (2) 金針 (3) 蝦米 (4) 髮菜。
   【解析】：髮菜與發財音相似，菜名中有「發財」即代表材料中會有髮菜。

32. (4) 銀芽是指 (1) 綠豆芽 (2) 黃豆芽 (3) 苜蓿芽 (4) 去掉頭尾的綠豆芽。

33. (1) 食物腐敗通常出現的現象為 (1) 發酸或產生臭氣 (2) 鹽分增加 (3) 蛋白質變硬 (4) 重量減輕。

34. (3) 製造香腸、火腿時加硝的目的為 (1) 增加維生素含量 (2) 縮短醃製的時間 (3) 保持色澤及抑制細菌生長 (4) 使肉質軟嫩，縮短烹調的時間。
   【解析】：硝可以保持肉的色澤，使肉的色澤不因加熱而變白色，且硝可以抑制肉毒桿菌的生長，硝的用量必須在安全的使用量範圍內。

35. (4) 發霉的穀類含有 (1) 氰化物 (2) 生物鹼 (3) 葷毒鹼 (4) 黃麴毒素 對人體有害，不宜食用。

36. (4) 下列何種食物發芽後會產生毒素而不宜食用？ (1) 紅豆 (2) 綠豆 (3) 花生 (4) 馬鈴薯。

37. (3) 烹調豬肉一定要熟透，其主要原因是為了防止何種物質危害健康？ (1)血水 (2)硬筋 (3)寄生蟲 (4) 抗生素。
   【解析】：未煮熟的豬肉會有寄生蟲（旋毛蟲）危害健康。

38. (3) 黃麴毒素容易存在於 (1) 家禽類 (2) 魚貝類 (3) 花生、玉米 (4) 內臟類。

39. (3) 製作油飯時，為使其口感較佳，較常選用 (1) 蓬萊米 (2) 在來米 (3) 長糯米 (4) 圓糯米。

40. (2) 酸辣湯的辣味來自於 (1) 芥末粉 (2) 胡椒粉 (3) 花椒粉 (4) 辣椒粉。

41. (2) 為使製作的獅子頭（肉丸）質脆味鮮，最適宜添加下列何物來改變肉的質地？ (1) 豆腐 (2) 荸薺 (3) 蓮藕 (4) 牛蒡。

42. (3) 下列何者為較新鮮的蛋？ (1) 蛋殼光滑者 (2) 氣室大的蛋 (3) 濃厚蛋白量較多者 (4) 蛋白彎曲度小的。

43. (2) 製作蒸蛋時，添加何種調味料將有助於增加其硬度？ (1) 蔗糖 (2) 鹽 (3) 醋 (4) 酒。

44. (2) 下列哪一種為天然膨大劑？ (1) 發粉 (2) 酵母 (3) 小蘇打 (4) 阿摩尼亞。
    【解析】：發粉、小蘇打、阿摩尼亞皆為化學膨大劑。

45. (1) 乾米粉較耐保存之原因為 (1) 產品乾燥含水量低 (2) 含多量防腐劑 (3) 包裝良好 (4) 急速冷卻。
    【解析】：乾米粉乃採用乾燥法（除去食物中水分），已達到耐保存。

46. (4) 冷凍食品是一種 (1) 不夠新鮮的食物放入低溫冷凍而成 (2) 將腐敗的食物冰凍起來 (3) 添加化學物質於食物中並冷凍而成 (4) 把品質良好之食物，處理後放在低溫下，使之快速凍結 之食品。

47. (2) 油炸食物後應 (1) 將油倒回新油容器中 (2) 將油渣過濾掉，另倒在乾淨容器中 (3) 將殘渣留在油內以增加香味 (4) 將油倒棄於水槽內。
    【解析】：油炸後的油應 1. 將油過濾，除去殘渣，另倒在乾淨容器中，2. 新油與舊油分開放置。

48. (3) 罐頭可以保存較長的時間，主要是因為 (1) 添加防腐劑在內 (2) 罐頭食品濃稠度高，細菌不易繁殖 (3) 食物經過脫氣密封包裝，再加以高溫殺菌 (4) 罐頭為密閉的容器與空氣隔絕，外界氣體無法侵入。
    【解析】：罐頭可以保存 3 年，乃因罐頭食品為密閉的容器，且經過高溫把食物中微生物殺死，並將容器中的氧排除，故不必添加任何防腐劑，可長期保存。

49. (4) 食物烹調的原則宜為 (1) 調味料越多越好 (2) 味精用量為食物重量的百分之五 (3) 運用簡便的高湯塊 (4) 原味烹調。

50. (3) 下列材料何者不適合應用於素食中？ (1) 辣椒 (2) 薑 (3) 蕗蕎 (4) 九層塔。
    【解析】：不適合應用於素食中有蕗菜、蔥、蒜、韭等。

51. (1) 「造型素材」如素魚、素龍蝦應少食用的原因為 (1) 高添加物、高色素、高調味料 (2) 低蛋白、高價位 (3) 造型欠缺真實感 (4) 高香料、高澱粉。

52. (2) 大部分的豆類不宜生食係因 (1) 味道噁心 (2) 含抗營養因子 (3) 過於堅硬，難以吞嚥 (4) 不易消化。
    【解析】：未煮熟的豆類含有胰蛋白酶抑制因子，會阻礙蛋白質的吸收，故不宜生食。

53. (4) 選擇生機飲食產品時，應先考慮 (1) 物美價廉 (2) 容易烹調 (3) 追求流行 (4) 個人身體特質。

54. (3) 一般製造素肉（人造肉）的原料是 (1) 玉米 (2) 雞蛋 (3) 黃豆 (4) 生乳。
    【解析】：黃豆含有品質優良的蛋白質，為素食者攝取蛋白質的最佳來源。素食者食用的豆類製品及素肉都是由黃豆加工製成。

55. (4) 所謂原材料，係指 (1) 原料及食材 (2) 乾貨及生鮮食品 (3) 主原料、副原料及食品添加物 (4) 原料及包裝材料。

56. (4) 肉經加熱烹煮，會產生收縮的情形，是由於加熱使得肉的 (1) 礦物質 (2) 筋骨質 (3) 磷質 (4) 蛋白質 凝固，析出肉汁的關係。

57. (3) 一般深色的肉比淺色的肉所含 (1) 礦物質 (2) 蛋白質 (3) 鐵質 (4) 磷質為多。

58. (1)　麵粉糊中加了油，在烹炸食物時，會使外皮 (1) 酥脆 (2) 柔軟 (3) 僵硬 (4) 變焦。

59. (3)　將蛋放入 6% 的鹽水中，呈現半沉半浮表示蛋的品質為下列何者？　(1) 重量夠 (2) 越新鮮 (3) 不新鮮 (4) 品質好。

60. (2)　米粒粉主要是用來作為 (1) 酥炸的裏粉 (2) 粉蒸肉的裏粉 (3) 煮飯添加粉 (4) 煙燻材料。

61. (1)　一般湯包內的湯汁形成是靠 (1) 豬皮的膠質 (2) 動物的脂肪 (3) 水 (4) 白菜汁 作內餡。

62. (2)　乾燥金針容易有 (1) 一氧化硫 (2) 二氧化硫 (3) 氯化鈉 (4) 氫氧化鈉　殘留過量的問題，所以挑選金針時，以有優良金針標誌者為佳。

63. (1)　對光照射鮮蛋，品質越差的蛋其氣室 (1) 越大 (2) 越小 (3) 不變 (4) 無氣室。

64. (3)　蘆筍筍尖尚未出土前採收的地下嫩莖為下列何者？ (1) 筊白筍 (2) 青蘆筍 (3) 白蘆筍 (4) 綠竹筍。

65. (1)　下列何種魚的內臟被稱為龍腸？ (1) 曼波魚 (2) 鯨魚 (3) 鱈魚 (4) 石斑魚。

66. (2)　螃蟹蒸熟後的腳容易斷是因為下列何種原因？ (1) 烹調前腳沒有綁住 (2) 烹調前沒有冰鎮處理 (3) 烹調前眼睛要遮住 (4) 烹調前腳沒有清洗。

67. (3)　下列何種本土水產被列為保育類？ (1) 鱔魚 (2) 錢鰻 (3) 鱸鰻 (4) 白鰻。

68. (1)　下列何種魚有迴游習性？ (1) 鮭魚 (2) 草魚 (3) 飛魚 (4) 鯊魚。

69. (2)　蛋黃醬中因含有 (1) 糖 (2) 醋酸 (3) 沙拉油 (4) 芥末粉 細菌不易繁殖，因此不易腐敗。

70. (2)　蛋黃醬之保存性很強，在室溫約可貯存多久？ (1) 一個月 (2) 三個月 (3) 五個月 (4) 七個月。

71. (3)　煮糯米飯（未浸汆燙）所用的水分比白米飯少，通常是白米飯水量的 (1)1/2 (2)1/3 (3)2/3 (4)1/4。

72. (2)　炒牛毛肚（重瓣胃）應用 (1) 文火 (2) 武火 (3) 文武火 (4) 煙火 以免肉質過老而口感差。

73. (3)　將炸過或煮熟之食物材料，加調味料及少許水，再放回鍋中炒至無汁且入味的烹調法是？ (1) 煨 (2) 燴 (3) 煸 (4) 燒。

工作項目 **02**

食物選購

1. (3)　蛋黃的彎曲度越高者，表示該蛋越 (1) 腐敗 (2) 陳舊 (3) 新鮮 (4) 與新鮮度沒有關係。

2. (2)　買雞蛋時宜選購 (1) 蛋殼光潔平滑者 (2) 蛋殼乾淨且粗糙者 (3) 蛋殼無破損即可 (4) 蛋殼有特殊顏色者。

3. (1)　選購皮蛋的技巧為下列何者？ (1) 蛋殼表面與生蛋一樣，無黑褐色斑點者 (2) 蛋殼有許多粗糙斑點者 (3) 蛋殼光滑即好，有無斑點皆不重要 (4) 價格便宜者。

4. (3)　鹹蛋一般是以 (1) 火雞蛋 (2) 鵝蛋 (3) 鴨蛋 (4) 鴕鳥蛋　醃漬而成。

5. (3)　下面哪一種是新鮮的乳品特徵？ (1) 倒入玻璃杯，即見分層沉澱 (2) 搖動時產生多量泡沫 (3) 濃度適當、不凝固，將乳汁滴在指甲上形成球狀 (4) 含有粒狀物。

　　【解析】：新鮮乳品具有下列特徵：

　　　　1. 無分離沉澱、黏稠現象。

　　　　2. 濃度適當、不凝固，將乳汁滴在指甲上形成球狀。

　　　　3. 有效日期內，且保存於冷藏設備中。

6. (1)　採購蔬果應先考慮之要項為 (1) 生產季節與市場價格 (2) 形狀與顏色 (3) 冷凍品與冷藏品 (4) 重量與品名。

7. (1)　選購蛤蜊應選外殼 (1) 緊閉 (2) 微開 (3) 張開 (4) 粗糙　者。

　　【解析】：蛤蜊應選購外殼緊閉，互敲時聲音響亮清脆者。

8. (3) 要選擇新鮮的蝦應選下列何者？ (1) 頭部已帶有黑色的 (2) 頭部脫落的 (3) 蝦身堅硬的 (4) 蝦身柔軟的。

【解析】：新鮮的蝦具有的特徵：蝦身堅硬，蝦頭身緊連，蝦頭、腳、尾扇沒有變黑。

9. (1) 避免購買具有土味的淡水魚，其分辨方法可由 (1) 魚鰓的黏膜細胞 (2) 魚身 (3) 魚鰭 (4) 魚尾　所散發的味道得知。

10. (4) 下列何種魚類較適合做為生魚片的食材？ (1) 河流出海口的魚 (2) 箱網魚 (3) 近海魚 (4) 深海魚。

11. (4) 下列敘述何者為新鮮魚類的特徵？ (1) 魚鰓成灰褐色 (2) 魚眼混濁突出 (3) 魚鱗脫落 (4) 肉質堅挺有彈性。

【解析】：新鮮魚類的特徵如下：
1. 魚鰓呈鮮紅色
2. 肉質堅挺有彈性，腹部結實。
3. 魚眼突出、眼睛明亮、不可凹陷、混濁
4. 魚鱗不脫落、沒有腥臭味。

12. (3) 螃蟹最肥美之季節為 (1) 春 (2) 夏 (3) 秋 (4) 冬 季。

13. (2) 廚師常以何種部位來辨別母蟹？ (1) 螯 (2) 臍 (3) 蟹殼花紋 (4) 肥瘦。

【解析】：可由臍的形狀來判斷公蟹或母蟹，公蟹的臍呈尖形，母蟹的臍呈橢圓形。

14. (3) 「紅燒下巴」的下巴是指 (1) 豬頭 (2) 舌頭 (3) 魚頭 (4) 猴頭菇。

15. (4) 製作「紅燒下巴」時常選用 (1) 黃魚頭 (2) 鮸魚頭 (3) 鯧魚頭 (4) 草魚頭。

16. (4) 一般作為「紅燒划水」的材料，是使用草魚的 (1) 頭部 (2) 背部 (3) 腹部 (4) 尾部。

17. (1) 正常的新鮮肉類色澤為 (1) 鮮紅色 (2) 暗紅色 (3) 灰紅色 (4) 褐色。

18. (3) 炸豬排時宜使用豬的 (1) 後腿肉 (2) 前腿肉 (3) 里肌肉 (4) 五花肉。

【解析】：里肌肉結締組織少，肉質較軟嫩，適合炸豬排或煎豬排。

19. (4) 豬肉屠體中，肉質最柔嫩的部位是 (1) 里肌肉 (2) 梅花肉（胛心肉）(3) 後腿肉 (4) 小里肌。

20. (1) 肉牛屠體中，肉質較硬，適合長時間燉煮的部位為 (1) 腱子肉 (2) 肋條 (3) 腓力 (4) 沙朗。

21. (4) 一般俗稱的滷牛肉係採用牛的 (1) 里肌肉 (2) 和尚頭 (3) 牛腩 (4) 腱子肉。

22. (1) 雞肉中最嫩的部分是 (1) 雞柳 (2) 雞腿肉 (3) 雞胸肉 (4) 雞翅膀。

23. (3) 選購罐頭食品應注意 (1) 封罐完整即好 (2) 凸罐者表示內容物多 (3) 封罐完整，並標示完全 (4) 歪罐者為佳。

【解析】：選購罐頭食品應注意：
1. 封罐完整：不可有凸罐、凹罐、歪罐及生鏽。
2. 標示完全：包含品名、內容物名稱、重量、容量、製造日期、保存期限、廠商名稱、電話、住址等。

24. (1) 醬油如用於涼拌菜及快炒菜為不影響色澤應選購 (1) 淡色 (2) 深色 (3) 薄鹽 (4) 醬油膏 醬油。

25. (2) 絲瓜的選購以何者最佳？ (1) 越輕越好 (2) 越重越好 (3) 越長越好 (4) 越短越好。

【解析】：絲瓜的選購以越重越好，代表水分多，較為新鮮。

26. (4) 下列何種食物的產量與季節的關係最小？ (1) 蔬菜 (2) 水果 (3) 魚類 (4) 豬肉。

【解析】：蔬菜、水果、魚類都會受到季節的影響，導致產量及價格受到影響。

27. (3) 下列何者為一年四季中價格最平穩的食物？ (1) 西瓜 (2) 雞蛋 (3) 豆腐 (4) 虱目魚。

28. (3) 下列哪一種蔬菜在夏季是盛產期？ (1) 高麗菜 (2) 菠菜 (3) 絲瓜 (4) 白蘿蔔。

29. (2) 下列加工食材中何者之硝酸鹽含量可能最高？ (1) 蛋類 (2) 肉類 (3) 蔬菜類 (4) 水果類。
　　【解析】：製作火腿、香腸、臘肉等肉類加工食品會添加硝酸鹽作為保色劑（保持肉類的紅色），及抑制肉毒桿菌。

30. (4) 胚芽米中含 (1) 澱粉 (2) 蛋白質 (3) 維生素 (4) 脂肪 量較高，易酸敗、不耐貯藏。

31. (2) 下列魚類何者屬於海水魚？ (1) 草魚 (2) 鯧魚 (3) 鯽魚 (4) 鰱魚。

32. (2) 蛋液中添加下列何種食材，可改善蛋的凝固性與增加蛋之柔軟度？ (1) 鹽 (2) 牛奶 (3) 水 (4) 太白粉。

33. (1) 1 台斤為 600 公克，3000 公克為 (1)3 公斤 (2)85 兩 (3)6 台斤 (4)8 台斤。

34. (3) 26 兩等於多少公克？ (1)26 公克 (2)850 公克 (3)975 公克 (4)1275 公克。

35. (3) 食材 450 公克最接近 (1)1 台斤 (2) 半台斤 (3)1 磅 (4)8 兩。

36. (2) 肉類食品產量的多少與季節的差異相關性 (1) 最大 (2) 最少 (3) 沒有影響 (4) 冬天影響較大。

37. (1) 瓜類中，冬瓜比胡瓜的儲藏期 (1) 較長 (2) 較短 (3) 不能比較 (4) 相同。

38. (4) 下列何者不屬於蔬菜？ (1) 豌豆夾 (2) 皇帝豆 (3) 四季豆 (4) 綠豆。

39. (3) 屬於春季盛產的蔬菜是 (1) 麻竹筍 (2) 蓮藕 (3) 百合 (4) 大白菜。

40. (2) 國內蔬菜水果之市場價格與 (1) 生長環境 (2) 生產季節 (3) 重量 (4) 地區性 具有密切關係。

41. (4) 下列何種食材不因季節、氣候的影響而有巨幅價格變動？ (1) 海產魚類 (2) 葉菜類 (3) 進口蔬菜 (4) 冷凍食品。

42. (3) 一般餐廳供應份數與 (1) 人事費用 (2) 水電費用 (3) 食物材料費 (4) 房租 成正比。

43. (3) 選購以符合經濟實惠原則的罐頭，須注意 (1) 價格便宜就好 (2) 進口品牌 (3) 外觀無破損、製造日期、使用時間、是否有歪罐或鏽罐 (4) 可保存五年以上者。

44. (2) 製備筵席大菜，將切割下來的邊肉及魚頭 (1) 倒餿水桶 (2) 轉至其他烹調 (3) 帶回家 (4) 沒概念。

45. (2) 主廚開功能表製備菜餚，食材的選擇應以 (1) 進口食材 (2) 當地及季節性食材 (3) 價格昂貴的食材 (4) 保育類食材 來爭取顧客認同並達到成本控制的要求。

46. (4) 良好的 (1) 大量採購 (2) 進口食材 (3) 低價食材 (4) 成本控制 可使經營者穩定產品價格，增加市場競爭力。

47. (3) 身為廚師除烹飪技術外，採購蔬果應 (1) 不必在意食物生長季節問題 (2) 那是採購人員的工作 (3) 需注意蔬果生長與盛產季節 (4) 不需考量太多合用就好。

48. (2) 一般來說肉質來源相同的肉類售價，下列何者正確？ (1) 冷藏單價比冷凍單價低 (2) 冷藏單價比冷凍單價高 (3) 冷藏單價與冷凍單價一樣 (4) 視採購量的多寡來訂單價。

49. (4) 廚師烹調時選用當季、在地的各類生鮮食材 (1) 沒有特色 (2) 隨時可取食物，沒價值感 (3) 對消費者沒吸引力 (4) 可確保食材新鮮度，經濟又實惠。

50. (3) 空心菜是夏季盛產的蔬菜屬於 (1) 根莖類 (2) 花果類 (3) 葉菜類 (4) 莖球類。

51. (4) 臺灣近海魚類的價格會受季節、氣候的影響而變動，影響最大的是 (1)雨季 (2)秋季 (3) 雪季 (4) 颱風季。

52. (3) 主廚對於肉品的採購，應在乎它的單價與品質，對於耗損 (1) 可不必計較 (2) 耗損與單價無關 (3) 要求品質，對於耗損有幫助 (4) 品質與耗損沒有關聯。

工作項目 ❸
食物貯存

1. (2) 食品冷藏溫度最好維持在多少 °C ？ (1)0°C 以下 (2)7°C 以下 (3)10°C 以上 (4)20°C 以上。
   【解析】：冷藏溫度為 0°C~7°C。

2. (4) 冷凍食品應保存之溫度是在 (1)4°C (2)0°C (3) -5°C (4) -18°C 以下。

3. (1) 蛋置放於冰箱中應 (1) 鈍端朝上 (2) 鈍端朝下 (3) 尖端朝上 (4) 橫放。

4. (4) 下列哪種食物之儲存方法是正確的？ (1) 將水果放於冰箱之冷凍層 (2) 將油脂放於火爐邊 (3) 將鮮奶置於室溫 (4) 將蔬菜放於冰箱之冷藏層。

5. (2) 魚漿為了立即取用，應暫時放在 (1) 冷凍庫 (2) 冷藏庫 (3) 乾貨庫房 (4) 保溫箱中。

6. (1) 冷凍櫃的溫度應保持在 (1) -18°C 以下 (2) -4°C 以下 (3)0°C 以下 (4)4°C 以下。

7. (4) 食品之熱藏（高溫貯存）溫度應保持在多少 °C ？ (1)30°C 以上 (2)40°C 以上 (3)50°C 以上 (4)60°C 以上。

8. (2) 鹽醃的水產品或肉類 (1) 不必冷藏 (2) 必須冷藏 (3) 必須冷凍 (4) 包裝好就好。

9. (4) 下列何種方法不能達到食物保存之目的？ (1) 放射線處理 (2) 冷凍 (3) 乾燥 (4) 塑膠袋包裝。

10. (1) 處理要冷藏或冷凍的包裝肉品時 (1) 要將包裝紙與肉之間的空氣壓出來 (2) 將空氣留存在包裝紙內 (3) 包裝紙越厚越好 (4) 包裝紙與肉品之貯藏無關。

11. (3) 冰箱冷藏的溫度應在 (1)12°C (2)8°C (3)7°C (4)0°C 以下。

12. (3) 發酵乳品應貯放在 (1) 室溫 (2) 陰涼乾燥的室溫 (3) 冷藏庫 (4) 冷凍庫。
    【解析】：大部分的乳類製品皆需貯放在冷藏庫，例如發酵乳、調味乳、鮮乳等，只有保久乳可以貯放在室溫中。

13. (2) 冷凍食品經解凍後 (1) 可以 (2) 不可以 (3) 無所謂 (4) 沒有規定　重新冷凍出售。

14. (1) 冷凍食品與冷藏食品之貯存 (1) 必須分開貯存 (2) 可以共同貯存 (3) 沒有規定 (4) 視情況而定。

15. (1) 買回家的冷凍食品，應放在冰箱的 (1) 冷凍層 (2) 冷藏層 (3) 保鮮層 (4) 最下層。

16. (1) 封罐良好的罐頭食品可以保存期限約 (1) 三年 (2) 五年 (3) 七年 (4) 九年。

17. (2) 下列何種方法可以使肉類保持較好的品質，且為較有效的保存方法？ (1) 加熱 (2) 冷凍 (3) 曬乾 (4) 鹽漬。

18. (2) 調味乳應存放在 (1) 冷凍庫 (2) 冷藏庫 (3) 乾貨庫房 (4) 室溫　中。

19. (4) 甘薯最適宜的貯藏溫度為 (1) -18°C 以下 (2)0~3°C (3)3~7°C (4)15°C 左右。

20. (3) 未吃完的米飯，下列保存方法以何者為佳？ (1) 放在電鍋中 (2) 放在室溫中 (3) 放入冰箱中冷藏 (4) 放在電子鍋中保溫。
    【解析】：未吃完的米飯，應用一容器裝盛後，再放入冰箱中冷藏，要食用時取出，再用電鍋蒸熱即可。

21. (3) 買回來的整塊肉類，以何種方法處理為宜？ (1) 不加處理，直接放入冷凍庫 (2) 整塊洗淨後，放入冷凍庫 (3) 清洗乾淨並分切包裝好後，放入冷凍庫 (4) 整塊洗淨後，放入冷藏庫貯藏。
    【解析】：買回來的整塊肉類，清洗乾淨並分切包裝好後，放入冷凍庫儲存。若整塊肉放入冰箱儲存，容易產生一次使用不完，導致肉類的新鮮度降低。

22. (2) 香蕉不宜放在冰箱中儲存，是為了避免香蕉 (1) 失去風味 (2) 表皮迅速變黑 (3) 肉質變軟 (4) 肉色褐化。

23. (4) 下列水果何者不適宜低溫貯藏？(1) 梨 (2) 蘋果 (3) 葡萄 (4) 香蕉。

24. (2) 畜產品之冷藏溫度下列何者適宜？(1)5~8°C (2)3~5°C (3)2~-2°C (4)-5~-12°C。

25. (1) 下列何種方法，可防止冷藏（凍）庫的二次汙染？(1) 各類食物妥善包裝並分類貯存 (2) 食物交互置放 (3) 經常將食物取出並定期除霜 (4) 增加開關庫門之次數。

26. (1) 肉類貯藏時會發生一些變化，下列何者為錯誤？(1) 脂肪酸會流失 (2) 肉色改變 (3) 慢速腐敗 (4) 重量減少。
   【解析】：肉類貯藏時，肉類的脂肪會分解酸敗形成脂肪酸，並非脂肪酸流失。

27. (2) 有關魚類貯存，下列何者不正確？(1) 新鮮的魚應貯藏在 4°C 以下 (2) 魚覆蓋的冰越大塊越好 (3) 魚覆蓋碎冰時要避免使魚泡在冰水中 (4) 魚片冷藏應保存在防潮密封包裝袋內。

28. (2) 馬鈴薯的最適宜貯存溫度為 (1)5~8°C (2)10~15°C (3)20~25°C (4)30~35°C。

29. (3) 關於蔬果的貯存，下列何者不正確？(1) 南瓜放在室溫貯存 (2) 黃瓜需冷藏貯存 (3) 青椒置密封容器貯存以防氧化 (4) 草莓宜冷藏貯存。
   【解析】：青椒置密封容器貯存以防水份散失，並非為防止氧化。

30. (4) 蛋儲藏一段時間後，品質會產生變化且 (1) 比重增加 (2) 氣室縮小 (3) 蛋黃圓而濃厚 (4) 蛋白黏度降低。
   【解析】：蛋儲藏一段時間後，品質會產生變化且比重降低、氣室變大、打開後蛋黃會散開。

31. (2) 食物安全的供應溫度是指 (1)5~60°C (2)60°C 以上、7°C 以下 (3)40~100°C (4)100°C 以上、40°C 以下。

32. (1) 對新鮮屋包裝的果汁，下列敘述何者正確？(1) 必須保存在 7°C 以下的環境中 (2) 運送時不一定須使用冷藏保溫車 (3) 可保存在室溫中 (4) 需保存在冷凍庫中。

33. (4) 下列有關食物的儲藏何者為錯誤？(1) 新鮮屋鮮奶儲放在 5°C 以下的冷藏室 (2) 冰淇淋儲放在 -18°C 以下的冷凍庫 (3) 利樂包（保久乳）裝乳品可儲放在乾貨庫房中 (4) 開罐後的奶粉為防變質宜整罐儲放在冰箱中。
   【解析】：開罐後的奶粉應儲放在陰涼乾燥處。

34. (3) 下列敘述何者為錯誤？(1) 低溫食品理貨作業應在 15°C 以下場所進行 (2) 乾貨庫房貨物架不可靠牆，以免吸濕 (3) 保溫食物應保持在 50°C 以上 (4) 低溫食品應以低溫車輛運送。
   【解析】：保溫食物應保持在 60°C 以上。

35. (2) 乾貨庫房的管理原則，下列敘述何者正確？(1) 食物以先進後出為原則 (2) 相對濕度控制在 40~60% (3) 最適宜溫度應控制在 25~37°C (4) 盡可能日光可直射以維持乾燥。
   【解析】：乾貨庫房的管理原則：食物以先進先出為原則，最適宜溫度應控制在 20~25°C，不可日光直射，且必須維持乾燥。

36. (3) 乾貨庫房的相對濕度應維持在 (1)80% 以上 (2)60~80% (3)40~60% (4)20~40%。

37. (4) 為有效利用冷藏冷凍庫之空間並維持其品質，一般冷藏或冷凍庫的儲存食物量宜占其空間的 (1)100% (2)90% (3)80% (4)60% 以下。

38. (4) 開罐後的罐頭食品，如一次未能用完時應如何處理？(1) 連罐一併放入冰箱冷藏 (2) 連罐一併放入冰箱冷凍 (3) 把罐口蓋好放回倉庫待用 (4) 取出內容物用保鮮盒盛裝放入冰箱冷藏或冷凍。

39. (4) 採購回來的冷凍草蝦，如有黑頭現象，下列何者為非？(1) 酪氨酸酵素作用的緣故 (2) 冷凍不當所造成 (3) 不新鮮才變黑 (4) 因新鮮草蝦急速冷凍的關係。

40. (3) 乾燥食品的貯存期限最主要是較不受 (1) 食品中含水量的影響 (2) 食品的品質影響 (3) 食品重量的影響 (4) 食品配送的影響。

41. (3) 冷藏的主要目的在於 (1) 可以長期保存 (2) 殺菌 (3) 暫時抑制微生物的生長以及酵素的作用 (4) 方便配菜與烹調。

42. (2) 冷凍庫應隨時注意冰霜的清除，主要原因是 (1) 以免被師傅或老闆責罵 (2) 保持食品安全與衛生 (3) 因應衛生檢查 (4) 個人的表現。

43. (4) 冷凍與冷藏的食品均屬低溫保存方法 (1) 可長期保存不必詳加區分 (2) 不需先進先出用完即可 (3) 不需有使用期限的考量 (4) 應在有效期限內盡速用完。

44. (3) 鮮奶容易酸敗，為了避免變質 (1) 應放在室溫中 (2) 應放在冰箱冷凍 (3) 應放在冰箱冷藏 (4) 應放在陰涼通風處。

45. (3) 鹽漬的水產品或肉類，使用後若有剩餘應 (1) 可不必冷藏 (2) 放在陰涼通風處 (3) 放置冰箱冷藏 (4) 放在陽光充足的通風處。

46. (2) 新鮮葉菜類買回來後若隔夜烹煮，應包裝好 (1) 存放於冷凍庫中 (2) 放於冷藏庫中 (3) 放在通風陰涼處 (4) 泡在水中。

47. (1) 依據 HACCP（食品安全管制系統）之規定，蔬菜、水產、畜產原料或製品貯藏應該 (1) 分開包裝，分開貯藏 (2) 不必包裝一起貯藏 (3) 一起包裝一起貯藏 (4) 不必包裝，分開貯藏。

48. (4) 生鮮肉類的保鮮冷藏時間可長達 (1)10 天 (2)7 天 (3)5 天 (4)2 天。

49. (4) 鮮奶如需熱飲，各銷售商店可將瓶裝鮮奶加溫至 (1)30°C (2)40°C (3)50°C (4)60°C 以上。

50. (1) 一般食用油應貯藏在 (1) 陰涼乾燥的地方 (2) 陽光充足的地方 (3) 密閉陰涼的地方 (4) 室外屋簷下 以減緩油脂酸敗。

51. (2) 米應存放於 (1) 陽光充足乾燥的環境中 (2) 低溫乾燥環境中 (3) 陰冷潮濕的環境中 (4) 放於冷凍冰箱中。

52. (3) 買回來的冬瓜表面上有白霜是 (1) 發霉現象 (2) 糖粉 (3) 成熟的象徵 (4) 快腐爛掉的現象。

53. (1) 皮蛋又叫松花蛋，其製作過程是新鮮蛋浸泡於鹼性物質中，並貯放於 (1) 陰涼通風處 (2) 冷藏室 (3) 冷凍室 (4) 陽光充足處 密封保存。

54. (2) 油脂開封後未用完部分應 (1) 不需加蓋 (2) 隨時加蓋 (3) 想到再蓋 (4) 放冰箱不用蓋。

55. (3) 乾料放入儲藏室其數量不得超過儲藏室空間的 (1)40% (2)50% (3)60% (4)70% 以上。

56. (4) 發霉的年糕應 (1) 將霉刮除後即可食用 (2) 洗淨後即可食用 (3) 將霉刮除洗淨後即可食用 (4) 不可食用。

57. (2) 下列食物加工處理後何者不適宜冷凍貯存？ (1) 甘薯 (2) 小黃瓜 (3) 芋頭 (4) 胡蘿蔔。

58. (1) 蔬果產品之冷藏溫度下列何者為宜？ (1)5~7°C (2)2~4°C (3)2~ -2°C (4) -5~ -12°C。

59. (2) 一般罐頭食品 (1) 需冷藏 (2) 不需冷藏 (3) 需凍藏 (4) 需冰藏 ，但其貯存期限的長短仍受環境溫度的影響。

60. (2) 買回來的冷凍肉，除非立刻烹煮，否則應放於 (1) 冷藏庫 (2) 冷凍庫 (3) 陰涼處 (4) 室內通風處。

61. (4) 剛買回來整箱（紙箱包裝）生鮮水果，應放於 (1) 冷藏庫地上貯存 (2) 冷凍庫地上貯存 (3) 冷藏庫架子上貯存 (4) 室溫架子上貯存。

62. (1) 封罐不良歪斜的罐頭食品可否保存與食用？ (1) 否 (2) 可 (3) 可保存 1 年內用完 (4) 可保存 3 個月內用完。

63. (2) 甘薯買回來不適宜貯藏的溫度為 (1)18°C (2)0~3°C (3)20°C (4)15°C 左右。

64. (4) 以紅外線保溫的食物，溫度必須控制在 (1)7°C (2)30°C (3)50°C (4)60°C 以上。

65. (1) 下列何種肉品貯藏期最短最容易變質？ (1) 絞肉 (2) 里肌肉 (3) 排骨 (4) 五花肉。
【解析】：絞肉因經過絞碎，接觸空氣的面積較整塊肉大，故貯藏期最短。

66. (4) 原料、物料之貯存為避免混雜使用應依下列何種原則，以免食物因貯存太久而變壞、變質？ (1) 方便就好 (2) 先進後出 (3) 後進先出 (4) 先進先出。

67. (3) 餐飲業實施 HACCP（食品安全管制系統）儲存管理，生、熟食貯存 (1) 一起疊放熟食在生食上方 (2) 分開放置熟食在生食下方 (3) 分開放置熟食在生食上方 (4) 一起放置熟食在生食上方 以免交叉汙染。

68. (2) 魚類買回來如隔夜後才要烹調，其保存方式是將魚鱗、內臟去除洗淨後 (1) 直接放於低溫的冷凍庫中 (2) 分別包裝放於冷凍庫中 (3) 分別包裝放於室溫陰涼處，且越早使用越好 (4) 分別包裝放於冷藏庫中。

69. (1) 冰箱可以保持食物新鮮度，且食品放入之數量應為其容量的多少以下？ (1)60% (2)70% (3)80% (4)90%。

70. (4) 生鮮香辛料要放於下列何種環境中貯存？ (1) 陰涼通風處 (2) 陽光充足處 (3) 冰箱冷凍庫 (4) 冰箱冷藏庫。

71. (2) 放置冰箱冷藏的豬碎肉、豬肝、豬心應在多久內用完？ (1)1 週內 (2)1~2 天內 (3)3~4 天內 (4)1 個月內。

72. (4) 餐飲業實施 HACCP（食品安全管制系統）正確的化學物質儲存管理應在原盛裝容器內並 (1) 專人看顧 (2) 專櫃放置 (3) 專人專櫃放置 (4) 專人專櫃專冊放置。

工作項目 ❹

食物製備

1. (4) 扣肉是以論 (1) 秒 (2) 分 (3) 刻 (4) 時 為火候的菜餚。
【解析】：扣肉以五花肉為材料，需長時間小火慢煮，故扣肉以時為火候的菜餚，才能達到滑嫩入口即化的口感。

2. (3) 較老的肉宜採下列何種烹煮法？ (1) 切片快炒 (2) 切片油炸 (3) 切塊紅燒 (4) 汆燙。
【解析】：較老的肉因結締組織多，故需切塊長時間小火（文火）滷、紅燒、煨或燉，以軟化肉質。

3. (4) 將食物煎或炒以後再加入醬油、糖、酒及水等佐料放在慢火上烹煮的方式，為下列何者？ (1) 燴 (2) 溜 (3) 爆 (4) 紅燒。

4. (4) 經過初熟處理的牛肉、豬肝爆炒時應用 (1) 文火溫油 (2) 文火熱油 (3) 旺火溫油 (4) 旺火熱油。
【解析】：爆炒為大火（旺火）、熱油、短時間烹調，且牛肉、豬肝易熟，一定要用旺火熱油，才能保持肉的軟嫩。

5. (4) 「爆」的菜應使用 (1) 微火 (2) 小火 (3) 中火 (4) 大火 來做。

6. (4) 製作「燉」、「煨」的菜餚，應用 (1) 大火 (2) 旺火 (3) 武火 (4) 文火。

7. (4) 中式菜餚所謂「醬爆」是指用 (1) 番茄醬 (2) 沙茶醬 (3) 芝麻醬 (4) 甜麵醬 來做。

8. (2) 油炸掛糊食物以下列哪一溫度最適當？ (1)140°C (2)180°C (3)240°C (4)260°C。

9. (2) 蒸蛋時宜用 (1) 旺火 (2) 文火 (3) 武火 (4) 三者隨意。
【解析】：蒸蛋若用大火，蒸好的蛋會有蜂窩狀，蛋的口感不滑嫩。

10.(4) 煎荷包蛋時應用 (1) 旺火 (2) 武火 (3) 大火 (4) 文火。
【解析】：煎荷包若用大火（旺火、武火）易焦，且蛋白會有氣洞，口感硬。

11.(1) 做清蒸魚時宜用 (1) 武火 (2) 文武火 (3) 文火 (4) 微火。
【解析】：蒸魚時蒸籠鍋一定要水滾後才能將魚放入，再蓋上鍋蓋，以大火蒸 10~12 分鐘，大火短時間蒸，魚肉才會軟嫩。

12.(1) 刀工與火候兩者之間的關係 (1) 非常密切 (2) 有關但不重要 (3) 有些微關係 (4) 互不相干。

13.(2) 為使牛肉肉質較嫩，切肉絲時應 (1) 順著肉紋切 (2) 橫著肉紋切 (3) 斜著肉紋切 (4) 隨意切。

14.(3) 製作拼盤（冷盤）時最著重的要點是在 (1) 刀工 (2) 排盤 (3) 刀工與排盤 (4) 火候。

15.(3) 泡乾魷魚時須 (1) 先泡冷水後泡鹼水 (2) 先泡鹼水後泡冷水 (3) 先泡冷水後泡鹼水再漂冷水 (4) 冷水、鹼水先後不拘。
【解析】：泡發乾魷魚：用水浸濕魷魚→泡鹼水使魷魚漲發→泡冷水將鹼味去除。

16.(4) 洗豬網油時宜用 (1) 擦洗法 (2) 刮洗法 (3) 沖洗法 (4) 漂洗法。

17.(1) 洗豬舌、牛舌時宜用 (1) 刮洗法 (2) 擦洗法 (3) 沖洗法 (4) 漂洗法。
【解析】：豬舌、牛舌時必須用刀子刮除舌苔，再用清水洗淨。

18.(1) 豬腳的清洗方法以 (1) 刮洗法 (2) 擦洗法 (3) 沖洗法 (4) 漂洗法為宜。
【解析】：洗豬腳時須以刀子刮除外皮的汙垢、豬毛，再用清水洗淨。

19.(3) 剖魚肚時，不要弄破魚膽，否則魚肉會有 (1) 酸味 (2) 臭味 (3) 苦味 (4) 澀味。

20.(1) 一般生鮮蔬菜之前處理宜採用 (1) 先洗後切 (2) 先切後洗 (3) 先泡後洗 (4) 洗、切、泡、醃無一定的順序。
【解析】：生鮮蔬菜之前處理宜採用先洗後切，若採用先切後洗，則蔬菜的營養素會從切口流失；洗蔬菜不可以泡在水中，否則蔬菜的營養素會流失。

21.(2) 清洗蔬菜宜用 (1) 擦洗法 (2) 沖洗法 (3) 泡洗法 (4) 漂洗法。

22.(1) 貝殼類之處理應該先做到 (1) 去沙洗淨 (2) 冷凍以保新鮮 (3) 擦拭殼面 (4) 去殼取肉。
【解析】：貝殼類在烹調前必須泡在鹽水中，以助吐砂，再清洗乾淨。

23.(4) 洗豬腦時宜用 (1) 刮洗法 (2) 擦洗法 (3) 沖洗法 (4) 漂洗法。
【解析】：豬腦柔軟易碎，必須以清水輕輕漂洗。

24.(3) 洗豬肺時宜用下列何種方式？(1) 刮洗法 (2) 擦洗法 (3) 沖洗法 (4) 漂洗法。
【解析】：洗豬肺時應將豬肺套在水龍頭，用沖洗的方法將豬肺的血汙沖洗至乾淨為止，再將豬肺的外膜割破，再加以洗滌。

25.(1) 洗豬肚、豬腸時宜用 (1) 翻洗法 (2) 擦洗法 (3) 沖洗法 (4) 漂洗法。
【解析】：洗豬肚、豬腸必須將內面翻出來洗，先用水沖除汙物後，再用麵粉及鹽搓洗，以去除黏液。

26.(4) 烹調魚類應該先做到 (1) 去除骨頭 (2) 頭尾不用 (3) 去皮去骨 (4) 清除魚鱗、內臟及鰓。

27.(4) 熬高湯時，應在何時下鹽？(1) 一開始時 (2) 水煮滾時 (3) 製作中途時 (4) 湯快完成時。
【解析】：鹽具有滲透作用，容易滲透到材料中，使鮮味受到阻礙無法釋出，亦使湯缺少鮮味，故鹽不宜太早添加。

28.(3) 烹調上所謂的五味是指 (1) 酸甜苦辣辛 (2) 酸甜苦辣麻 (3) 酸甜苦辣鹹 (4) 酸甜苦辣甘。

29.(3) 中式菜餚講究溫度，試請安排下列三菜上桌順序？（甲）清蒸鮮魚（乙）紅燒烤麩（丙）魚香烘蛋 (1) 甲乙丙 (2) 乙甲丙 (3) 乙丙甲 (4) 丙甲乙。
【解析】：鮮魚宜趁熱食用，否則會有腥味，故一定要最後出菜。

30.(4) 下列的烹調方法中何者可不勾芡？(1) 溜 (2) 羹 (3) 燴 (4) 燒。

31.(2) 為製作「宮保魷魚」應添加何種香辛料？(1) 紅辣椒 (2) 乾辣椒 (3) 青辣椒 (4) 辣椒粉。
【解析】：菜名中有宮保，應添加乾辣椒，才符合題意。

32. (4) 牛腩的調理以 (1) 炸 (2) 炒 (3) 爆 (4) 燉 為適合。

【解析】：牛腩含筋腱，結締組織較多，肉質較硬，適合長時間小火燉，以軟化結締組織。

33. (2) 漿蝦仁時需添加哪幾種佐料？ (1) 鹽、蛋黃、太白粉 (2) 鹽、蛋白、太白粉 (3) 糖、全蛋、太白粉 (4) 糖、全蛋、玉米粉。

34. (4) 做蝦丸時為使其滑嫩可口，一般都摻下列何種食材拌合？ (1) 水 (2) 太白粉 (3) 蛋白 (4) 肥肉、蛋白與太白粉。

35. (1) 蝦仁要炒得滑嫩且爽脆，必須先 (1) 擦乾水分後拌入蛋白和太白粉 (2) 拌入油 (3) 放多量蛋白 (4) 放小蘇打　去醃。

36. (1) 勾芡是烹調中的一項技巧，可使菜餚光滑美觀、口感更佳，為達「明油亮芡」的效果應 (1) 勾芡時用炒瓢往同一方向推拌 (2) 用炒瓢不停地攪拌 (3) 用麵粉來勾芡 (4) 芡粉中添加小蘇打。

37. (1) 添加下列何種材料，可使蛋白打得更發？ (1) 檸檬汁 (2) 沙拉油 (3) 蛋黃 (4) 鹽。

38. (1) 烹調時調味料的使用應注意下列何者？ (1) 種類與用量 (2) 美觀與外形 (3) 顧客的喜好 (4) 經濟實惠。

39. (1) 解凍方法對冷凍肉的品質影響頗大，應避免解凍時將冷凍肉放於 (1) 水中浸泡 (2) 微波爐 (3) 冷藏庫 (4) 塑膠袋內包紮好後於流動水中　解凍。

【解析】：將冷凍肉放浸泡在水中解凍，易流失營養素，且影響肉的品質。

40. (2) 買回來的橘子或香蕉等有外皮的水果，供食之前 (1) 不必清洗 (2) 要清洗 (3) 擦拭一下 (4) 最好加熱。

【解析】：所有帶皮的水果在食用前一定要經過清洗，以去除農藥。

41. (4) 蛋黃醬（沙拉醬）之製作原料為 (1) 豬油、蛋、醋 (2) 牛油、蛋、醋 (3) 奶油、蛋、醋 (4) 沙拉油、蛋、醋。

【解析】：蛋黃醬（沙拉醬）是利用沙拉油、蛋黃及白醋混合拌勻而成。蛋黃內有卵磷脂具有乳化功能，可使油、蛋黃結合成油水乳化的食品。

42. (4) 下列何者不是蛋黃醬（沙拉醬）之基本材料？ (1) 蛋黃 (2) 白醋 (3) 沙拉油 (4) 牛奶。

43. (1) 新鮮蔬菜烹調時火候應 (1) 旺火速炒 (2) 微火慢炒 (3) 旺火慢炒 (4) 微火速炒。

44. (4) 胡蘿蔔切成簡式的花紋做為配菜用，稱之為 (1) 滾刀片 (2) 長形片 (3) 圓形片 (4) 水花片。

45. (3) 哈士蟆是指雪蛤體內的 (1) 唾液 (2) 肌肉 (3) 輸卵管及卵巢上的脂肪 (4) 腸　通常為製作「雪蛤膏」的食材。

46. (3) 煎蛋皮時為使蛋皮不容易破裂又漂亮，應添加何種佐料？ (1) 味素、太白粉 (2) 糖、太白粉 (3) 鹽、太白粉 (4) 玉米粉、麵粉。

47. (4)「雀巢」的製作使用下列哪種材料為佳？ (1) 通心麵 (2) 玉米粉 (3) 太白粉 (4) 麵條。

48. (3) 傳統江浙式的「醉雞」是使用何種酒浸泡？ (1) 米酒 (2) 高粱酒 (3) 紹興酒 (4) 啤酒。

49. (2) 製作紅燒肉宜選用豬肉的哪一部位？ (1) 里肌肉 (2) 五花肉 (3) 前腿 (4) 小里肌。

50. (3)「京醬肉絲」傳統的作法，鋪底是用 (1) 蒜白 (2) 筍絲 (3) 蔥白絲 (4) 綠豆芽。

51. (2) 牛肉不易燉爛，於烹煮前可加入些 (1) 小蘇打 (2) 木瓜 (3) 鹼粉 (4) 泡打粉　浸漬，促使牛肉易爛且不會破壞其中所含有的維生素。

【解析】：添加小蘇打、鹼粉、泡打粉都可促進牛肉的嫩化，但都會破壞牛肉的營養素，故不宜添加，而木瓜中含有木瓜酵素，添加於促使牛肉易爛且不會破壞其中所含有的維生素。

52. (2) 一般「佛跳牆」是使用何種容器盛裝上桌？ (1) 湯碗 (2) 甕 (3) 水盤 (4) 湯盤。

53. (1) 經過洗滌、切割或熟食處理後的生料或熟料，再用調味料直接調味而成的菜餚，其烹調方法為下列何者？ (1) 拌 (2) 煮 (3) 蒸 (4) 炒。

54. (3) 依中餐烹調檢定標準，食物製備過程中，高汙染度的生鮮材料必須採取下列何種方式 (1) 優先處理 (2) 中間處理 (3) 最後處理 (4) 沒有規定。

55. (1) 三色煎蛋的洗滌順序，下列何者正確？ (1) 香菇→小黃瓜→蔥→胡蘿蔔→蛋 (2) 蛋→胡蘿蔔→蔥→小黃瓜→香菇 (3) 小黃瓜→蔥→香菇→蛋→胡蘿蔔 (4) 蛋→香菇→蔥→小黃瓜→胡蘿蔔。

56. (4) 製備熱炒菜餚，刀工應注意 (1) 絲要粗 (2) 片要薄 (3) 丁要大 (4) 刀工均勻。

57. (1) 刀身用力的方向是「向前推出」，適用於質地脆硬的食材，例如筍片、小黃瓜片蔬果等切片的刀法，稱之為 (1) 推刀法 (2) 拉刀法 (3) 剞刀法 (4) 批刀法。

58. (4) 凡以「宮保」命名的菜，都要用到下列何者？ (1) 青椒 (2) 紅辣椒 (3) 黃椒 (4) 乾辣椒。

59. (1) 珍珠丸子是以糯米包裹在肉丸子的外表，以何種烹調製成？ (1) 蒸 (2) 煮 (3) 炒 (4) 炸。

60. (1) 羹類菜餚勾芡時，最好用 (1) 中小火 (2) 猛火 (3) 大火 (4) 旺火。

61. (2) 「爆」的時間要比「炒」的時間 (1) 長 (2) 短 (3) 相同 (4) 不一定。

62. (4) 下列刀工中何者為不正確？ (1)「粒」比「丁」小 (2)「末」比「粒」小 (3)「茸」比「末」細 (4)「絲」比「條」粗。

63. (2) 松子腰果炸好，放冷後顏色會 (1) 變淡 (2) 變深 (3) 變焦 (4) 不變。

64. (1) 醬油如用於涼拌菜及快炒菜應選購 (1) 淡色 (2) 深色 (3) 薄鹽 (4) 油膏　醬油。

65. (3) 製作「茄汁豬排」時，為使之「嫩」通常是 (1) 切薄片 (2) 切絲 (3) 拍打浸料 (4) 切厚片。

66. (3) 炸豬排通常使用豬的 (1) 後腿肉 (2) 前腿肉 (3) 里肌肉 (4) 五花肉。

67. (1) 製作完成之菜餚應注意 (1) 不可重疊放置 (2) 交叉放置 (3) 可重疊放置 (4) 沒有規定。

68. (4) 菜餚如須復熱，其次數應以 (1) 四次 (2) 三次 (3) 二次 (4) 一次 為限。

69. (1) 食物烹調足夠與否並非憑經驗或猜測而得知，應使用何種方法辨識 (1) 溫度計 (2) 剪刀 (3) 筷子 (4) 湯匙。

70. (4) 生鮮石斑魚最理想的烹調方法為下列何者？ (1) 油炸 (2) 煙燻 (3) 煎 (4) 清蒸。

工作項目 05
排盤與裝飾

1. (4) 盤飾使用胡蘿蔔立體切雕的花，應該裝飾在 (1) 燴 (2) 羹 (3) 燉 (4) 冷盤　的菜上。

2. (2) 製作整個的蹄膀（如冰糖蹄膀）宜選用 (1) 方盤 (2) 圓盤 (3) 橢圓形盤（腰子盤）(4) 任何形狀的盤子　盛裝。
   【解析】：蹄膀為圓形，故適合用圓盤裝盛。

3. (4) 整條紅燒魚宜以 (1) 深盤 (2) 圓盤 (3) 方盤 (4) 橢圓盤（腰子盤）　盛裝。
   【解析】：大部分的魚都是長條型，故故適合用橢圓盤（腰子盤）裝盛。

4. (3) 下列哪種烹調方法的菜餚，可以不必排盤即可上桌？ (1) 蒸 (2) 烤 (3) 燉 (4) 炸。
   【解析】：燉菜用盅裝盛，燉好的菜會連盅一起上桌，部不必再排盤。

5. (2) 盛菜時，頂端宜略呈 (1) 三角形 (2) 圓頂形 (3) 平面形 (4) 菱形較為美觀。

6. (3)「松鶴延年」拼盤宜用於 (1) 滿月 (2) 週歲 (3) 慶壽 (4) 婚禮 的宴席上。

7. (2) 做為盤飾的蔬果，下列的條件何者為錯誤？ (1) 外形好且乾淨 (2) 用量可以超過主體 (3) 葉面不能有蟲咬的痕跡 (4) 添加的色素為食用色素。
   【解析】：做為盤飾的蔬果，用量不能超過主體，否則會有喧賓奪主的情況。

8. (4)　製作拼盤時，何者較不重要？ (1) 刀工 (2) 排盤 (3) 配色 (4) 火候。
9. (4)　盛裝「鴿鬆」的蔬菜最適宜用 (1) 大白菜 (2) 紫色甘藍 (3) 高麗菜 (4) 結球萵苣。
10.(4)　盤飾用的番茄通常適用於 (1) 蒸 (2) 燴 (3) 紅燒 (4) 冷盤　的菜餚上。
　　　　　【解析】：有湯汁的菜餚（如蒸菜、燴菜及紅燒）不適合用番茄盤飾。
11.(3)　為求菜餚美觀，餐盤裝飾的材料適宜採用下列何種？ (1) 為了成本考量，模型較實際
　　　　　(2) 塑膠花較便宜，又可以回收使用 (3) 為硬脆的瓜果及根莖類蔬菜 (4) 撿拾腐木及石
　　　　　頭或樹葉較天然。
12.(3)　勾芡而且多汁的菜餚應盛放於 (1) 魚翅盅較高級 (2) 淺盤 (3) 深盤 (4) 平盤　較為合適。
13.(4)　排盤之裝飾物除了要注意每道菜本身的主材料、副材料及調味料之間的色彩，也要注
　　　　　意不同菜餚之間的色彩調和度 (1) 選擇越豐富、多樣性越好 (2) 不用考慮太多浪費時間
　　　　　(3) 選取顏色越鮮豔者越漂亮即可 (4) 不宜喧賓奪主，宜取可食用食材。
14.(3)　用過的蔬果盤飾材料，若想留至隔天使用，蔬果應 (1) 直接放在工作檯，使用較方便
　　　　　(2) 直接泡在水中即可 (3) 清洗乾淨以保鮮膜覆蓋，放置冰箱冷藏 (4) 直接放置冰箱冷
　　　　　藏。

工作項目 06
器具設備之認識

1. (4)　用番茄簡單地雕一隻蝴蝶所需的工具是 (1) 果菜挖球器 (2) 長竹籤 (3) 短竹籤 (4) 片刀。
2. (2)　剁雞時應使用 (1) 片刀 (2) 骨刀 (3) 尖刀 (4) 水果刀。
　　　　　【解析】：骨刀用於剁砍堅硬的骨頭、剁雞，刀很厚重。
3. (3)　下列刀具，何者厚度較厚？ (1) 水果刀 (2) 片刀 (3) 骨刀 (4) 尖刀。
4. (4)　片刀主要用來切 (1) 雞腿 (2) 豬腳 (3) 排骨 (4) 豬肉。
5. (3)　不鏽鋼工作檯的優點，下列何者不正確？ (1) 易於清理 (2) 不易生鏽 (3) 不耐腐蝕 (4)
　　　　　使用年限長。
　　　　　【解析】：不鏽鋼工作檯具有耐酸鹼、抗腐蝕、耐用、易於清理、不易生鏽等特點。
6. (4)　最適合用來做為廚房準備食物的工作檯材質為 (1) 大理石 (2) 木板 (3) 玻璃纖維 (4) 不
　　　　　鏽鋼。
7. (1)　為使器具不容易藏汙納垢，設計上何者不正確？ (1) 四面採直角設計 (2) 彎曲處呈圓弧
　　　　　型 (3) 與食物接觸面平滑 (4) 完整而無裂縫。
　　　　　【解析】：器具若四面採直角設計則易造成直角不易清洗，易藏汙納垢。
8. (1)　消毒抹布時應以 100°C 沸水煮沸 (1)5 分鐘 (2)10 分鐘 (3)15 分鐘 (4)20 分鐘。
　　　　　【解析】：毛巾、抹布殺菌方法：

殺菌方法	說明
煮沸殺菌法	以 100℃之沸水，煮沸 5 分鐘以上。
蒸氣殺菌法	以 100℃之蒸氣，蒸 10 分鐘以上。

9. (2)　盛裝粉質乾料（如麵粉、太白粉）之容器，不宜選用 (1) 食品級塑膠材質 (2) 木桶附蓋
　　　　　(3) 玻璃材質且附緊密之蓋子 (4) 食品級保鮮盒。
　　　　　【解析】：木桶附蓋容易發霉，有衛生疑慮。
10.(1)　傳熱最快的用具是以 (1) 鐵 (2) 鉛 (3) 陶器 (4) 琺瑯質　所製作的器皿。
11.(1)　盛放帶湯汁之甜點器皿以 (1) 透明玻璃製 (2) 陶器製 (3) 木製 (4) 不鏽鋼製　最美觀。

12. (4) 散熱最慢的器具為 (1) 鐵鍋 (2) 鋁鍋 (3) 不鏽鋼鍋 (4) 砂碢。

13. (3) 製作燉的食物所使用的容器是 (1) 碗 (2) 盤 (3) 盅 (4) 盆。

14. (2) 烹製酸菜、酸筍等食物不宜用 (1) 不鏽鋼 (2) 鋁製 (3) 陶瓷製 (4) 塘瓷製 容器。
【解析】：鋁製容器遇酸會變黑，產生對人體有害的物質，故酸菜、酸筍等食物皆含有酸不適合用鋁製容器裝盛。

15. (4) 下列何種材質的容器，不適宜放在微波爐內加熱？ (1) 耐熱塑膠 (2) 玻璃 (3) 陶瓷 (4) 不鏽鋼。

16. (3) 下列設備何者與環境保育無關？ (1) 抽油煙機 (2) 油脂截流槽 (3) 水質過濾器 (4) 殘渣處理機。

17. (1) 蒸鍋、烤箱使用過後應多久清洗整理一次？ (1) 每日 (2) 每 2~3 天 (3) 每週 (4) 每月。

18. (4) 下列哪一種設備在製備食物時，不會使用到的？ (1) 洗米機 (2) 切片機 (3) 攪拌機 (4) 洗碗機。

19. (3) 製作 1000 人份的伙食，以下列何種設備來煮飯較省事方便又快速？ (1) 電鍋 (2) 蒸籠 (3) 瓦斯炊飯鍋 (4) 湯鍋。

20. (4) 燴的食物最適合使用的容器為 (1) 淺碟 (2) 碗 (3) 盅 (4) 深盤。
【解析】：燴的食物因有勾芡的湯汁，故必須使用深盤裝盛。

21. (1) 烹調過程中，宜採用 (1) 熱效率高 (2) 熱效率低 (3) 熱效率適中 (4) 熱效率不穩定 之爐具。

22. (1) 砧板材質以 (1) 塑膠 (2) 硬木 (3) 軟木 (4) 不鏽鋼為宜。
【解析】：塑膠砧板易清洗、較不會藏汙納垢；木頭使用後容易產生木削，不易清洗乾淨。

23. (1) 選購瓜型打蛋器，以下列何者較省力好用？ (1) 鋼絲細，條數多者 (2) 鋼絲粗，條數多者 (3) 鋼絲細，條數少者 (4) 鋼絲粗，條數少者。

24. (1) 鐵氟龍的炒鍋，宜選用下列何者器具較適宜？ (1) 木製鏟 (2) 鐵鏟 (3) 不鏽鋼鏟 (4) 不鏽鋼炒杓。

25. (3) 下列對於刀具使用的敘述何者正確？ (1) 對初學者而言，為避免割傷，刀具不宜太過鋒利 (2) 為避免生鏽，於使用後盡量少用水清洗 (3) 可用醋或檸檬去除魚腥味 (4) 刀子的材質以生鐵最佳。
【解析】：1. 初學者必須選擇刀具鋒利，才能避免割傷。
2. 刀具使用完後必須立即用水清洗，再擦乾，才能避免生鏽。
3. 刀子的材質為生鐵雖然銳利，但容易生鏽，刀子的材質最好是高碳不鏽鋼，具有不生鏽、銳利等優點。

26. (4) 高密度聚丙烯塑膠砧板較適用於 (1) 剁 (2) 斬 (3) 砍 (4) 切。

27. (2) 清洗不鏽鋼水槽或洗碗機宜用下列哪一種清潔劑？ (1) 中性 (2) 酸性 (3) 鹼性 (4) 鹹性。

28. (4) 量匙間的相互關係，何者不正確？ (1)1 大匙為 15 毫升 (2)1 小匙為 5 毫升 (3)1 小匙相當於 1/3 大匙 (4)1 大匙相當於 5 小匙。
【解析】：1 大匙相當於 3 小匙。

29. (4) 廚房設施，下列何者為非？ (1) 通風採光良好 (2) 牆壁最好採用白色磁磚 (3) 天花板為淺色 (4) 最好鋪設平滑磁磚並經常清洗。

30. (2) 有關冰箱的敘述，下列何者為非？ (1) 遠離熱源 (2) 每天需清洗一次 (3) 經常除霜以確保冷藏力 (4) 減少開門次數與時間。

31. (2) 油炸鍋起火時不宜 (1) 用砂來滅火 (2) 用水來滅火 (3) 蓋緊鍋蓋來滅火 (4) 用化學泡沫來滅火。

32. (2) 欲檢查瓦斯漏氣的地方，最好的檢查方法為下列何者？ (1) 以火柴點火 (2) 塗抹肥皂水 (3) 以鼻子嗅察 (4) 以點火槍點火。

33. (4) 被燙傷時的立即處理法是 (1) 以油塗抹 (2) 以漿糊塗抹 (3) 以醬油塗抹 (4) 沖冷水。

34. (2) 地震發生時，廚房工作人員應 (1) 立刻搭電梯逃離 (2) 立即關閉瓦斯、電源，經由樓梯快速逃出 (3) 原地等候地震完畢 (4) 逃至頂樓等候救援。

35. (3) 廚房每日實際生產量嚴禁超過 (1) 一般生產量 (2) 沒有規範 (3) 最大安全量 (4) 最小安全量。

36. (3) 廚房瓦斯漏氣第一時間動作是 (1) 關閉電源 (2) 迅速呈報 (3) 打開門窗 (4) 打開抽風機。

37. (4) 安全的維護是 (1) 安全人員的責任 (2) 經理人員的責任 (3) 廚工的責任 (4) 全體工作人員的責任。

38. (1) 廚房排水溝宜採用何種材料 (1) 不鏽鋼 (2) 塑鋼 (3) 水泥 (4) 生鐵。

39. (2) 大型冷凍庫及冷藏庫須裝上緊急用電鈴及開啟庫門之安全閥栓，應 (1) 由外向內 (2) 由內向外 (3) 視情況而定 (4) 沒有規定。

40. (4) 廚房工作檯上方之照明燈具，加裝燈罩是因為 (1) 節省能源 (2) 美觀 (3) 增加亮度 (4) 防止爆裂造成食物汙染。

41. (4) 殺蟲劑應放置於 (1) 廚房內置物架 (2) 廚房角落 (3) 廁所 (4) 廚房外專櫃。

42. (4) 食物調理檯面，應使用何種材質為佳？ (1) 塑膠材質 (2) 水泥 (3) 木頭材質 (4) 不鏽鋼。

43. (3) 廚房滅火器放置位置是 (1) 主廚 (2) 副主廚 (3) 全體廚師 (4) 老闆 應有的認知。

44. (4) 取用高處備品時，應該使用下列何者物品墊高，以免發生掉落的危險？ (1) 紙箱 (2) 椅子 (3) 桶子 (4) 安全梯。

45. (1) 使用絞肉機時，不可直接用手推入，以防止絞入危險，須以 (1) 木棍 (2) 筷子 (3) 炒杓 (4) 湯匙 推入。

46. (2) 砧板下應有防滑設置，如無，至少應墊何種物品以防止滑落 (1) 菜瓜布 (2) 溼毛巾 (3) 竹筷 (4) 檯布。

47. (4) 蒸鍋內的水已燒乾了一段時間，應如何處理？ (1) 馬上清洗燒乾的蒸鍋 (2) 馬上加入冷水 (3) 馬上加入熱水 (4) 先關火把蓋子打開等待冷卻。

48. (1) 廚餘餿水需當天清除或存放於 (1)7°C 以下 (2)8°C 以上 (3)15°C 以上 (4) 常溫中。

49. (1) 排水溝出口加裝油脂截流槽的主要功能為 (1) 防止油脂汙染排水系統 (2) 防止老鼠進入 (3) 防止水溝堵塞 (4) 使排水順暢。

50. (2) 為求省力好用，剁雞、排骨時應使用 (1) 片刀 (2) 骨刀 (3) 水果刀 (4) 武士刀。

51. (2) 陶鍋傳熱速度比鐵鍋 (1) 快 (2) 慢 (3) 差不多 (4) 一樣快。

52. (4) 不鏽鋼工作檯優點，下列何者不正確？ (1) 易於清理 (2) 不易生鏽 (3)耐腐蝕 (4)耐躺、耐坐。

53. (4) 為使器具不容易藏汙納垢，設計上何者正確？ (1) 彎曲處呈直角型 (2) 與食物接觸面粗糙 (3) 有裂縫 (4) 一體成型，包覆完整。

54. (2) 廚房工作檯上方之照明燈具 (1) 不加裝燈罩，以節省能源 (2) 需加裝燈罩，較符合衛生 (3) 要加裝細鐵網保護，較安全 (4) 加裝藝術燈泡以增美感。

55. (3) 廚房周邊所有門窗裝置的為下列何者較佳？ (1) 完整的窗戶、紗門或氣門 (2) 完整無破的紗門、窗戶 (3) 紗門或氣門、紗窗配合門窗，需完整無破洞 (4)完整無破的門與紗窗。

56. (3) 廚房備有約 23 公分之不鏽鋼漏勺其最大功能是 (1) 拌、炒用 (2) 裝菜用 (3) 撈取食材用 (4) 燒烤用。

57. (1) 中餐烹調術科測試考場下列何種設置較符合場地需求？ (1) 設有平面圖、逃生路線及警語標示 (2) 使用過期之滅火器 (3) 燈的照明度 150 米燭光以上 (4) 備有超大的更衣室一間。

58. (2) 中餐術科技能檢定考場內備有考試需用的機具設備，應考時 (1) 只須帶免洗碗筷跟刀具及廚用紙巾、礦泉水即可 (2) 只須帶刀具及廚用紙巾、包裝飲用水即可 (3) 怕考場準備不夠家裡有的都帶去 (4) 省得麻煩什麼都不用帶只要帶考試參考資料應考即可。

59. (4) 廚房的工作檯面照明度需要多少米燭光？ (1)180 (2)100 (3)150 (4)200 米燭光以上。

60. (1) 廚房之排水溝須符合下列何種條件？ (1) 為明溝者須加蓋，蓋與地面平 (2) 排水溝深、寬、大以利排水 (3) 水溝蓋上可放置工作檯腳 (4) 排水溝密封是要防止臭味飄出。

61. (1) 依據良好食品衛生規範準則，食品加工廠之牆面何者不符規定？ (1) 牆壁剝落 (2) 牆面平整 (3) 不可有空隙 (4) 需張貼大於 B4 紙張之燙傷緊急處理步驟。

62. (3) 廚房之乾粉滅火器下列何者有誤？ (1) 藥劑須在有效期限內 (2) 須符合消防設施安全標章 (3) 購買無標示期限可長期使用的滅火器 (4) 滅火器需有足夠壓力。

63. (2) 食品烹調場地紗門紗窗下列何者正確？ (1) 天氣過熱可打開紗窗吹風 (2) 配合門窗大小且需完整無破洞 (3) 考場可不須附有紗門紗窗 (4) 紗門紗窗即使破損也可繼續使用。

64. (1) 中餐烹調術科測試考場之砧板顏色下列何者正確？ (1) 紅色砧板用於生食、白色砧板用於熟食 (2) 紅色砧板用於熟食、白色砧板用於生食 (3) 砧板只須一塊即可 (4) 生食砧板不須消毒、熟食砧板須消毒。

65. (3) 中餐烹調術科應檢人成品完成後須將考試區域清理乾淨，而拖把應在何處清洗？ (1) 工作檯水槽 (2) 廁所水槽 (3) 專用水槽區 (4) 隔壁水槽。

66. (4) 廚房瓦斯供氣設備須附有安全防護措施，下列何者不正確？ (1) 裝設欄杆、遮風設施 (2) 裝設遮陽、遮雨設施 (3) 瓦斯出口處裝置遮斷閥及瓦斯偵測器 (4) 裝在密閉空間以防閒雜人員進出。

67. (4) 廚房排水溝為了阻隔老鼠或蟑螂等病媒，需加裝 (1) 粗網狀柵欄 (2) 二層細網狀柵欄 (3) 一層細網狀柵欄 (4) 三層細網狀柵欄，並將出水口導入一開放式的小水槽中。

68. (4) 廚房器具有大鋼盆、湯鍋、平底鍋，以下何者才是器具正確的使用方法？ (1) 大鋼盆裝菜、湯鍋洗菜、平底鍋煮湯 (2) 大鋼盆煮湯、湯鍋滷雞腿、平底鍋煎魚 (3) 大鋼盆洗菜、湯鍋拌餡、平底鍋燙麵 (4) 大鋼盆洗食材、湯鍋滷蛋、平底鍋煎鍋貼。

69. (2) 廚房刀具有片刀、剁刀、水果刀、刮鱗刀以下何者才是刀具正確的使用方法？ (1) 片刀切菜、剁刀切魚、水果刀切肉片、刮鱗刀殺魚 (2) 片刀切菜、剁刀剁排骨、水果刀切番茄、刮鱗刀刮魚鱗 (3) 片刀切排骨、剁刀切菜、水果刀刮魚鱗、刮鱗刀刮紅蘿蔔 (4) 片刀切肉片、剁刀剁雞、水果刀刮魚片、刮鱗刀刮魚鱗。

70. (4) 廚房使用之反口油桶，其作用與功能是 (1) 煮水用 (2) 煮湯用 (3) 裝剩餘材料用 (4) 裝炸油或回鍋油用，可避免在操作中的危險性。

71. (3) 廚房內備有瓷製的圓形平盤直徑約 25 公分，其適作何功能用？ (1) 做配菜盤 (2) 裝全魚或主食類等 (3) 裝煎或炸的菜餚 (4) 裝羹的菜餚。

72. (4) 廚房內備有瓷製的圓形淺緣盤直徑約 25 公分，其適作何功能用？ (1) 做配菜盤 (2) 裝全魚或主食類等 (3) 裝羹的菜餚 (4) 裝炒、或稍帶點汁的菜餚。

73. (1) 廚房內備有瓷製的圓形深盤直徑約 25 公分，其適作何功能用？ (1) 裝燴或帶多汁的菜餚 (2) 裝全魚或主食類等 (3) 裝煎或炸的菜餚 (4) 裝炒的菜餚。

74. (2) 廚房內備有瓷製的橢圓形腰子盤長度約 36 公分，其適作何功能用？ (1) 做配菜盤 (2) 裝全魚或主食類等 (3) 裝燴的菜餚 (4) 裝炒、或稍帶點汁的菜餚。

75. (3) 廚房瓦斯爐開關或管線周邊設有瓦斯偵測器，如果有天偵測器響起即為瓦斯漏氣，你該用什麼方法或方式來做瓦斯漏氣的測試？ (1) 沿著瓦斯爐開關或管線周邊點火測試 (2) 沿著瓦斯爐開關或管線周邊灌水測試 (3) 沿著瓦斯爐開關或管線周邊抹上濃厚皂劑泡沫水測試 (4) 用大型膠帶沿著瓦斯爐開關或管線周邊包覆防漏。

76. (4) 廚房用的器具繁多五花八門，平常的維護、整理應由誰來負責？ (1) 老闆自己 (2) 主廚 (3) 助廚 (4) 各單位使用者。

77. (4) 廚房油脂截油槽多久需要清理一次？ (1) 一個月 (2) 半個月 (3) 一個星期 (4) 每天。

78. (4) 廚房所設之加壓噴槍，其用途為何？ (1) 洗碗專用 (2) 洗菜專用 (3) 洗廚房器具專用 (4) 清潔沖洗地板、水溝用。

79. (1) 廚房用的器具繁多五花八門，平常須如何維護、整理與管理？ (1) 清洗、烘乾（滴乾）、整理、分類、定位排放 (2) 清洗、擦乾、定位排放、分類、整理 (3) 分類、定位排放、清洗、烘乾、整理 (4) 清洗、烘乾（滴乾）、整理、定位排放、分類。

工作項目 07
營養知識

1. (1) 一公克的醣可產生 (1)4 (2)7 (3)9 (4)12 大卡的熱量。

2. (3) 一公克脂肪可產生 (1)4 (2)7 (3)9 (4)12 大卡的熱量。

3. (1) 一公克的蛋白質可供人體利用的熱量值為 (1)4 (2)6 (3)7 (4)9 大卡。

4. (3) 構成人體細胞的重要物質是 (1) 醣 (2) 脂肪 (3) 蛋白質 (4) 維生素。

5. (3) 五穀及澱粉根莖類是何種營養素的主要來源？ (1) 蛋白質 (2) 脂質 (3) 醣類 (4) 維生素。

6. (1) 肉、魚、豆、蛋及奶類主要供應 (1) 蛋白質 (2) 脂質 (3) 醣類 (4) 維生素。

7. (4) 下列何種營養素不能供給人體所需的能量？ (1) 蛋白質 (2) 脂質 (3) 醣類 (4) 礦物質。
    【解析】：三大熱量營養素為蛋白質、脂質、醣類；不供給熱量的營養素為維生素、礦物質及水。

8. (4) 下列何種營養素不是熱量營養素？ (1) 醣類 (2) 脂質 (3) 蛋白質 (4) 維生素。

9. (3) 主要在作為建造及修補人體組織的食物為 (1) 五穀類 (2) 油脂類 (3) 肉、魚、蛋、豆、奶類 (4) 水果類。
    【解析】：蛋白質具有建造及修補人體組織的功能，因肉、魚、蛋、豆、奶類含有豐富的蛋白質，故為建造及修補人體組織的食物。

10. (3) 營養素的消化吸收部位主要在 (1) 口腔 (2) 胃 (3) 小腸 (4) 大腸。

11. (3) 蛋白質構造的基本單位為 (1) 脂肪酸 (2) 葡萄糖 (3) 胺基酸 (4) 丙酮酸。

12. (3) 提供人體最多亦為最經濟熱量來源的食物為 (1) 油脂類 (2) 肉、魚、豆、蛋、奶類 (3) 五穀類 (4) 蔬菜及水果類。
    【解析】：五穀類富含澱粉，故為提供人體最多亦為最經濟熱量來源的食物。

13. (2) 供給國人最多亦為最經濟之熱量來源的營養素為 (1) 脂質 (2) 醣類 (3) 蛋白質 (4) 維生素。

14. (4) 下列何者不被人體消化且不具熱量值？ (1) 肝醣 (2) 乳糖 (3) 澱粉 (4) 纖維素。
    【解析】：纖維素不被人體消化且不具熱量值，但可促進腸胃蠕動，預防便秘。

15. (4) 澱粉消化水解後的最終產物為 (1) 糊精 (2) 麥芽糖 (3) 果糖 (4) 葡萄糖。

16. (1) 澱粉是由何種單醣所構成的 (1) 葡萄糖 (2) 果糖 (3) 半乳糖 (4) 甘露糖。

17. (2) 存在於人體血液中最多的醣類為 (1) 果糖 (2) 葡萄糖 (3) 半乳糖 (4) 甘露糖。

18. (3) 白糖是只能提供我們 (1) 蛋白質 (2) 維生素 (3) 熱能 (4) 礦物質 的食物。
    【解析】：白糖含有豐富的醣類，故為熱能的來源。

19. (4) 下面哪一種食物含有較多的食物纖維質？ (1) 雞肉 (2) 魚肉 (3) 雞蛋 (4) 馬鈴薯。
    【解析】：食物纖維質大都存在植物性食物中，以芹菜、馬鈴薯、甘藷等含量較多。

20. (1) 肉類所含的蛋白質是屬於 (1) 完全蛋白質 (2) 部份完全蛋白質 (3) 部分不完全蛋白質 (4) 不完全蛋白質。
    【解析】：蛋白質依營養性質分為：

分類	特性	例如
完全蛋白質	含有足量必需胺基酸，能促進生長及維持生命。大部分的動物性食物皆屬此類。	肉、魚、豆、蛋、奶類
半完全蛋白質	所含必需胺基酸含量不足，只能維持生命，不能促進生長。大部分的植物性食物皆屬此類。	豆類、穀類、蔬果類
不完全蛋白質	不能維持生命，不能促進生長。	玉米所含玉米膠蛋白、魚翅與豬腳所含的膠原蛋白，以及動物膠等。

21. (1) 下列哪一種食物所含有的蛋白質品質最好？ (1) 蛋 (2) 玉米 (3) 米飯 (4) 麵包。

22. (1) 含脂肪與蛋白質均豐富的豆類為下列何者？ (1) 黃豆 (2) 綠豆 (3) 紅豆 (4) 豌豆。

23. (3) 醣類主要含在哪一大類食物中？ (1) 水果類 (2) 蔬菜類 (3) 五穀類 (4) 肉、魚、豆、蛋、奶類。

24. (2) 含多元不飽和脂肪酸最多的油脂為 (1) 椰子油 (2) 花生油 (3) 豬油 (4) 牛油。
【解析】：椰子油含多元不飽和脂肪酸為 20%，花生油為 33%，豬油為 9%，牛油為 4%。

25. (4) 下列哪一種油脂含多元不飽和脂肪酸最豐富？ (1) 牛油 (2) 豬油 (3) 椰子油 (4) 大豆沙拉油。
【解析】：牛油所含的多元不飽和脂肪酸為 4%，豬油 9%，椰子油為 20%，大豆沙拉油為 61%。

26. (4) 下列何種肉類含較少的脂肪？ (1) 鴨肉 (2) 豬肉 (3) 牛肉 (4) 雞肉。

27. (2) 膽汁可以幫助何種營養素的吸收？ (1) 蛋白質 (2) 脂肪 (3) 醣類 (4) 礦物質。

28. (4) 下列哪一種油含有膽固醇？ (1) 花生油 (2) 紅花子油 (3) 大豆沙拉油 (4) 奶油。
【解析】：膽固醇含於動物性食物，因奶油為牛奶經加工而成，故含有膽固醇。

29. (1) 下列食物何者含膽固醇最多？ (1) 腦 (2) 腎 (3) 雞蛋 (4) 肝臟。

30. (1) 腳氣病是由於缺乏 (1) 維生素 B_1 (2) 維生素 B_2 (3) 維生素 B_6 (4) 維生素 B_{12}。
【解析】：1. 缺乏維生素 B_2，會引起口角炎、舌炎。
　　　　　2. 缺乏維生素 B_6，會引起貧血。
　　　　　3. 缺乏維生素 B_{12}，會引起惡性貧血。

31. (2) 下列哪一種水果含有最豐富的維生素 C？ (1) 蘋果 (2) 橘子 (3) 香蕉 (4) 西瓜。

32. (2) 缺乏何種維生素，會引起口角炎？ (1) 維生素 B_1 (2) 維生素 B_2 (3) 維生素 B_6 (4) 維生素 B_{12}。
【解析】：同 30 題。

33. (1) 胡蘿蔔素為何種維生素之先驅物質？ (1) 維生素 A (2) 維生素 D (3) 維生素 E (4) 維生素 K。
【解析】：胡蘿蔔素在人體內會轉換成維生素 A，故為維生素 A 之先驅物質。

34. (4) 缺乏何種維生素，會引起惡性貧血？ (1) 維生素 B_1 (2) 維生素 B_2 (3) 維生素 B_6 (4) 維生素 B_{12}。

35. (2) 軟骨症是因缺乏何種維生素所引起？ (1) 維生素 A (2) 維生素 D (3) 維生素 E (4) 維生素 K。

【解析】：維生素 D 可以促進鈣磷的吸收與利用並幫助骨骼與牙齒發育，缺乏時會導致軟骨症、骨質疏鬆症。

36. (4) 下列何種水果，其維生素 C 含量較多？ (1) 西瓜 (2) 荔枝 (3) 鳳梨 (4) 番石榴。

37. (1) 下列何種維生素不是水溶性維生素？ (1) 維生素 A (2) 維生素 B_1 (3) 維生素 B_2 (4) 維生素 C。
【解析】：脂溶性維生素有維生素 A、D、E、K。水溶性維生素有維生素 C 及維生素 B 群。

38. (4) 維生素 A 對下列何種器官的健康有重要的關係 (1) 耳朵 (2) 神經組織 (3) 口腔 (4) 眼睛。
【解析】：缺乏維生素 A 會導致夜盲症、乾眼症等眼睛疾病。

39. (1) 維生素 B 群是 (1) 水溶性 (2) 脂溶性 (3) 不溶性 (4) 溶於水也溶於油脂的維生素。

40. (3) 粗糙的穀類如糙米、全麥比精細穀類的白米、精白麵粉含有更豐富的 (1) 醣類 (2) 水分 (3) 維生素 B 群 (4) 維生素 C。
【解析】：糙米、全麥含有麩皮，麩皮含有豐富的維生素 B 群。

41. (1) 下列何者為酸性灰食物？ (1) 五穀類 (2) 蔬菜類 (3) 水果類 (4) 油脂類。

種類	特性	食物來源
酸性食物	食物所含酸性元素總量高於其所含鹼性元素，在體內所產生的產物，也是鹼性。大部分動物性食物是酸性。	海鮮類、蛋類、五穀類、草莓、烏梅、堅果類
中性食物	凡在體內代謝後只產生二氧化碳 (CO_2) 及水 (H_2O) 沒有酸性或檢性元素存在	油脂類、白糖、蜂蜜
鹼性食物	食物所含鹼性元素總量高於其所含酸性元素，在體內所產生的產物，也是酸性。大部分植物性食物是鹼性。	蔬菜、豆類、奶類、水果、茶

42. (4) 下列何者為中性食物？ (1) 蔬菜類 (2) 水果類 (3) 五穀類 (4) 油脂類。

43. (2) 牛奶比較欠缺的礦物質為下列何者？ (1) 鈣 (2) 鐵 (3) 鈉 (4) 磷。

44. (2) 何種礦物質攝食過多容易引起高血壓？ (1) 鐵 (2) 鈉 (3) 鉀 (4) 銅。
【解析】：味精、鹽、醃漬品都含有豐富的鈉，攝取過多容易引起高血壓。

45. (4) 下列何種食物是鐵質的最好來源？ (1) 菠菜 (2) 蘿蔔 (3) 牛奶 (4) 肝臟。

46. (1) 甲狀腺腫大，可能因何種礦物質缺乏所引起？ (1) 碘 (2) 硒 (3) 鐵 (4) 鎂。

47. (3) 含有鐵質較豐富的食物是 (1) 餅乾 (2) 胡蘿蔔 (3) 雞蛋 (4) 牛奶。

48. (1) 牛奶中含量最少的礦物質是 (1) 鐵 (2) 鈣 (3) 磷 (4) 鉀。

49. (1) 下列何種食物為維生素 B_2 的最佳來源？ (1) 牛奶 (2) 瘦肉 (3) 西瓜 (4) 菠菜。
【解析】：牛奶含有豐富的蛋白質及維生素 B_2。

50. (1) 下列何者含有較多的胡蘿蔔素？ (1) 木瓜 (2) 香瓜 (3) 西瓜 (4) 黃瓜。

51. (4) 飲食中有足量的維生素 A 可預防 (1) 軟骨症 (2) 腳氣病 (3) 口角炎 (4) 夜盲症的發生。

52. (4) 最容易氧化的維生素為 (1) 維生素 A (2) 維生素 B_1 (3) 維生素 B_2 (4) 維生素 C。

53. (3) 具有抵抗壞血病的效用的維生素為 (1) 維生素 A (2) 維生素 B_2 (3) 維生素 C (4) 維生素 E。
【解析】：維生素 C 又稱為抗壞血酸，缺乏會引起壞血病。

54. (2) 國人最容易缺乏的營養素為 (1) 維生素 A (2) 鈣 (3) 鈉 (4) 維生素 C。

55. (4) 與人體之能量代謝無關的維生素為 (1) 維生素 B_1 (2) 維生素 B_2 (3) 菸鹼素 (4) 維生素 A。
【解析】：維生素 B_1、維生素 B_2、維生素 B_6、菸鹼素等為與人體之能量代謝有關的維生素。

56. (2) 下列何者為水溶性維生素？ (1) 維生素 A (2) 維生素 C (3) 維生素 D (4) 維生素 E。

57. (4) 與血液凝固有關的維生素為 (1) 維生素 A (2) 維生素 C (3) 維生素 E (4) 維生素 K。
【解析】：維生素 K 能促進血液凝固，若缺乏維生素 K 則血液凝固慢。

58. (4) 下列何種水果含有較多的維生素 A 先驅物質？ (1) 水梨 (2) 香瓜 (3) 番茄 (4) 芒果。

59. (3) 下列何種食物為維生素 B_2 的最佳來源？ (1) 豬肉 (2) 豆腐 (3) 鮮奶 (4) 米飯。

60. (1) 肝臟含有豐富的 (1) 維生素 A (2) 維生素 B_1 (3) 維生素 C (4) 維生素 E。

61. (2) 能促進小腸中鈣、磷吸收之維生素為下列何者？ (1) 維生素 A (2) 維生素 D (3) 維生素 E (4) 維生素 K。

62. (4) 下列哪一種食物含有較多量的膽固醇？ (1) 沙丁魚 (2) 肝 (3) 干貝 (4) 腦。

63. (4) 下列何種食物含膳食纖維最少？ (1) 牛蒡 (2) 黑棗 (3) 燕麥 (4) 白飯。

64. (1) 奶類含有豐富的營養，一般人每天至少應喝幾杯？ (1)1~2 杯 (2)3 杯 (3)4 杯 (4) 越多越好。

65. (4) 下列敘述何者不是健康飲食的原則？ (1) 均衡攝食各類食物 (2) 天天五蔬果防癌保健多 (3) 吃飯配菜和肉，而非吃菜和肉配飯 (4) 多油多鹽多調味，飲食才夠味。
【解析】：多油熱量太高，易導致肥胖；多鹽容易導致高血壓。

66. (4) 下列何者不是降低油脂的適當處理方式？ (1) 烹調前去掉外皮、肥肉 (2) 減少裹粉用量 (3) 湯汁去油後食用 (4) 炒牛肉前加油浸泡，肉質較嫩。
【解析】：炒牛肉前加油浸泡，肉質雖然較嫩，但會增加油脂的含量。

67. (2) 下列烹調器具何者可減少用油量？ (1) 不鏽鋼鍋 (2) 鐵氟龍鍋 (3) 石頭鍋 (4) 鐵鍋。
【解析】：鐵氟龍鍋不沾黏，故烹調時油量可減少。

68. (3) 下列烹調方法何者可使成品含油脂量較少？ (1) 煎 (2) 炒 (3) 煮 (4) 炸。

69. (4) 患有高血壓的人應多食用下列何種食品？ (1) 醃製、燻製的食品 (2) 罐頭食品 (3) 速食品 (4) 生鮮食品。
【解析】：高血壓必須限制鈉的攝取量，醃製、燻製的食品、罐頭食品、速食品等都含有多量的鈉，患有高血壓的人不宜食用。

70. (2) 蛋白質經腸道消化分解後的最小分子為 (1) 葡萄糖 (2) 胺基酸 (3) 氮 (4) 水。

71. (4) 所謂的消瘦症 (Marasmus) 係屬於 (1) 蛋白質 (2) 醣類 (3) 脂肪 (4) 蛋白質與熱量 嚴重缺乏的病症。

72. (2) 以下有助於腸內有益細菌繁殖，甜度低，多被用於保健飲料中者為 (1) 果糖 (2) 寡醣 (3) 乳糖 (4) 葡萄糖。

73. (1) 為預防便祕、直腸癌之發生，最好每日飲食中多攝取富含 (1) 纖維質 (2) 油質 (3) 蛋白質 (4) 葡萄糖 的食物。

74. (3) 下列何者在胃中的停留時間最長？ (1) 醣類 (2) 蛋白質 (3) 脂肪 (4) 纖維素。

75. (3) 以下何者含多量不飽和脂肪酸？ (1) 棕櫚油 (2) 氫化奶油 (3) 橄欖油 (4) 椰子油。

76. (4) 下列何者可協助脂溶性維生素的吸收？ (1) 醣類 (2) 蛋白質 (3) 纖維質 (4) 脂肪。

77. (3) 平常多接受陽光照射可預防 (1) 維生素 A (2) 維生素 B_2 (3) 維生素 D (4) 維生素 E 缺乏。

78. (2) 下列何種維生素遇熱最不安定？ (1) 維生素 A (2) 維生素 C (3) 維生素 B_2 (4) 維生素 D。

79. (1) 下列何者不是維生素 B_2 的缺乏症？ (1) 腳氣病 (2) 眼睛畏強光 (3) 舌炎 (4) 口角炎。

80. (4) 下列何者與預防甲狀腺機能無關？ (1) 多吃海魚 (2) 多食海苔 (3) 食用含碘的食鹽 (4) 充足的核果類。

81. (3) 對素食者而言，可用以取代肉類而獲得所需蛋白質的食物是 (1) 蔬菜類 (2) 主食類 (3) 黃豆及其製品 (4) 麵筋製品。

82. (4) 黏性最強的米為下列何者 (1) 在來米 (2) 蓬萊米 (3) 長糯米 (4) 圓糯米。

83. (3)　越紅的肉，下列何者含量越高？ (1) 鈣 (2) 磷 (3) 鐵 (4) 鉀。

84. (4)　長期的偏頗飲食會 (1) 增加免疫力 (2) 建構良好體質 (3) 健康強身 (4) 招致疾病。

85. (3)　楊貴妃一天吃七餐而營養過剩，容易引發何種疾病？ (1) 甲狀腺腫大 (2) 口角炎 (3) 腦中風 (4) 貧血。

86. (2)　貯存於動物肝臟與肌肉中，又稱為動物澱粉者為 (1) 果膠 (2) 肝醣 (3) 糊精 (4) 纖維質。

87. (3)　小雅買了一些柳丁，你可以建議她哪種吃法最能保持維生素 C？ (1) 再放成熟些後切片食用 (2) 新鮮切片放置冰箱冰涼後食用 (3) 趁新鮮切片食用 (4) 新鮮壓汁後冰涼食用。

88. (2)　大雄到了晚上總有看不清東西的困擾，請問他可能缺乏何種維生素？ (1) 維生素 E (2) 維生素 A (3) 維生素 C (4) 維生素 D。

89. (1)　下列何者是維生素 B_1 的缺乏症？ (1) 腳氣病 (2) 眼睛畏強光 (3) 貧血 (4) 口角炎。

90. (3)　我國衛生福利部配合國人營養需求，將食物分為幾大類？ (1) 四 (2) 五 (3) 六 (4) 七。

工作項目 08
成本控制

1. (2)　一公斤約等於 (1) 二台斤 (2) 一台斤十台兩半 (3) 一台斤半 (4) 一台斤。
　　【解析】：1. 單位換算：1 台斤 = 600 公克 = 16 兩；
　　　　　　　　　　1 公斤 = 1000 公克；
　　　　　　　　　　1 兩 = 37.5 公克。
　　　　　　2. 計算：1000 公克 ÷37.5 公克 = 26.67 兩
　　　　　　　　　→ 1 台斤十台兩半。

2. (4)　1 公斤的食物賣 80 元，1 斤重應賣 (1)108 元 (2)64 元 (3)56 元 (4)48 元。
　　【解析】：1. 單位換算：1 公斤 = 1000 公克；
　　　　　　　　　　1 斤 = 600 公克。
　　　　　　2. 計算：先算 1 公克買多少元？
　　　　　　　　　80 元 ÷1000 元 = 0.08 元，0.08 元 ×600 公克 = 48 元。

3. (4)　1 磅等於 (1)600 公克 (2)554 公克 (3)504 公克 (4)454 公克。

4. (2)　下列食物中，何者受到氣候影響較小？ (1) 小黃瓜 (2) 胡蘿蔔 (3) 絲瓜 (4) 茄子。
　　【解析】：胡蘿蔔一年四季都有生產。

5. (3)　下列食品的價格哪項受季節影響較大？ (1) 肉類、魚類 (2) 蛋類、五穀類 (3) 蔬菜類、水果類 (4) 豆類、奶類。

6. (3)　(1) 豬肉 (2) 雞蛋 (3) 豆腐、豆干 (4) 蔬菜 一年四季的價格最為平穩。

7. (3)　在颱風過後選用蔬菜以 (1) 葉菜類 (2) 瓜類 (3) 根菜類 (4) 花菜類 成本較低。

8. (1)　目前市面上以何種水產品的價格最便宜？ (1) 吳郭魚 (2) 螃蟹 (3) 草蝦 (4) 日月貝。

9. (1)　何時的番茄價格最便宜？ (1)1~3 月 (2)4~6 月 (3)7~9 月 (4)10~12 月。

10. (1)　以 1 公斤的價格來比較 (1) 雞蛋 (2) 雞肉 (3) 豬肉 (4) 牛肉 最便宜。

11. (4)　比較受季節影響的水產品為 (1) 蜆 (2) 草蝦 (3) 海帶 (4) 虱目魚。

12. (3)　下列何種食物產量的多少與季節差異最少？ (1) 蔬菜類 (2) 水果類 (3) 肉類 (4) 海產魚類。

13. (4)　菠菜的盛產期為 (1) 春季 (2) 夏季 (3) 秋季 (4) 冬季。

14. (4)　下列何種瓜類有較長的儲存期？ (1) 胡瓜 (2) 絲瓜 (3) 苦瓜 (4) 冬瓜。

15. (4)　1 標準量杯的容量相當於多少 c.c.？ (1)180 (2)200 (3)220 (4)240。

16.（3）政府提倡交易時使用 (1) 台制 (2) 英制 (3) 公制 (4) 美制 為單位計算。

17.（2）欲供應給 6 個成年人吃一餐的飯量，需以米 (1)100 公克 (2)600 公克 (3)2000 公克 (4)4000 公克 煮飯。（設定每人吃 250 公克，米煮成飯之脹縮率為 2.5）

【解析】：一碗飯需用 50 公克白米去煮，每人約需 2 碗飯，故 6 人 ×2 碗 ×50 公克＝ 600 公克。

18.（3）五菜一湯的梅花餐，要配 6 人吃的量，其中一道菜為素炒的青菜，所食用的青菜量以 (1) 四兩 (2) 半斤 (3) 一台斤 (4) 二台斤 最適宜。

【解析】：依照國人每日飲食指南，每人每餐蔬菜以 100 克為宜，因此 6 人 ×100 克＝ 600 公克＝ 1 台斤。

19.（2）甲貨 1 公斤 40 元，乙貨 1 台斤 30 元，則兩貨價格間的關係 (1) 甲貨比乙貨貴 (2) 甲貨比乙貨便宜 (3) 甲貨與乙貨價格相同 (4) 甲貨與乙貨無法比較。

【解析】：1 公斤＝ 1000 公克，1 台斤＝ 600 公克，

甲貨：40 元 ÷1000 公克＝ 0.04 元，甲貨每 1 公克 0.04 元。

乙貨：30 元 ÷600 公克＝ 0.05 元，乙貨每 1 公克 0.05 元，故甲貨比乙貨便宜。

20.（2）食品進貨後之使用方式為 (1) 後進先出 (2) 先進先出 (3) 先進後出 (4) 徵詢主廚意願。

21.（4）下列何種方式無法降低採購成本？ (1) 大量採購 (2) 開放廠商競標 (3) 現金交易 (4) 惡劣天氣進貨。

22.（3）淡色醬油於烹調時，一般用在 (1) 紅燒菜 (2) 烤菜 (3) 快炒菜 (4) 滷菜。

23.（1）國內生產孟宗筍的季節是哪一季？ (1) 春季 (2) 夏季 (3) 秋季 (4) 冬季。

24.（1）蔬菜、水果類的價格受氣候的影響 (1) 很大 (2) 很小 (3) 些微感受 (4) 沒有影響。

25.（4）正常的預算應同時包含 (1) 人事與食材 (2) 規劃與控制 (3) 資本與建設 (4) 雜項與固定開銷。

26.（4）一般飯店供應員工膳食之食材及飲料支出則列為 (1) 人事費用 (2) 原料成本 (3) 耗材費用 (4) 雜項成本。

27.（2）1 台斤為 16 台兩，1 台兩為 (1)38.5 公克 (2)37.5 公克 (3)60 公克 (4)16 公克。

28.（4）餐廳的來客數越多，所須負擔的固定成本 (1) 越多 (2) 越少 (3) 平平 (4) 不影響。

工作項目 09
衛生知識

1.（3）蒼蠅防治最根本的方法為 (1) 噴灑殺蟲劑 (2) 設置暗走道 (3) 環境的整潔衛生 (4) 設置空氣簾。

2.（4）製造調配菜餚之場所 (1) 可養牲畜 (2) 可當寢居室 (3) 可養牲畜亦當寢居室 (4) 不可養牲畜亦不可當寢居室。

3.（1）洗衣粉不可用來洗餐具，因其含有 (1) 螢光增白劑 (2) 亞硫酸氫鈉 (3) 潤濕劑 (4) 次氯酸鈉。

4.（2）台灣地區水產食品中毒致病菌是以下列何者最多？ (1) 大腸桿菌 (2) 腸炎弧菌 (3) 金黃色葡萄球菌 (4) 沙門氏菌。

【解析】：腸炎弧菌屬於嗜鹽菌，此菌主要來自於沿海泥沙，故水產食品為其主要的附著媒介。

5.（2）腸炎弧菌通常來自 (1) 被感染者與其他動物 (2) 海水或海產品 (3) 鼻子、皮膚以及被感染的人與動物傷口 (4) 土壤。

6.（3）密閉的魚肉類罐頭，若殺菌不良，可能會有 (1) 沙門氏菌 (2) 腸炎弧菌 (3) 肉毒桿菌 (4) 葡萄球菌　之產生，故此類罐頭食用之前最好加熱後再食用。

7. (3)　下列哪一個是感染型細菌 (1) 葡萄球菌 (2) 肉毒桿菌 (3) 沙門氏桿菌 (4) 肝炎病毒。
　　　【解析】：感染型細菌包括沙門氏桿菌及腸炎弧菌。毒素型包括金黃色葡萄球菌及肉毒
　　　　　　　桿菌。肝炎病毒屬於濾過性病毒。

8. (2)　手部若有傷口，易產生 (1) 腸炎弧菌 (2) 金黃色葡萄球菌 (3) 仙人掌桿菌 (4) 沙門氏菌
　　　的汙染。
　　　【解析】：手部若有傷口，容易產生金黃色葡萄球菌，必須戴衛生手套才可調理菜餚，
　　　　　　　才可避免因金黃色葡萄球所導致的食物中毒。

9. (3)　夏天氣候潮濕，五穀類容易發霉，對我們危害最大且為我們所熟悉之黴菌毒素為下列
　　　何者？ (1) 綠麴毒素 (2) 紅麴毒素 (3) 黃麴毒素 (4) 黑麴毒素。

10. (2)　下列何種細菌屬毒素型細菌？ (1) 腸炎弧菌 (2) 肉毒桿菌 (3) 沙門氏菌 (4) 仙人掌桿菌。
　　　【解析】：毒素型包括金黃色葡萄球菌及肉毒桿菌。

11. (3)　在台灣地區，下列何種性質所造成的食品中毒比率最多？ (1) 天然毒素 (2) 化學性 (3)
　　　細菌性 (4) 黴菌毒素性。

12. (4)　下列何種菌屬於毒素型病原菌？ (1) 腸炎弧菌 (2) 沙門氏菌 (3) 仙人掌桿菌 (4) 金黃色
　　　葡萄球菌。
　　　【解析】：毒素型包括金黃色葡萄球菌及肉毒桿菌。

13. (3)　下列病原菌何者屬感染型？ (1) 金黃色葡萄球菌 (2) 肉毒桿菌 (3) 沙門氏菌 (4) 仙人掌
　　　桿菌。
　　　【解析】：感染型細菌包括沙門氏桿菌及腸炎弧菌。

14. (3)　台灣地區所產的近海魚類遭受腸炎弧菌感染比例甚高，因此處理好的魚類，應放在置
　　　物架的何處，以免其他食物受滴水汙染腸炎弧菌？ (1) 上層 (2) 中層 (3) 下層 (4) 視情
　　　況而異。

15. (1)　從業人員個人衛生習慣欠佳，容易造成何種細菌性食品中毒機率最高？ (1) 金黃色葡
　　　萄球菌 (2) 沙門氏菌 (3) 仙人掌桿菌 (4) 肉毒桿菌。
　　　【解析】：金黃色葡萄球菌會附著於人體皮膚、毛髮、鼻腔、咽喉等黏膜，尤其是有膿
　　　　　　　瘡的傷口。若個人衛生習慣不好，食品容易受到此菌汙染。

16. (4)　葡萄球菌主要因個人衛生習慣不好，如膿瘡而汙染，其產生之毒素為下列何者？
　　　(1)65°C 以上即可將其破壞 (2)80°C 以上即可將其破壞 (3)100°C 以上即可將其破壞
　　　(4)120°C 以上之溫度亦不易破壞。

17. (3)　廚師手指受傷最容易引起 (1)肉毒桿菌 (2)腸炎弧菌 (3)金黃色葡萄球菌 (4)綠膿菌感染。

18. (1)　下列何種細菌性中毒最易發生於禽肉類？ (1) 沙門氏桿菌 (2) 金黃色葡萄球菌 (3) 肉毒
　　　桿菌 (4) 腸炎弧菌。
　　　【解析】：沙門氏桿菌的媒介食物為禽畜肉、蛋類製品。

19. (4)　一包未經殺菌但有真空包裝的香腸，其標示如下：「本品絕對不含添加物－硝」，你認
　　　為這包香腸最可能具有下列何種食品中毒的危險因子？ (1) 沙門氏菌 (2) 金黃色葡萄球
　　　菌 (3) 腸炎弧菌 (4) 肉毒桿菌。
　　　【解析】：硝具有抑制肉毒桿菌生長，若無添加硝，則容易被肉毒桿菌汙染。

20. (1)　同重量的1.肉毒桿菌毒素2.河豚毒3.砒霜，其對人體致命力依順序為 (1)1 > 2 > 3 (2)2
　　　> 3 > 1 (3)3 > 1 > 2 (4)3 > 2 > 1。

21. (4)　米飯容易為仙人掌桿菌汙染而造成食品中毒，今有一中午十二時卅分開始營業的餐
　　　廳，你認為其米飯煮好的時間最好為 (1) 八時卅分 (2) 九時卅分 (3) 十時卅分 (4) 十一
　　　時卅分。

22. (3)　金黃色葡萄球菌屬於 (1) 感染型 (2) 中間型 (3) 毒素型 (4) 病毒型 細菌，因此在操作上
　　　應注意個人衛生，以避免食品中毒。

23. (3) 真空包裝是一種很好的包裝，但若包裝前處理不當，極易造成下列何種細菌滋生？ (1) 腸炎弧菌 (2) 黃麴毒素 (3) 肉毒桿菌 (4) 沙門氏菌 而使消費者致命。

24. (3) 為了避免食物中毒，餐飲調理製備三個原則為加熱與冷藏，迅速及 (1) 美味 (2) 顏色美麗 (3) 清潔 (4) 香醇可口。

25. (1) 餐飲業發生之食物中毒以何者最多？ (1) 細菌性中毒 (2) 天然毒素中毒 (3) 化學物質中毒 (4) 沒有差異。

26. (4) 一般說來，細菌的生長在下列何種狀況下較不易受到抑制？ (1) 高溫 (2) 低溫 (3) 高酸 (4) 低酸。

27. (2) 將所有細菌完全殺滅使成為無菌狀態，稱之 (1) 消毒 (2) 滅菌 (3) 殺菌 (4) 商業殺菌。

28. (1) 一般用肥皂洗手刷手，其目的為 (1) 清潔清除皮膚表面附著的細菌 (2) 習慣動作 (3) 一種完全消毒之行為 (4) 遵照規定。

29. (1) 有人說「吃檳榔可以提神，增加工作效率」，餐飲從業人員在工作時 (1) 不可以吃 (2) 可以吃 (3) 視個人喜好而吃 (4) 不要吃太多　檳榔。

30. (1) 我工作的餐廳，午餐在 2 點休息，晚餐於 5 點開工，在這空檔 3 小時中，廚房 (1) 不可以當休息場所 (2) 可當休息場所 (3) 視老闆的規定可否當休息場所 (4) 視情況而定可否當休息場所。

31. (2) 我在餐廳廚房工作，養了一隻寵物叫「來喜」，白天我怕牠餓沒人餵，所以將牠帶在身旁，這種情形是 (1) 對的 (2) 不對的 (3) 無所謂 (4) 只要不妨礙他人就可以。

32. (2) 生的和熟的食物在處理上所使用的砧板應 (1) 共用一塊即可 (2) 分開使用 (3) 依經濟情況而定 (4) 依工作量大小而定以避免二次汙染。

33. (2) 處理過的食物，擺放的方法 (1) 可以相互重疊擺置，以節省空間 (2) 應分開擺置 (3) 視情況而定 (4) 無一定規則。

34. (3) 你現在正在切菜，老闆請你現在端一盤菜到外場給顧客，你的第一個動作為 (1) 立即端出 (2) 先把菜切完了再端出 (3) 先立即洗手，再端出 (4) 只要自己方便即可。

35. (2) 儘量不以大容器而改以小容器貯存食物，以衛生觀點來看，其優點是 (1) 好拿 (2) 中心溫度易降低 (3) 節省成本 (4) 增加工作效率。

36. (1) 廚房使用半成品或冷凍食品做為烹飪材料，其優點為 (1) 減少汙染機會 (2)降低成本 (3) 增加成本 (4) 毫無優點可言。

37. (4) 餐廳的廚房排油煙設施如果僅有風扇而已，這是不被允許的，你認為下列何者為錯？ (1) 排除的油煙無法有效處理 (2) 風扇後的外牆被嚴重汙染 (3) 風扇停用時病媒易侵入 (4) 風扇運轉時噪音太大，會影響工作情緒。

38. (2) 假設氣流的流向是從高壓到低壓，你認為餐廳營業場所氣流壓力應為 (1) 低壓 (2) 高壓 (3) 負壓 (4) 真空壓。

39. (3) 冬天病媒較少的原因為 (1) 較常下雨 (2) 氣壓較低 (3) 氣溫較低 (4) 氣候多變以致病媒活動力降低。

40. (2) 每年七月聯考季節，有很多小販在考場門口販售餐盒，以衛生觀點而言，你認為下列何種為對？ (1)越貴的，菜色越好 (2)烈日之下，易助長細菌增殖而使餐盒加速腐敗 (3)提供考生一個很便利的飲食 (4) 菜色、價格的種類越多，越容易滿足考生的選擇。

41. (4) 關於「吃到飽」的餐廳，下列敘述何者不正確？ (1) 易養成民眾暴飲暴食的習慣 (2) 易養成民眾浪費的習慣 (3) 服務品質易降低 (4) 值得大力提倡此種促銷手法。

42. (2) 炒牛肉時添加鳳梨，下列敘述何者不正確？ (1) 可增加酸性，使成品更能保久 (2) 可增加酸性，但易導致腐敗 (3) 使牛肉更易軟化 (4) 使風味更佳。

43. (1) 採用合格的半成品食品比率越高的餐廳，一般說來其危險因子應為 (1)越低 (2)越高 (3)視情況而定 (4)無法確定。

44. (2) 餐廳的規模一定時，廚房越小者，其採用半成品或冷凍食品的比率應 (1) 降低 (2) 提高 (3) 視成本而定 (4) 無法確定。

45. (3) 一般說來，豬排較少見「七分熟」、「八分熟」之情形，而大多以「全熟」上桌，其主要原因為 (1) 七分熟的豬排不好吃 (2) 全熟豬排售價高 (3) 豬的寄生蟲較多未經處理不宜生食 (4) 民間風俗以「全熟」為普遍。

46. (1) 炸排骨起鍋時溫度大約為 200°C (1) 不可以 (2) 可以 (3) 無所謂 (4) 沒有 規定馬上置於保利龍餐盒內。
【解析】：保利龍不耐熱，200°C 的高溫會使保利龍融化，釋放出有毒物質。

47. (4) 關於工作服的敘述，下列何者不正確？ (1) 僅限在工作場所工作時穿著 (2) 應以淡淺色為主 (3) 為衛生指標之一 (4) 可穿著回家。

48. (1) 一般說來，出水性高的食物其危險性較出水性低的食物來得 (1) 高些 (2) 低些 (3) 無法確定 (4) 視季節而定。

49. (3) 蛋類烹調前的製備，下列何種組合順序方為正確？ 1. 洗滌 2. 選擇 3. 打破 4. 放入碗內觀察 5. 再放入大容器內 (1)2 → 4 → 5 → 3 → 1 (2)3 → 1 → 2 → 4 → 5 (3)2 → 1 → 3 → 4 → 5 (4)1 → 2 → 3 → 4 → 5。

50. (1) 假設廚房面積與營業場所面積比為 1：10，下列何種型態餐廳較為適用？ (1) 簡易商業午餐型 (2) 大型宴會型 (3) 觀光飯店型 (4) 學校餐廳型。

51. (3) 廚房的地板 (1) 操作時可以濕滑 (2) 濕滑是必然現象無需計較 (3) 隨時保持乾燥清潔 (4) 要看是哪一類餐廳而定。

52. (4) 假設廚房面積與營業場所面積比太小，下列敘述何者不正確？ (1) 易導致交互汙染 (2) 增加工作上的不便 (3) 散熱頗為困難 (4) 有助減輕成本。

53. (2) 我們常說「盒餐不可隔餐食用」，其主要原因為 (1) 避免口感變差 (2) 斷絕細菌滋生所需要的時間 (3) 保持市場價格穩定 (4) 此種說法根本不正確。

54. (3) 關於濕紙巾的敘述，下列何種不正確？ (1) 一次進貨量不可太多 (2) 不宜在高溫下保存 (3) 可在高溫下保存 (4) 由於高水活性，而易導致細菌滋生。

55. (4) 生吃淡水魚類，最容易感染 (1) 鉤蟲 (2) 旋毛蟲 (3) 毛線蟲 (4) 肝吸蟲　所以淡水魚類應煮熟食用才安全。

56. (2) 何種細菌性食品中毒與水產品關係較大？ (1) 彎曲桿菌 (2) 腸炎弧菌 (3) 金黃色葡萄球菌 (4) 仙人掌桿菌。

57. (1) 食用未經煮熟的豬肉，最易感染何種寄生蟲？ (1) 旋毛蟲 (2) 鉤蟲 (3) 肺吸蟲 (4) 無鉤條蟲。

58. (3) 下列敘述何者不正確？ (1)消毒抹布以煮沸法處理，需以100°C沸水煮沸5分鐘以上 (2) 食品、用具、器具、餐具不可放置在地面上 (3) 廚房內二氧化碳濃度可以高過 0.5% (4) 廚房的清潔區溫度必需保持在 22~25°C，溼度保持在相對溼度 50~55% 之間。
【解析】：廚房內二氧化碳濃度不可以高過 0.15%。

59. (3) 餐飲業的廢棄物處理方法，下列何者不正確？ (1) 可燃廢棄物與不可燃廢棄物應分類處理 (2) 使用有加蓋，易處理的廚餘桶，內置塑膠袋以利清洗維護清潔 (3) 每天清晨清理易腐敗的廢棄物 (4) 含水量較高的廚餘可利用機械處理，使脫水乾燥，以縮小體積。

60. (3) 餐具洗淨後應 (1) 以毛巾擦乾 (2) 立即放入櫃內貯存 (3) 先讓其風乾，再放入櫃內貯存 (4) 以操作者方便的方法入櫃貯存。

61. (3) 一般引起食品變質最主要原因為 (1) 光線 (2) 空氣 (3) 微生物 (4) 溫度。

62. (1) 每年食品中毒事件以五月至十月最多，主要是因為 (1) 氣候條件 (2) 交通因素 (3) 外食關係 (4) 學校放暑假。

63. (2) 食品中毒的發生通常以 (1) 春天 (2) 夏天 (3) 秋天 (4) 冬天 為最多。

64. (4) 下列何種疾病與食品衛生安全較無直接的關係？ (1) 手部傷口 (2) 出疹 (3) 結核病 (4) 淋病。

65. (1) 芋薯類削皮後的褐變是因 (1) 酵素 (2) 糖質 (3) 蛋白質 (4) 脂肪作用的關係。
【解析】：芋薯類因含有酵素，所以削皮後會產生褐變，故削皮後泡在水中可防止褐變。

66. (4) 廚房女性從業人員於工作時間內，應該 (1) 化粧 (2) 塗指甲油 (3) 戴結婚戒指 (4) 戴網狀廚帽。

67. (1) 下列何種重金屬如過量會引起「痛痛病」？ (1) 鎘 (2) 汞 (3) 銅 (4) 鉛。

68. (3) 去除蔬菜農藥的方法，下列敘述何者不正確？ (1) 用流動的水浸泡數分鐘 (2) 去皮可去除相當比率的農藥 (3) 以洗潔劑清洗 (4) 加熱時以不加蓋為佳。

69. (4) 吃了河豚而中毒是因河豚體內含有的 (1) 細菌 (2) 化學物質 (3) 過敏原 (4) 天然毒素所致。

70. (4) 河豚毒性最大的部分，一般是在 (1) 表皮 (2) 肌肉 (3) 鰭 (4) 生殖器。
【解析】：河豚為天然毒素，毒素多含於卵巢與肝臟。

71. (4) 用鐵弗龍的平底鍋煎過魚後，需作何種洗滌處理？ (1) 用鋼刷和洗潔劑來徹底清洗 (2) 用鹽粒搓磨鍋底後，將鹽倒掉再擦乾淨即可 (3) 以乾布擦乾淨即可 (4) 用軟質菜瓜布清洗乾淨即可。

72. (3) 若因雞蛋處理不良而產生的食品中毒有可能來自於 (1) 毒素型的腸炎弧菌 (2) 感染型的腸炎弧菌 (3) 感染型的沙門氏菌 (4) 毒素型的沙門氏菌。

73. (1) 當日本料理師父患有下列何種肝炎，在製作壽司時會很容易的就傳染給顧客？ (1)A 型 (2)B 型 (3)C 型 (4)D 型。

74. (1) 構成一件食品中毒，是指幾人以上攝取相同食品、發生相似之疾病症狀，並自檢體中分離出相同之致病原因（除肉毒桿菌中毒外）？ (1) 二人或二人以上 (2) 三人或三人以上 (3) 五人或五人以上 (4) 十人或十人以上。

75. (4) 養成經常洗手的良好習慣，其目的是下列何種？ (1) 依公司規定 (2) 為了清爽 (3) 水潤保濕作用 (4) 清除皮膚表面附著的微生物。

76. (1) 台灣曾發生之食用米糠油中毒事件是由何種物質引起？ (1) 多氯聯苯 (2) 黃麴毒素 (3) 農藥 (4) 砷。

77. (1) 細菌性食物中毒的病原菌中，下列何者最具有致命性的威脅？ (1) 肉毒桿菌 (2) 大腸菌 (3) 葡萄球菌 (4) 腸炎弧菌。

78. (4) 台灣曾經發生鎘米事件，若鎘積存體內過量可能造成 (1) 水俁病 (2) 烏腳病 (3) 氣喘病 (4) 痛痛病。

79. (3) 依衛生法規規定，餐飲從業人員最少要多久接受體檢？ (1)每月一次 (2)每半年一次 (3)每年一次 (4) 每兩年一次。

80. (3) 依中餐烹調檢定衛生規定，烹調材料洗滌之順序應為 (1) 乾貨→牛肉→魚貝→蛋 (2) 牛肉→魚貝→蛋→乾貨 (3) 乾貨→牛肉→蛋→魚貝 (4) 牛肉→乾貨→魚貝→蛋。

81. (2) 在烏腳病患區，其本身地理位置即含高百分比的 (1) 鉛 (2) 砷 (3) 鋁 (4) 汞。

82. (4) 有關使用砧板，下列敘述何者錯誤？ (1)宜分 4 種並標示用途 (2)宜用合成塑膠砧板 (3) 每次作業後，應充分洗淨，並加以消毒 (4) 洗淨消毒後，應以平放式存放。

83. (3) 為了維護安全與衛生，器具、用具與食物接觸的部分，其材質應選用 (1) 木製 (2) 鐵製 (3) 不鏽鋼製 (4)PVC 塑膠製。

84. (3) 中性清潔劑其 PH 值是介於下列何者之間？ (1)3.0~5.0 (2)4.0~6.0 (3)6.0~8.0 (4)7.0~10.0。

85. (2) 有關食物製備衛生、安全，下列敘述何者正確？ (1) 可以抹布擦拭器具、砧板 (2) 手指受傷，應避免直接接觸食物 (3) 廚師的圍裙可用來擦手的 (4) 可以直接以湯杓舀取品嚐，剩餘的再倒回鍋中。

86. (4) 食品與器具不可與地面直接接觸，應高於地面多少？ (1)5cm (2)10cm (3)20cm (4)30cm。

87. (4) 餐廳發生火災時，應做的緊急措施為 (1) 立刻大聲尖叫 (2) 立刻讓客人結帳，再疏散客人 (3) 立刻搭乘電梯，離開現場 (4) 立刻按下警鈴，並疏散客人。

88. (4) 熟食掉落地上時應如何處理？ (1) 洗淨後再供客人食用 (2) 重新加熱調理後再供客人食用 (3) 高溫殺菌後再供客人食用 (4) 丟棄不可再供客人食用。

89. (4) 三槽式餐具洗滌設施的第三槽若是採用氯液殺菌法，那麼應以餘氯量多少的氯水來浸泡餐具？ (1)50ppm (2)100ppm (3)150ppm (4)200ppm。

90. (1) 當客人發生食物中毒時應如何處理？ (1) 立即送醫並收集檢體化驗報告當地衛生機關 (2) 由員工急救 (3) 讓客人自己處理 (4) 順其自然。

91. (2) 選擇殺菌消毒劑時不需注意到什麼樣的事情？ (1) 廣效性 (2) 廣告宣傳 (3) 安定性 (4) 良好作業性。

92. (2) 手洗餐具時，應用何種清潔劑？ (1) 弱酸 (2) 中性 (3) 酸性 (4) 鹼性。

93. (4) 中餐廚師穿著工作衣帽的主要目的是？ (1) 漂亮大方 (2) 減少生產成本 (3) 代表公司形象 (4) 防止髮屑雜物掉落食物中。

94. (4) 下列何者不一定是洗滌劑選擇時須考慮的事項？ (1)所洗滌的器具 (2)洗淨力的要求 (3)各種洗潔劑的性質 (4) 名氣的大小。

95. (4) 餿水的正確處理方式為 (1) 任意丟棄 (2) 加蓋後存放於室外 (3) 用塑膠袋包好即可 (4) 加蓋或包裝好存放於室內空調間，轉交環保機關處理。

96. (3) 魚肉會有苦味是因為殺魚時 (1) 弄破魚腸 (2) 洗不乾淨 (3) 弄破魚膽 (4) 魚鱗打不乾淨。

97. (4) 劣變的油炸油不具下列何種特性？ (1) 顏色太深 (2) 黏度太高 (3) 發煙點降低 (4) 正常發煙點。

98. (3) 油炸過的油應盡快用完，若用不完 (1) 可與新油混合使用 (2) 倒掉 (3) 集中處理由合格廠商回收 (4) 倒進餿水桶。

99. (4) 經長時間油炸食物的油必須 (1) 不用理它繼續使用 (2) 過濾殘渣 (3) 放越久越香 (4) 廢棄。

100.(4) 豬油加醬油拌飯美味可口，但因豬油含有較高的飽和脂肪酸，下列何種族群應減少食用？ (1) 少年 (2) 青年 (3) 壯年 (4) 慢性病患者。

101.(4) 廚房工作人員對各種調味料桶之清理，應如何處置？ (1) 不必清理 (2) 三天清理一次 (3) 一星期清理一次 (4) 每天清理。

工作項目 ⑩
衛生法規

1. (3) 餐具經過衛生檢查其結果如下，何者為合格？ (1) 大腸桿菌為陽性，含有殘留油脂 (2) 生菌數 400 個，大腸菌群陰性 (3) 大腸桿菌陰性，不含有油脂，不含有殘留洗潔劑 (4) 沒有一定的規定。

2. (1) 不符合食品安全衛生標準之食品，主管機關應 (1) 沒入銷毀 (2) 沒入拍賣 (3) 轉運國外 (4) 准其贈與。

3. (4) 違反「公共飲食場所衛生管理辦法」之規定，主管機關至少可處負責人新台幣 (1)5 千元 (2)1 萬元 (3)2 萬元 (4)3 萬元。

4. (3) 市縣政府係依據「食品安全衛生管理法」第 14 條所訂之 (1) 營業衛生管理條例 (2) 食品良好衛生規範 (3) 公共飲食場所衛生管理辦法 (4) 食品安全管制系統　來輔導稽查轄內餐飲業者。

5. (1) 餐廳若發生食品中毒時，衛生機關可依據「食品安全衛生管理法」第幾條命令餐廳暫停作業，並全面進行改善？ (1)41 條 (2)42 條 (3)43 條 (4)44 條 以遏阻食品中毒擴散，並確保消費者飲食安全。

6. (3) 餐飲業者使用地下水源者，其水源應與化糞池廢棄物堆積場所等汙染源至少保持 (1)5 公尺 (2)10 公尺 (3)15 公尺 (4)20 公尺 之距離。

7. (3) 餐飲業之蓄水池應保持清潔，其設置地點應距汙穢場所、化糞池等汙染源 (1)1 公尺 (2)2 公尺 (3)3 公尺 (4)4 公尺以上。

8. (2) 廚房備有空氣補足系統，下列何者不為其目的？ (1) 降溫 (2) 降壓 (3) 隔熱 (4) 補足空氣。

9. (1) 廚房清潔區之空氣壓力應為 (1) 正壓 (2) 負壓 (3) 低壓 (4) 介於正壓與負壓之間。

10.(1) 廚房的工作區可分為清潔區、準清潔區和汙染區，今有一餐盒食品工廠的包裝區，應屬於下列何區才對？ (1) 清潔區 (2) 介於清潔區與準清潔區之間 (3) 準清潔區 (4) 汙染區。

【解析】：1. 驗收、洗滌屬於汙染區。
　　　　　2. 製備、烹調屬於準清潔區。
　　　　　3. 包裝、配膳屬於清潔區。
　　　　　4. 辦公室、洗手間屬於一般作業區。

11. (4) 生鮮原料蓄養場所可設置於 (1) 廚房內 (2) 汙染區 (3) 準清潔區 (4) 與調理場所有效區隔。

12. (2) 關於食用色素的敘述，下列何者正確？ (1) 紅色 4 號，黃色 5 號 (2) 黃色 4 號，紅色 6 號 (3) 紅色 7 號，藍色 3 號 (4) 綠色 1 號，黃色 4 號為食用色素。

13. (1) 下列哪種色素不是食用色素？ (1) 紅色 5 號 (2) 黃色 4 號 (3) 綠色 3 號 (4) 藍色 2 號。

【解析】：所有可運用於食品的食用色素為藍色一號和二號、綠色三號、黃色四號和五號、紅色六號和七號及四十號。

14. (2) 食物中毒的定義 (肉毒桿菌中毒除外) 是 (1) 一人或一人以上 (2) 二人或二人以上 (3) 三人或三人以上 (4) 十人或十人以上 有相同的疾病症狀謂之。

15. (3) 為了使香腸、火腿產生紅色和特殊風味，並抑制肉毒桿菌，製作時加入亞硝酸鹽（俗稱「硝」）(1) 加入越多越好，可使顏色更漂亮 (2) 最好都不要加，因其殘留，對身體有害 (3) 要依照法令的亞硝酸鹽用量規定添加 (4) 加入硝量的多少，視所使用的肉類的新鮮度而定，肉類較新鮮的用量可少些，肉類較不新鮮的用量要多些。

16. (4) 有關防腐劑之規定，下列何者為正確？ (1) 使用對象無限制 (2) 使用量無限制 (3) 使用對象與用量均無限制 (4) 使用對象與用量均有限制。

17. (1) 下列食品何者不得添加任何的食品添加物？ (1) 鮮奶 (2) 醬油 (3) 奶油 (4) 火腿。

18. (1) 下列何者為乾熱殺菌法之方法？ (1)110°C 以上 30 分鐘 (2)75°C 以上 40 分鐘 (3)65°C 以上 50 分鐘 (4)55°C 以上 60 分鐘。

19. (1) 乾熱殺菌法屬於何種殺菌、消毒方法？ (1) 物理性 (2) 化學性 (3) 生物性 (4) 自然性。

20. (4) 抹布之殺菌方法是以 100°C 蒸汽加熱至少幾分鐘以上？ (1)4 (2)6 (3)8 (4)10。

21. (1) 排油煙機應 (1) 每日清洗 (2) 隔日清洗 (3) 三日清洗 (4) 每週清洗。

22. (3) 罐頭食品上只有英文而沒有中文標示，這種罐頭 (1) 是外國的高級品 (2) 必定品質保證良好 (3) 不符合食品安全衛生管理法有關標示之規定 (4) 只要銷路好，就可以使用。

【解析】：罐頭食品一定要有中文標示，才能符合食品衛生管理法有關標示之規定。

23. (2) 餐盒食品樣品留驗制度，係將餐盒以保鮮膜包好，置於 7°C 以下保存二天，以備查驗，如上所謂的 7°C 以下係指 (1) 冷凍 (2) 冷藏 (3) 室溫 (4) 冰藏 為佳。

24. (4) 廚房裡設置一間廁所 (1) 使用方便 (2) 節省時間 (3) 增加效率 (4) 是違法的。

25. (1)　餐廳廁所應標示下列何種字樣？ (1) 如廁後應洗手 (2) 請上前一步 (3) 觀瀑台 (4) 聽雨軒。

26. (4)　防止病媒侵入設施，係以適當且有形的 (1) 殺蟲劑 (2) 滅蚊燈 (3) 捕蠅紙 (4) 隔離方式以防範病媒侵入之裝置。

27. (2)　界面活性劑屬於何種殺菌、消毒方法？ (1) 物理性 (2) 化學性 (3) 生物性 (4) 自然性。

28. (1)　三槽式餐具洗滌方法，其第二槽必須有 (1) 流動充足之自來水 (2) 滿槽的自來水 (3) 添加有消毒水之自來水 (4) 添加清潔劑之洗滌水。

　　　　【解析】：三槽式餐具洗滌方法：清洗槽（第一槽：以 43~49°C 的溫水加上清潔劑）、沖洗槽（第二槽：是以流動的水沖洗乾淨）及殺菌槽（第三槽：有煮沸殺菌法、蒸氣殺菌法、熱水殺菌法、乾熱殺菌法及氯水殺菌法等）。

29. (2)　以漂白水消毒屬於何種殺菌、消毒方法？ (1) 物理性 (2) 化學性 (3) 生物性 (4) 自然性。

30. (3)　有關急速冷凍的敘述下列何者不正確？ (1) 可保持食物組織 (2) 有較差的殺菌力 (3) 有較強的殺菌力 (4) 可保持食物風味。

　　　　【解析】：急速冷凍只能抑制細菌生長，無法殺菌。

31. (3)　下列有關餐飲食品之敘述何者錯誤？ (1) 應以新鮮為主 (2) 減少食品添加物的使用量 (3) 增加油脂使用量，以提高美味 (4) 以原味烹調為主。

32. (1)　大部分的調味料均含有較高之 (1) 鈉鹽 (2) 鈣鹽 (3) 鎂鹽 (4) 鉀鹽 故應減少食用量。

33. (1)　無機汙垢物的去除宜以 (1) 酸性 (2) 中性 (3) 鹼性 (4) 鹹性 洗潔劑為主。

34. (4)　下列果汁罐頭何者因具較低的安全性，應特別注意符合食品良好衛生規範準則之低酸性罐頭相關規定？ (1) 楊桃 (2) 鳳梨 (3) 葡萄柚 (4) 木瓜。

35. (4)　食補的廣告中，下列何者字眼未涉及療效？ (1) 補腎 (2) 保肝 (3) 消渴 (4) 生津。

36. (1)　食補的廣告中，提及「預防高血壓」(1) 涉及療效 (2) 未涉及療效 (3) 百分之五十涉及療效 (4) 百分之八十涉及療效。

37. (1)　食品的廣告中，「預防」、「改善」、「減輕」等字句 (1) 涉及療效 (2) 未涉及療效 (3) 百分之五十涉及療效 (4) 白分之八十涉及療效。

38. (4)　選購食品時，應注意新鮮、包裝完整、標示清楚及 (1) 黑白分明 (2) 色彩奪目 (3) 銷售量大 (4) 公正機關推薦等四大原則。

39. (1)　配膳區屬於 (1) 清潔區 (2) 準清潔區 (3) 汙染區 (4) 一般作業區。

40. (2)　烹調區屬於下列何者？ (1) 清潔區 (2) 準清潔區 (3) 汙染區 (4) 一般作業區。

41. (3)　洗滌區屬於下列何者？ (1) 清潔區 (2) 準清潔區 (3) 汙染區 (4) 一般作業區。

42. (4)　廚務人員（人流）的動線，以下述何者為佳？ (1) 汙染區→清潔區→準清潔區 (2) 汙染區→準清潔區→清潔區 (3) 準清潔區→清潔區→汙染區 (4) 清潔區→準清潔區→汙染區。

43. (2)　某人吃了經汙染的食物至他出現病症的一段時間，我們稱之為 (1) 病源 (2) 潛伏期 (3) 危險期 (4) 病症。

44. (4)　A 型肝炎是屬於 (1) 細菌 (2) 寄生蟲 (3) 真菌 (4) 病毒。

45. (3)　最重要的個人衛生習慣是 (1) 一年體檢兩次 (2) 隨時戴手套操作 (3) 經常洗手 (4) 戒菸。

46. (4)　個人衛生是 (1) 個人一星期內的洗澡次數 (2) 個人完整的醫療紀錄 (3) 個人完整的教育訓練 (4) 保持身體健康、外貌整潔及良好衛生操作的習慣。

47. (1)　廚房器具沒有汙漬的情形稱為 (1) 清潔 (2) 消毒 (3) 殺菌 (4) 滅菌。

48. (2)　幾乎無有害的微生物存在稱為 (1) 清潔 (2) 消毒 (3) 汙染 (4) 滅菌。

49. (3)　汙染是指下列何者？ (1) 食物未加熱至 70°C (2) 前一天將食物煮好 (3) 食物中有不是蓄意存在的微生物或有害物質 (4) 混入其他食物。

50. (1)　國際觀光旅館使用地下水源者，每年至少檢驗 (1) 一次 (2) 二次 (3) 三次 (4) 四次。

51. (3) 廚師證照持有人，每年應接受 (1)4 小時 (2)6 小時 (3)8 小時 (4)12 小時 衛生講習。

52. (4) 廚師有下列何種情形者，不得從事與食品接觸之工作？ (1) 高血壓 (2) 心臟病 (3)B 型肝炎 (4) 肺結核。

53. (2) 依衛生標準直接供食者每公克的生菌數是 10 萬以下者為 (1) 冷凍肉類 (2) 冷凍蔬果類 (3) 冷凍海鮮類 (4) 冷凍家禽類。

54. (4) 下列何者與消防法有直接關係？ (1) 蔬菜供應商 (2) 進出口食品 (3) 餐具業 (4) 餐飲業。

55. (2) 衛生福利部食品藥物管理署核心職掌是 (1) 空調之管理 (2) 食品安全衛生之管理 (3) 環境之管理 (4) 餿水之管理。

56. (2) 一旦發生食物中毒 (1) 不要張揚、以免影響生意 (2) 迅速送患者就醫並通知所在地衛生機關 (3) 提供鮮奶讓患者解毒 (4) 先查明中毒原因再說。

57. (1) 食品或食品添加物之製造調配、加工、貯存場所應與廁所 (1) 完全隔離 (2) 不需隔離 (3) 隨便 (4) 方便為原則。

58. (3) 食品安全衛生管理法第十七條所定食品添加物，不包括下列何者類別名稱？ (1) 溶劑 (2) 防腐劑、抗氧化劑 (3) 豆腐用凝固劑、光澤劑 (4) 乳化劑、膨脹劑。

59. (3) 菜餚製作過程越複雜 (1) 越具有較高的口感及美感 (2) 越具有較高的安全性 (3) 越具有較高的危險性 (4) 越具有高超的技術性。

60. (3) 餐飲新進從業人員依規定要在什麼時候做健康檢查？ (1)3 天內 (2) 一個禮拜內 (3) 報到上班前就先做好檢查 (4) 先做一天看看再去檢查。

61. (2) 沙門氏菌的主要媒介食物為 (1) 蔬菜、水果等產品 (2) 禽肉、畜肉、蛋及蛋製品 (3) 海洋魚、貝類製品 (4) 淡水魚、蝦、蟹等產品。

62. (3) 中餐技術士術科檢定時洗滌用清潔劑應置放何處才符合衛生規定？ (1) 工作台上 (2) 水槽邊取用方便 (3) 水槽下的層架 (4) 靠近水槽的地面上。

國家圖書館出版品預行編目資料

中餐烹調丙級技能檢定考照必勝/周師傅編著. –
十版. – 新北市:新文京開發出版股份有限公司,
2024.05
面； 公分

ISBN 978-626-392-018-7（平裝）

1. CST：烹飪 2. CST：食譜
3.CST：考試指南

427 113005762

中餐烹調丙級技能檢定考照必勝
（第十版）

（書號：VF037e10）

編著者	周師傅
出版者	新文京開發出版股份有限公司
地址	新北市中和區中山路二段 362 號 9 樓
電話	(02) 2244-8188（代表號）
FAX	(02) 2244-8189
郵撥	1958730-2
五版	西元 2018 年 10 月 20 日
六版二刷	西元 2020 年 06 月 01 日
七版	西元 2021 年 06 月 01 日
八版	西元 2022 年 04 月 15 日
九版	西元 2022 年 12 月 10 日
十版	西元 2024 年 05 月 10 日

建議售價：470 元
法律顧問：蕭雄淋律師
ISBN 978-626-392-018-7